Web风格

用户体验设计基本原则及实践

（原书第4版）

[美] 帕特里克·J. 林奇（Patrick J. Lynch） 著
莎拉·霍顿（Sarah Horton）

陈颖婕 译

Web Style
Guide

Foundations of User Experience Design, 4th Edition

机械工业出版社
China Machine Press

图书在版编目（CIP）数据

Web 风格：用户体验设计基本原则及实践（原书第 4 版）/（美）帕特里克·J. 林奇（Patrick J. Lynch），（美）莎拉·霍顿（Sarah Horton）著；陈颖婕译 . —北京：机械工业出版社，2018.8

（UI/UE 系列丛书）

书名原文：Web Style Guide: Foundations of User Experience Design, 4th Edition

ISBN 978-7-111-60798-4

I. W… II. ①帕… ②莎… ③陈… III. 人 - 机系统 – 系统设计 IV. TP11

中国版本图书馆 CIP 数据核字（2018）第 201145 号

Web 风格：用户体验设计基本原则及实践（原书第 4 版）

出版发行：机械工业出版社（北京市西城区百万庄大街 22 号 邮政编码：100037）

责任编辑：张志铭 　　　　　　　　　　　责任校对：李秋荣

印　　刷：北京市兆成印刷有限责任公司 　版　　次：2018 年 9 月第 1 版第 1 次印刷

开　　本：186mm×240mm　1/16 　　　　印　　张：19.5

书　　号：ISBN 978-7-111-60798-4 　　　定　　价：129.00 元

凡购本书，如有缺页、倒页、脱页，由本社发行部调换

客服热线：（010）88379426　88361066 　　投稿热线：（010）88379604

购书热线：（010）68326294　88379649　68995259 　　读者信箱：hzit@hzbook.com

译　者　序

从 1999 年出版第 1 版到今天，《Web Style Guide》已经更新到了第 4 版。相对于之前的版本，新版本不再局限于关注如何从零开发一个网站，而是告诉读者如何选择和利用市面上的内容管理系统，并将更多的关注点放在讨论如何建立良好的用户体验、信息结构以及内容策略上。另外，新版本中列举了网站制作过程中的很多最佳实践，例如针对很多设计师关注的移动优先设计方法，以及网站的可访问性和搜索优化问题等，作者都给出了很多建议以及相应的案例分析。

很多人认为本书是一本实用手册，或者像作者说的，将它视为"一张地图"。书中包含了网站建设的方方面面，从开始的计划和决策，到上线后的维护和内容运营。因此，无论你是 UI/UX 设计师、程序员、内容编辑，还是产品经理、项目赞助商，你都可以从本书中发现日常工作中易被遗漏或忽视的细节，同时也能对其他各角色的工作有所了解。如果你是刚进入互联网行业的从业者，那么相信这本书可以帮助你快速入门，了解创建网站项目的全部流程。

关于如何使用这张"地图"，以下是个人对全书的概括总结。希望我的总结可以帮助你针对项目目前所处的状态进行跳跃式阅读，如果你对某些环节很感兴趣，想要做深入的学习和研究，我也根据个人经验提供了一些扩展读物。

相信绝大多数互联网从业者都会接触网站设计与开发，有人也许会说传统网站已经过时了，我们现在做的都是移动端应用或者 HTML5 小程序，但是从第一个网站诞生（要了解更多网站的历史，请访问 http://info.cern.ch/）到今天，虽然其形式在变，承载媒介在变，推广方式也在变，一些基本流程却没有发生太大的改变。如果你想做一个成功的互联网产品（无论是网站、App 还是小程序），首先你都需要有一个明确的战略规划（见本书第 1 章），你的产品愿景是什么？用户是谁？要解决什么问题？如何解决？怎样才算成功？俗话说"不打没准备的仗"，在开始启动项目之前，这一系列问题都需要有个明确的答案。

在做足准备工作后，你需要开始思考你的产品，怎样才能做出一个让人爱不释手的产品呢？这个问题当然需要去问你的用户。本书第 2 章介绍了很多经典的用户调研和分析方法，以及如何产生创意，并将其做成简单原型去验证。用户调研对于产品设计来说是非常重要的一环，如果对产品的前期探索阶段感兴趣，想要了解和学习更多方法论知识，推荐阅读与 Design Thinking（设计思维）以及 Service Design（服务设计）相关的书籍和文章。

当你完成前面一系列动作后，你的产品方向基本已经明确了。你会发现到目前为止你还不需要投入大量的人力和物力，也就是说，一旦前面任何一个环节出现问题，终止项目的成本都还是比较低的。如果一切进行得都很顺利，那么你将进入具体的设计和开发环节，这也就意味着更多人力和物力的投入，因此在开始之前你需要先明确项目的管理模式。如果管理模式出现问题，不是耸人听闻，你的后期损失将是巨大的。本书第 3 章介绍了两种管理模式——瀑布式以及敏捷式，作者对每一种模式都做了利弊分析，且在最后提出了一种混合管理模式，可以兼顾两种模式的优势。敏捷对组织和团队来说不仅仅是一个管理工具，它更是一套思维模式，可以帮助到组织运营的方方面面。想要了解更多关于敏捷实践以及大规模敏捷推广的内容，推荐阅读《精益企业》，并了解 SAFe、LeSS 和 EDGE 等框架。

在团队和管理模式确定下来后，就可以进入网站的具体设计和开发环节了。如同盖房子一样，首先要打好地基，并搭建好钢筋骨架。本书第 4 章介绍了支撑一个成功网站的重要骨架——信息架构。如果说网站的每一个内容块都是一颗珍珠，那么信息架构就是把它们穿起来的线。信息架构设计在设计过程中很容易被忽视，因为人们在设计程序时很容易会陷入系统的思维模式，而忽视终端用户在与系统交互过程中也会为其所见到的信息建立心智模型。做好网站内容信息的分类可以为后续的导航和搜索系统设计打下良好基础。

本书第 7 章进一步讲述了导航设计以及网站整体交互设计对于用户体验的重要性，另外对移动端的体验设计也做了一些讨论。对于一个新用户来说网站是一个完全陌生的空间，因此页面的导航和搜索设计十分重要，它们可以帮助用户在各个页面之间自由地跳转而不会迷失方向。随着网站功能复杂性的提升，对用户体验的要求也随之提升。作者在书中倡导使用标准化的设计组件，避免形式大于功能，并让用户来决定需求的相关性。作者也提到了"响应式"设计以及"移动优先"（mobile first）设计。随着移动端（手机、平板、智能手表等）用户的增多，移动端设备的使用体验对设计师提出了更大的挑战。只做到自由"响应"不同屏幕尺寸是远远不够的，还需要考虑用户的使用环境、使用习惯以及可访问性等。关于交互设计推荐阅读的书籍有很多，例如"VB 之父"Alan Cooper 所著的《交互设计之路》，唐纳德·诺曼的《设计心理学》系列等。想要更深入地了解设计方法背后的科学依据，推荐阅读《认知与设计》(Jeff Johnson)。

有了坚实的钢筋骨架后，该开始粉刷墙壁了。本书第 8 章介绍了很多平面设计的基本原则，例如颜色和对比度的使用原则，以及设计中的格式塔心理学原则。作者强调了视觉美学对用户体验的重要性，因为用户对网站的本能情感反应（只需 50ms）会持续影响他们对所见事物的信任度，以及对其价值的判定。关于人的视觉认知对设计的影响，如果想要深入了解，推荐阅读《Visual Thinking for Design》(Colin Ware)，该书的作者通过揭示人们在看到事物时大脑的认知反映过程，来反推设计师在通过图像做视觉传达时应该注意哪些细节。

虽然有了好看的图纸，但是如果没有工程人员的施工搭建，房子也无法最终与世人见面。本书第 5 章和第 6 章介绍了如何通过使用 WordPress 和 Drupal 等内容管理平台来搭建自己的网站，其中涉及很多前端代码的内容。如果你对开发不是很感兴趣，或者做的是移动端原生 App 开发，那么可以跳过这两章。不过，我认为对于交互设计师来说，懂一些前端知识还是很有必要的。前端知识可以为原型设计提供指导性的帮助，避免想法太过天马行空。另外，在对设计进行组件化拆分时，懂得一些前端知识也可以帮助你做得更快更好。

到此为止，房屋已经基本搭建完毕，剩下的就是室内装修了。网站的"室内装修"是一个长期的过程，因为你希望用户每次进来都能够看到不一样的东西。界面设计师和内容编辑人员对排版（见本书第 9 章）和编辑样式（见本书第 10 章）一定不会觉得陌生。但是对于初次接触网站的新人，或者开发团队中的其他角色，你可以从本书中了解很多在做网站编辑和排版时的注意事项和基本原则。在编辑网站内容时一定要把握好网络媒介的特殊性，网络读者（尤其是手机端用户）习惯于快速浏览内容，并在短时间内决定是否继续浏览，因此快速抓取到用户的兴趣点十分重要。

第 11 章以及第 12 章介绍了更多更丰富的网站内容形式。第 11 章介绍网站中可能会用到的各种图像格式，在编辑时可以按需选择。无论使用哪种格式的图片，都需要注意适应不同屏幕分辨率，以保证清晰度；另外要考虑视觉障碍的用户，为图片添加 alt 标签。第 12 章介绍了网站短视频的拍摄和编辑技巧，以及社交媒体的使用。对于国内读者来说，在阅读时可以将书中所列举的社交媒体例子转换为国内的社交媒体。书中讨论的视频不同于当下如火如荼的自媒体短视频，更偏向于人物专访类，不过其中讲述的视频拍摄技巧以及注意事项还是十分值得借鉴和学习的。

本书是我翻译的第一部作品，因为只能利用业余时间，所以前前后后经历了近一年的打磨。在此过程中，我深刻体会到了读懂≠翻译，很多时候会遇到句子读起来很顺，但是转换成中文就有些词不达意的情况，所以说仅仅读懂书中的文字是不够的，更需要理解作者想要表达的意思。如果读者有兴趣做翻译，建议试着一段一段地去翻译，而不是一句一句地看，因为当你逐字逐句地翻译时，很容易被词性或语序困住，既阻碍了进度也打击了翻译的积极性。由于经验和时间的原因，如果读者在阅读过程中发现了表述不合理的地方，欢迎指正和交流。

陈颖婕

2018 年 3 月

序　言

我最喜欢的高中英语老师有一个小习惯：初秋时节，在每一个新班级开始之前，他都会倚靠着教室前面的黑板，将满是粉笔灰的手插在口袋里。只要他一站在那里，就会开始给我们讲关于教学的趣事，比如接下来一年中我们将阅读什么样的作品，了解什么样的作者，我们会探索怎样的主题，进行怎样的课堂讨论。

在介绍的末尾他也会提醒我们，尽管大家有一整年的时间待在一起，却没有足够的时间让整个班级完全深入探索一个主题。他说："这门课程就像一场国外旅行。接下来我们将花费几个月探索这一新的领域，并一起讨论那些精彩的书籍。像所有的旅行一样，我们只有很少一段时间是在一起的……但如果我做足功课，并竭尽所能向你们展示我所看到的风景，这样条件成熟时你们一定会再回来这里。我也会提供足够多的地标，这样你们就可以用自己的方式尝试更多的探索。"

现在我想告诉读者一个小秘密：这不是一本仅供阅读的图书。这是一张地图。

网站是一个广阔而又陌生的地方，充斥着丰富的专业术语。的确，它是一个可以令人心生畏惧的探索之地。但庆幸的是你拥有了本书。本书由 Patrick Lynch 和 Sarah Horton 撰写，他们都是优秀的教育家兼作家，同时也是制图师，即绘制网站图表领域的专家。Patrick 和 Sarah 十分了解网页布局的复杂性，并且精通如何定义设计项目的范围、网页基本排版等内容。

无论你是新手还是有经验的设计师，本书都可以为你以后的项目提供很多好的方法，并介绍一些你应该会想再次重温的想法、概念和地标。

那么就让我们开启本书之旅吧。

Ethan Marcotte

前　　言

　　用户体验是网站设计过程中一个十分重要的考虑因素，它涉及能够影响网站用户体验的每一个决策和行动。网站开发团队中的每个人都有自己的角色。在许多网站上，用户也是活跃的贡献者，这意味着他们也会影响网站的体验性和可访问性。提供良好的用户体验是一个企业成功的关键因素。良好的用户体验能够让人们在访问网站时成功找到他们所需要的信息，这也是企业能够维护忠实用户群体的最好方式。

　　1993 年，当我们出版本书的第一个版本时，"用户体验"并未受到很大的重视。网站只提供基本的设计选项，并且通过超链接实现一些基本的交互。我们的指南主要集中于有限可用选项中的基础型最佳实践：比如，如何给页面加标题以方便在书签列表中进行扫描，如何构造文本以便适应在线读者的阅读习惯。随着时间的推移和随后版本的出现，由于网站技术变得更加强大和完善，我们也因此能够提供更多关于网站设计方面的指导，例如页面设计和平面设计。我们的早期版本专注于网页设计技艺，讲授如何使用可用的工具和材料来达到最佳效果。这些版本有很多代码示例并涵盖了技术细节，如图像和视频压缩算法，因为建设网站必须知道如何将基本的超文本标记语言转换为可动态运行的平面设计，以及如何向还在使用低速调制解调器的用户提供高像素图像和媒体。在早期的网络中，科学技术比艺术美感重要得多。

　　时代已经改变了，我们的书也一样。现在，20 多年过去了，技术平台变得更加成熟。用户的要求变得更高——更不愿意妥协——他们希望能拥有易访问且好用的网站。各组织开始认识到设计的重要性，并且正在采用更有策略的方法来设计并实现高质量的用户体验（如图 1 所示）。

图 1　以 Jesse James Garret 的设计用户体验层次图为例，基础用户体验设计包括让网站更易访问且更有趣的活动及属性

本书第 4 版提供了一个更严谨、更成熟的环境——它关注的是用户，而不是技术。它的代码样本较少。关于 HTML 和 CSS 的知识不再是成为一名高效的网站专业人员所必备的要求（尽管知道技术原理仍然是一个明显的优势）。我们加入了新的一章"策略"（第 1 章），在阅读该章时你会发现良好的用户体验和有效的设计需要独特的视角和认知。在第 2 章"调研"中你会发现，达成这种认知需要与各种各样的即将使用网站的参与者接触，而不可能简单地从团队会议或白板上总结出来。你会发现一个贯穿本书的重点内容，那就是内容和交互的质量，只有这两者达到高质量水平，才能满足用户的需求和偏好。以前版本的副书名是"Basic Design Principles for Creating Web Sites"。第 4 版的副书名修订为"Foundations of User Experience Design"。

随着我们将焦点转向用户体验设计，我们会将章节与 Jesse James Garret 所著的《The Elements of User Experience》中描述的五种用户体验维度相对应（如图 2 所示）。他的经典图表既可以看作是对用户体验设计维度的阐述，也可作为设计和开发过程中的用户体验指导路线图（可以在 wsg4.link/ux-elements 中找到）。

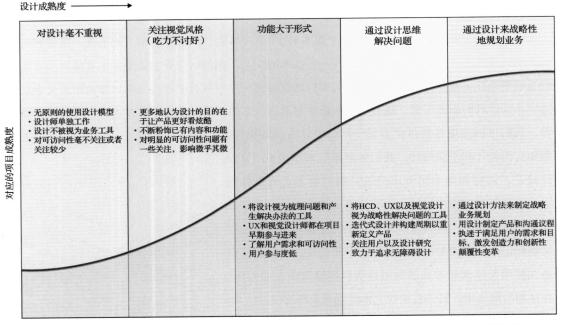

图 2　对设计策略价值的认识、设计的全面一体化、用户体验和通用性标志着企业成熟度

对本书的已有章节和新章节的理解过程也正在逐渐变得更加清晰。随着时间的推移，我们越来越重视在框架的基础上，为策略和范围层面框架上的活动提供指导。良好的用户体验需要明确的目标以及对用户需求和偏好的深刻了解以及精心的项目规划。我们新增加了一个层面，称为物

质层面。物质层面位于框架顶端，包括文本、图像和视频。在过去的几年里，人们越来越认识到"内容至上"，再多华而不实或炫酷的组件都无法与一段吸引用户的文本相媲美。

自从 23 年前开始创作本书第 1 版以来，我们看到的另一个令人耳目一新的变化就是对各种设计价值有了更加广泛而深刻的认识，包括：用户体验设计、界面设计、内容设计和视觉交流设计。如今，像 Apple、Google、Amazon、Facebook 和 Adobe 这样的商业领袖并不仅仅是科技行业的领导者——在这些公司里，人们最欣赏的是优秀的设计。在功能上，在其创造的用户体验中，在产品服务的外观和整体性上，设计是贯穿各个业务层面的关键策略。我们看到，优秀企业的设计成熟度曲线在稳步攀升，它们也从中获得了巨大的商业价值。为满足各种各样的人群而进行的多样性设计，已经被视为公司的一种独特优势。如果一家公司将可访问的用户体验设计作为核心价值，并且以用户为中心执行设计实践，它就会获得成功的、满意且忠诚的客户群。

致　　谢

除了所有那些为本书前三个版本提供了帮助的人以及我们在前言部分感谢的人之外，我们还要感谢耶鲁大学出版社的珍·汤姆森·布莱克（Jean Thomson Black）、萨曼莎·奥斯特洛夫斯基（Samantha Ostrowski）、丹·希顿（Dan Heaton）等，感谢他们为第 4 版付出的努力。我们特别感谢伊桑·玛考特（Ethan Marcotte）为本书这一版写了推荐序，以及彼特·莫维尔（Peter Morville）和路易斯·罗森菲尔德（Louis Rosenfeld）为本书的早期版本。

我要向多年来提供建议的耶鲁大学的朋友和同事们表示衷心的感谢，尤其是我耶鲁大学的同事兼世界级 Web 前端工程师和设计师维克托·维尔特（Victor Velt），感谢他明智的建议，以及许多关于网站和网站内容的讨论交流。

我要特别感谢卡尔·杰夫（Carl Jaffe），自在耶鲁大学高级教学媒体中心合作以来，他给了我近 30 年的友谊和明智建议。卡尔的智慧和洞察力都体现在本书当中。我也要感谢我的合著者和亲爱的朋友莎拉·霍顿（Sarah Horton），感谢她对于创作这本书的支持，以及她为使每个人都能更容易使用网站所做的努力。

没有家人，这一切都没有意义。感谢我的爱人 Susan Grajek，感谢她的慈爱、支持以及奉献的精神。还有德沃拉·林奇（Devorah Lynch）、亚历克斯·瓦克（Alex Wack）和泰勒·瓦克（Tyler Wack），感谢他们的爱、支持以及建议，他们其实比我更了解网站开发。

帕特里克 J. 林奇

对于本书第 4 版，我有很多想要赞颂和感激的人。

我很高兴与我亲爱的朋友兼合著者帕特里克（Patrick）有 20 多年的伙伴关系。我们的合作和友谊始于 1991 年，当时他把我带进这个领域，教会了我很多关于 Photoshop 和设计、网站脚本和交互、友谊和协作、音乐和生活的知识。帕特里克是我认识的最有天分和才华的人，他有一颗宽宏的心。命运让我和帕特里克相遇真是件很美好的事情。

　　我还要庆贺我在耶鲁大学、达特茅斯大学和哈佛大学累计从事了 20 多年的高等教育工作。大学是最有助于学习和成长的地方，我非常感激那些曾指引我前进的导师和朋友。在本书上一版开始编写时，我在哈佛大学担任网络战略项目负责人，在这个职位上，我学到了很多关于如何在一个集中且相对自治的组织中推进用户体验策略的知识。感谢佩里·休伊特（Perry Hewitt）和所有来自 HPAC、HUIT 和 HWP（哈佛大学公共事务管理和通信学院、哈佛大学信息技术学院和哈佛大学网络出版社）的人的支持、鼓励和他们提供的成长机会。

　　2014 年，我告别了高等教育工作，加入了 Paciello 集团，并帮助建立了一个专注于易访问性的用户体验研究项目。我十分感激我的 UX 同事大卫·斯隆（David Sloan）和亨尼·斯旺（Henny Swan），感激他们在我身边，和我一起开展易访问用户体验的研究。他们的见解已完全被我领悟并很好地体现在本书中。我还要感谢团队里那些每天都给我带来新知识的易访问性方面的专家，其中包括：马特·阿特金森（Mat Atkinson）、阿什利·比绍夫（Ashley Bischoff）、格雷姆·科尔曼（Graeme Coleman）、史蒂夫·福克纳（Steve Faulkner）、比尔·格雷戈里（Bill Gregory）、卡尔·格罗夫斯（Karl Groves）、汉斯·希伦（Hans Hillen）、帕特里克·劳克（Patrick Lauke）、格兹·莱蒙（Gez Lemon）、马克·诺瓦克（Mark Novak）、兰·朴安西（Ian Pouncey）、塞德里克·维桑（Cédric Trévisan）、蕾奥妮·沃森（Léonie Watson）。感谢 Paciello 集团的领导迈克·派塞劳（Mike Paciello）、查理·派克（Charlie Pike）和德布·瑞帕斯（Deb Rapsis），因为他们坚信良好的用户体验是保证人人都可以平等使用网站的好方法。

　　感谢马尔科姆·布朗（Malcolm Brown）的支持，感谢其睿智的建议以及富有创造力的解决方案。

　　感谢我的母亲和父亲，以及我完美的大家庭，在我最困难时给予我无限的支持与宽容。

　　尼克（Nico）是我的儿子（太阳），我如向日葵追随太阳般跟着他。他伴随着本书长大，他是我最大的粉丝。很感激这些年来他对我事业的贡献、他的支持和耐心，即使有时我忙于写作而不能陪他玩耍。

　　现在书写完了。让我们尽情地玩耍吧！

莎拉·霍顿

目　　录

第 1 章

策　　略

我们经常会使用"策略"这个词。我们需要回头想一下，在网站项目中运用策略到底意味着什么，为什么策略对于一个网站如此重要。

策略是一门关于合理规划的艺术，在相当长的一段时间内，将资源汇集到它们最有效且利用率最高的用途上。好的策略是灵活的，在面对挑战时表现出适当的让步。它不会假设奇迹存在的可能。它喜欢循序渐进地朝着你的目标前进。严谨的策略并不依赖于唯一的"战略思想家"。它承认机会和文化在决定成功的过程中扮演着主要角色。伟大的策略诞生于有凝聚力的小团队的不懈努力，他们愿意适应环境，但绝不会放弃他们的主要目标。

获得策略需要时间和努力，而且它能为你带来的效益并不是立刻就能显现出来的。项目成功的指标，如销售、订阅和客户满意度的增加，并不总是能直接映射为项目策略中建立的元素。项目策略投资的回报会随着时间的推移变得清晰，好的项目能够孕育出成功的产品，并通过持续的关注进一步维持项目和产品的成功。

1.1　策略规划

策略规划不是小技巧、诀窍或特殊技术。它也不意味着你能预测未来，我们预先制定策略正是因为不能预知未来。策略规划也不是一种消除风险的方法。最好的理解是，策略是试图在正确的时间识别风险并采取正确的应对方法。

1.1.1　创建一个策略规划

管理专家理查德·鲁梅尔特（Richard Rumelt）在《Good Strategy/Bad Strategy》一书中，创建了一个连贯策略的三个步骤（如图 1-1 所示）：

❏ 诊断你的情况
❏ 创建指导原则
❏ 设计一组连贯的行动

诊断你的情况

确定你的商业目标，并放弃过时的做法和承诺。战略总是从如何实现商业目标这个视角开始，然后追问："我们现在要做什么才能达到目标？"策略从事实开始，通过研究建立，诊断出最首要的、需要立即解决的几个问题，然后形成一个整体的行动计划。

❏ 前瞻性：策略本质上是关于未来的。不要让计划讨论陷入过去的历史和决策中。让讨论关注于未来，确定你需要什么资源和策略来达到目标。

图 1-1　策略是一个周期性过程，不以网站发布时间点为结束时间。一个精心维护的网站能够反映出一个持续分析、精炼和重建的过程

❏ 专注于优先事项：好的策略不只是创造新东西。在很大程度上会摒弃旧的、过时的东西，消除中庸的思想和低优先级事物。如果你不能清楚地说明项目将解决什么业务问题或用户需求，就无法创建出连贯的策略。在这个问题上，优先级是最重要的，所以不要试图"面面俱到"地列出一长串的问题和需求清单。你的项目不能解决每一个已知的问题或用户请求。创建优先级是很困难的。很多项目失败的原因就在于，参与者不能把焦点放在重点解决优先级靠前的问题或提出与之相关的建议。

创建指导原则

让每一个决定都与你的路线图保持一致。每一个项目计划基本上都是对一系列问题的回答：我们需要做什么，什么时候做才能更接近目标？没有"短期战术"，今天的每一项决策和战术行动都是一项战略举措。成功的长期项目总是在一定时期建立一台战略决策，然后不断地以增量和迭代方式将团队向最终的业务目标推进。

设计连贯行动

把你的策略看作一个投资组合。没有人拥有可以预测未来的水晶球，所以理性需要灵活性。坚持在一个项目中不改变业务目标和交付物就像坚持我们可以完全预测未来一样荒

谬。好的策略并不意味着预先就知道正确答案。它是一组不会限制战术灵活性，以应对不断变化的条件的选项。通过分析特定场景通常可以预先定义好这些选项，比如项目如何应对可能出现的特定挑战，以及预算、计划或可交付成果可能发生的变化。

对任何计划最真实的考验是看它能否在正确的任务上产出有效的结果。如果它是理性的、灵活的，基于可靠的数据和研究，且利用了团队的工作知识，那么这个策略就是成功的。但知识和扎实的计划并不是目标——成功的产品才是终极目标，只有灵活的工作以及良好的执行才能让你的项目成功。

1.1.2　制定策略规划

通常情况下，策略规划远不如一个高层次的项目愿景更有意义。要将计划付诸行动，首先需要确定相关人员及其角色，然后创建需遵循的路线图（如图 1-2 所示），步骤如下：

❑ 定义项目管理的角色和职责
❑ 采用以用户为中心的方法
❑ 制定一个带有项目章程的战略路线图

定义项目管理的角色和职责

以成功为目标来组织你的团队。大多数项目都需要项目团队内部和外部组织的合作。你必须从一开始就清楚地定义目标，每个参与项目的人都必须明白她在哪方面有权力做决定，并且她需要对自己所做的决定负责任。

参与者还必须理解他们对整个项目的责任。此外，他们必须了解项目团队中每个人的角色和职责，以及项目发起人的角色。我们必须要强调清楚定义项目管理的重要性。如果没有它，项目可能会陷入困境，团队成员的目标会有重合，且在执行行动时会得到与领导期望背道而驰的结果。

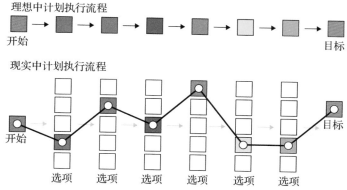

图 1-2　人们倾向于认为策略在执行过程中是线性的、遵循预先定义的过程。然而好的
　　　　策略其实会在每个重要节点面临选择，做决定时一部分是基于原来的计划，另
　　　　一部分是基于项目环境随时间的变化

　　首先要确定一个最适合你的项目的管理模型，确定谁拥有项目的不同方面的权威、职责和责任。有些方面可能涉及多个人；确定一个主要责任人。这个过程中可能会遇到的问题包括：

- ❑ 谁有权启动这个项目？
- ❑ 谁有权批准设计？
- ❑ 谁负责为这个项目定义策略方向？
- ❑ 谁负责指定技术架构？
- ❑ 谁负责保证项目按进度执行？
- ❑ 谁对内容的质量负责？
- ❑ 谁负责协调网站内容？
- ❑ 谁负责创建内容？
- ❑ 谁负责日常的维护工作？
- ❑ 如果项目不能满足利益相关者的需要，谁负责？
- ❑ 如果项目不符合质量标准，谁负责？
- ❑ 谁对错误和错误信息负责？

　　对诸如此类问题的回答有助于决定谁有能力担当决策者的角色，例如项目发起人、项目负责人和产品负责人。同样可以明确谁来担当产品开发和内容设计的角色，如技术领袖和内容编辑。我们在第 3 章中将更详细地讨论这些角色。策略规划阶段的关键是构建一个可靠的管理模型，并将角色和责任传达给每个参与项目的人。丽莎·威尔士曼（Lisa Welchman）的《Managing Chaos》是一部关于网络和信息技术战略以及管理的很好的入门书籍。

明确的优先事项（或欠缺事项）

　　通常，你只要通过简单扫一眼网站主页或产品线，就可以看到组织在优先级安排上的混乱。

　　当史蒂夫·乔布斯（Steve Jobs）于 1997 年回到苹果公司时，苹果公司正在销售 Macintosh 计算机第 16 到 18 代型号。乔布斯对一位采访者说，即使是他也不能给一个朋友关于应该为家里买哪种 Mac 型号的计算机提供明确的建议。乔布斯的第一个主要策略计划是将 Macintosh 计算机的型号减少到 4 种：两台台式计算机和两台笔记本电脑。直到今天，在 Macintosh 产品线上依然可以看到这一策略重点，该策略关注的是真正的用户需求以及对产品有意义的差异化，它使得苹果现在是世界上最值钱的公司。

　　相比之下，美国国家海洋和空间管理局网站的设计者们似乎把他们能想到的所有东西都放进了他们的主页，而由此产生的混乱和困惑完全无法充分反映美国国家海洋和空间管理局在研究及监测自然环境方面所做的出色工作（如图 1-3 所示）。

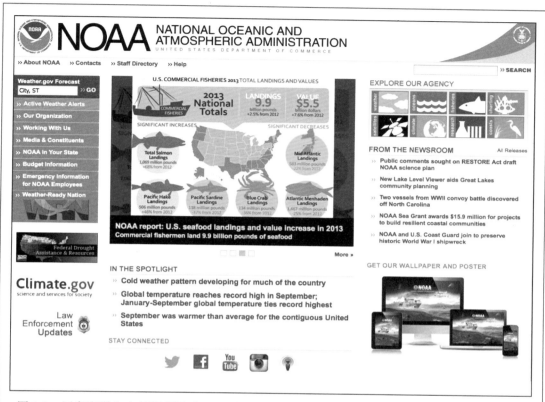

图 1-3　国家海洋和空间管理局（NOAA）从事研究和分析地球环境方面的重要工作，但由于设计师把太多的主题都放到主页上，因此无法有效地向网站使用者展示他们的工作成果

采用以用户为中心的方法

　　关注用户的需求和视角。网站是由一部分人为了满足其他人群的需要而开发的。不幸的是，网站项目常常趋向于解决"技术问题"，因此项目会更多地关注于某些特定开发技术（特定的内容管理系统，响应性或适应性设计，可移动的设计以及网页布局框架），而不是在吸引用户的过程中深入挖掘用户和业务需求。在开发过程中的每一个阶段，用户都是项目成功的关键。虽然访问和使用网站的用户将决定你的项目是否成功，但是这些用户却很少出现在设计和构建网站的过程中。因此要记住，网站开发团队应该始终积极地致力于满足用户和他们的需求。

　　经验丰富的人可能会对此提出怀疑：这些都是理想情况，在面对管理压力、预算限制和不同利益相关者的利益时，你真的能做到这一点吗？你可以的，因为只要你想让你的网站项目成功，你就没有别的选择。遵从管理指令，保持开发团队内严格按照流程执行，向用户提供团队认为对他们来说最合适的建议，并且要为失败做好准备。让真正的用户参与进来，倾听并回应他们所说的话，安排不同年龄、不同能力和不同兴趣的用户来测试方案，随时准备好改变现存的想法去响应用户反馈。

制定一个带有项目章程的战略路线图

需要先在团队内部建立一个统一的对项目结果的预期。成功的项目起始于大家对项目目标和意图大体上的统一理解。在产出这个初始计划时最重要的一点是确保所有项目参与者都能达成共识，并且朝着相同的目标努力。项目章程会为网站提供一个概念性的框架，并为整个项目生命周期中的所有决策打好基础。项目章程需要包括一个项目基本定义和实现项目目标的高级策略。

一个项目章程具体应该包括以下几个部分：

❑ 目的：产品的用途是什么？

❑ 目标：它需要达到什么样的结果？

❑ 目标受众：产品想要吸引并服务于谁？

❑ 成功标准：如何知道你已经实现了项目目标？

❑ 战略：什么样的方法有助于你实现目标？

❑ 技巧：什么样的活动可以帮助你实现这些战略？

确定项目目标和目的的最好方法之一是设想如果项目成功，将会发生什么变化。我们经常在开启项目时围绕着成功指标进行讨论和头脑风暴，并提出这样一个问题："如果这个项目成功了，世界将会发生什么变化？"在讨论的过程中不要陷入这样的问题："成功指标真的是可衡量的吗？"或者"我们真的能把这个改变归功于这个项目吗？"通过让大家自由地提出自己的想法，想象你可能会得到一些这样的指标：对于零售网站项目——"满意的顾客"，或者一个针对开放教育资源的网站——"更好的学习方式"，抑或是一个关于儿童健康的项目——"更健康的孩子"。牢记这些内容，即使很难衡量和关联，因为它们很好地描述了项目的目的、对象和目标受众。

对于策略和战术的思考是完成一个项目的开始。策略是为达到目标而可能会采用的一般方法。每一种策略都有其对应的具体战术来支持最终实现该策略的目标。推荐的战术往往是那些可以实现网站内容和功能的切实想法。例如，零售网站为实现"满意的消费者"概念，其策略之一应该是为所有网站访问者提供愉快和易操作的用户体验。支持该策略的战术包括使用通用的设计和交互规范，提供清晰和连贯的导航，并大范围地对用户进行可用性测试，参与者需要包括残疾人士和老年人。

将项目章程的初稿共享给项目利益相关者和开发团队，邀请他们提出评论意见并参与修改。文档会经过多轮编辑，并且要做到乐于接受修改意见，理解让大家都能接受和支持整体方法的重要性。保持章程格式的统一——确保提出的每一个战术都能够为项目策略提供支持，并且还可以服务于项目的整体发展目标。

在项目推进到下一个阶段之前完成项目章程，并理解章程是一个可以在项目生命周期中变更的可编辑文档。

项目章程示例

项目章程是对项目目标、价值和意图的简要概述，它会为以后的每一个步骤提供方向。当你在构建网站的过程中遇到挑战时，会很容易忘记当初为什么要发起这个项目，忘记最初的重点，并且会不确定当前所做的决定是否能很好地支持整体的项目目标。一个编写良好的项目章程是判断开发工作效率的强大工具。可以将它看成一个指南针，让团队朝着项目开始时确立的目标不断前进。一个良好的项目章程可以帮助解决需求纠纷，避免"需求蔓延"，对新提出的想法判断其潜在效用、估算进度，并使开发团队专注于最终的结果。在做项目总结时，重新审阅项目章程可以确认设计决策是否符合策略指导，以及开发团队是否成功地完成了项目目标。

在这里，我们列举一个项目章程中的项目定义部分，该项目是一个虚构的应用程序，叫作"Walk with Me"，它是由名为 Get Outdoors Equipment（或简称 GOE）的户外设备零售商所创建的。这款应用能够通过使用地理定位来跟踪用户的行走路线，收集照片和视频，并标记具体位置信息。使用编辑器可以在攻略指南中输入路线、媒体和描述性的细节，与其他用户共享信息。

这款应用的目的是创建和分享用户喜欢的徒步路线。

Get Outdoors Equipment 会免费向用户提供该应用程序。GOE 是一家零售企业，但它的其中一项企业核心理念是鼓励人们参与户外活动，提高公民健康与生活幸福感。公司认为这些活动是相互依存的，身体健康的客户更可能购买他们的商品，并且提供高质量的、消费得起的商品会更好地吸引活跃且忠实的客户群。

GOE 创建 Walk with Me 应用的目标和宗旨是：

☐ 销售户外装备
☐ 为喜欢徒步和大自然的人创建一个社区群
☐ 增进人们对徒步的认识
☐ 丰富徒步的常见知识
☐ 让人们走出家门参与徒步

GOE 有一群忠实的客户。换句话说，还有其他户外装备零售商在销售更具竞争力的产品，因此 GOE 必须不断努力维系现有客户，增强品牌黏性。GOE 也知道，当前客户是他们持续成功的关键，因为忠实的客户会再次购买并推荐给其他人，这是两个非常关键的忠诚度指标。

Walk with Me 应用的目标受众按优先顺序排列为：

☐ 当前 GOE 客户

❏ 潜在的 GOE 客户

❏ 可能成为未来客户的徒步和自然爱好者

判断应用程序成功与否的方法非常简单，可以通过下载量、账户注册数以及对知识库的贡献量来得知。一些其他的间接数据会比较难直接将应用与销售增长联系起来。不过，这些数据同样值得监测，另外一定要密切关注从应用到具体销售页面之间的点击量。

GOE 可以用以下的几个指标来衡量 Walk with Me 应用的成功：

❏ Walk with Me 应用的下载量

❏ Walk with Me 账户注册量

❏ Walk with Me 知识库贡献量

❏ 销售额，特别是与徒步相关的户外装备

下一步是从项目定义策略和战术来支持项目。例如，为了达到销售户外装备的目的，其中一个策略是在 Walk with Me 应用和 GOE 零售网站之间打造一个综合体验区。通过策略让用户感到在零售网站的体验是与众不同的，然后为应用程序和零售网站之间添加清晰的跳转链接。

1.2　便捷的用户体验

用户体验是一项贯穿产品整个生命周期的任务，从最早的策略规划和研究到最终完成所有的平面设计。用户体验包含的东西有很多，但其实它关注的核心问题是：网站使用起来是否简单？网站是否令人难忘（甚至是令人感到愉快）？该网站是否有效？最重要的是，用户是否能从网站中找到他们要找的东西？简而言之，用户体验的好坏是通过网站的可用性以及为用户带来的愉悦感来衡量的。良好用户体验的核心属性包括：

❏ **易学性**：首次使用网站的用户如何快速地学习他们需要知道的东西，以便从你的网站获取所需的信息、服务或产品？

❏ **易于定位**：用户能否自信且正确地判断他们在网站导航系统中的位置？

❏ **效率**：用户可以在多长时间内完成他们的浏览、搜索或其他交互以达成他们的任务？

❏ **可记忆性**：一个长期没有访问过的用户在重返网站时能否快速恢复网站操作的熟练度？

❏ **可访问性**：有身体或感官障碍的用户是否同样可以有效地使用网站的大部分内容或服务？

❏ **容错性**：你的网站是否允许用户犯错？另外，用户在使用你的网站时会经常犯错吗？

❏ **满意度**：用户是否喜欢使用你的网站，还是认为其操作很烦琐？

以用户体验为核心概念的易学性、定位、效率和可访问性等会影响网站开发的每一个阶段，从最早的概念架构到网站维护和后面的持续改进。

　　文化背景不断变化：如今，除了学龄前儿童，互联网上的"菜鸟"已经很少了，现在有数百万成年人沉浸在网络之中。即便如今智能手机、平板电脑、超平板电脑，甚至智能手表和其他数字"可穿戴设备"已经大大扩展了网络信息的覆盖范围和使用场景，优化网站用户体验的挑战也仍是永远存在的。我们用来访问网络的手段是增多了，但是人类的神经系统和网络浏览的基本模式在 25 年里没有改变多少，如果你的网站设计得不好，即使是网站上的长期用户也会面临挑战。

　　如今，解决网站可用性的问题显得比以往更重要。二十年前，网络是一个神秘的新玩具，慢慢体现出越来越多的用处，但主要围绕日常生活使用。十年前，网络逐渐深入到我们的生活：你可能会放弃订阅报纸，转而选择新闻网站，或者在亚马逊上购物，而不是跑去单调乏味的购物中心。而如今，网络在日常生活中至关重要：没有网络，你可能无法获得医疗保险，无法与远方的孩子保持联系，无法找到价格适中的药品，或者无法在不熟悉的情况下从陌生的城市找到回家的路。

　　可用性是衡量网站质量和有效性的重要标准。它说明了如何利用工具和信息源帮助人们完成任务。越有用的工具越能更好地实现我们的目标。许多工具通过让使用者变得更强、更快、更敏锐，来帮助人类克服生理上的局限性。但工具也可能会让人感到沮丧甚至是让人丧失能力。当我们遇到无法处理的工具时，无论是因为设计不好，还是因为它的设计没有考虑特定使用者的需求，都会限制我们的任务完成情况。

　　在设计网站时，我们的工作是通过设计来减少功能的限制。当目标是通用可用性时，我们就能够为更多的人提高生活质量并且节约更多时间。我们可以在网站上采用关于可用性的通用设计方法来帮助用户达到目的。

　　人机交互（HCI）的先驱本·施耐德曼（Ben Shneiderman）将通用的可用性定义为 90%以上的家庭都可以每周至少一次成功地使用信息和通信服务"。请注意，施耐德曼不仅仅是呼吁使用信息技术，而且指出要成功地使用。他接着解释说，为了实现普遍的可用性，设计师需要"支持各种各样的技术，以适应不同的用户，并帮助用户弥补他们所知道的和他们需要知道的东西之间的差距"。

　　易访问的用户体验包括几个部分，主要有可访问性、可用性和通用设计。

　　网站可访问性：自从万维网联盟在 1999 年提出无障碍网络倡议后，网络可访问性的实施已经得到了世界范围内的个人、组织和政府的关注。WAI 组织大力促进残障人士能够访问网络的最佳实践和工具。他们还同时维护着通用网络访问，安排专家开展相关活动，保证使用当前流行和未来最新的网络技术实现易访问性设计。

　　网站可访问性是通用可用性的一个关键因素。WAI 和其他可访问性活动指南提供了如何创建通用可用设计的技术和规范。他们保证设计师实现设计的工具和技术可用于不同的上下文环境。他们还提供了一个框架，用于评估数字产品的可访问性和识别潜在问题。

　　可用性和以用户为中心的设计：可用性既是一个对工具使用体验的定性测量手段，又可以量化为判断设计有效性的具体方法。定量可用性指标包括我们多快完成任务，以及在这个过程中所犯错误的数量。但可用性也可以通过定性测量指标来衡量，如使用工具时的满意程度。"易学性"是另一个重要指标：多快能让用户学会使用工具，以及再次使用时对使用方法的记忆熟练度。可用性不仅决定了网站的有效性，也会影响更多如忠诚度这样的基础指标。工具越容易使用，用户使用感就越好，对于网站来说，用户再次使用网站的概率就会越大。

实现可用性的最常用方法是以用户为中心的设计（UCD）。UCD 包括面向用户的设计工具，如任务分析、焦点小组和可用性测试，以便了解用户需求并根据用户反馈改进现有设计。UCD 涉及定义用户在产品中需要什么功能，以及他们将如何使用这些功能。通过设计、测试和细化迭代周期，UCD 的实践者不断地进行检查以确保他们设计的方向是正确的——即用户喜欢这个设计，并且会成功地使用它。

通用可用性来自于以用户为中心的设计，但对用户持有广泛的、包容性的观点。UCD 被应用于网站设计，易上手且可用于不同的用户、平台和使用环境。

通用设计：通用设计会将多种访问需求容纳到一个设计中，而不是提供多种设计来满足不同的特定需求，例如为视力受损的读者提供特大号字体或盲文版本。通用设计的一个常见例子是入口的斜坡通道，它可以被每个人使用，因此不需要额外设立多种不同入口。通用设计有很多好处。例如，一个满足多种需求的设计通常要比制作多个设计成本低。并且有不同用户群参与的设计往往能带来意想不到的好处。例如，在人行道上的限制措施是为了帮助行动和视力受损的用户，但是其他很多人也能够从中受益，包括送货的人，推着婴儿车的人，或者骑自行车的人。

创建易访问用户体验策略

实现通用可用性目标的第一步是摒弃我们正在为"典型"用户设计的概念。通用可用性适用于所有年龄、经验水平以及拥有身体或感官限制的用户。用户拥有的技术环境也有很大的差异：屏幕大小、网络速度、浏览器版本和不同的软件，如针对视力受损者的屏幕阅读器。我们每个人都在频谱上占据着多个点，随着我们的需求和环境的改变，这些点会不断地变化。例如，几乎所有 50 岁以上的成年人都有轻度到中度的视觉损伤。在这种情况下，我们的需求会发生变化，有些坐在大礼堂后排的用户需要大的桌面显示器浏览网页，而有些行走在街上的用户只需盯着一个移动的小显示器就行。包含全方位的用户需求和上下文环境的广义用户定义是创建通用可用设计的第一步。

接下来，我们需要一种设计方法来适应用户群的多样性，这里我们会介绍一些基本原则。在网站上，普遍可用性是通过自适应设计来实现的，即文档转换以适应不同的用户和环境的需求。适应性设计是我们提供的支持各类技术和不同用户的一种方式。下面的指导方针将具体解释如何进行适应性设计。

灵活性：因为某些参数必须被"锁定"，在物理环境中通用可用性很难实现。在现实生活中，我们很难制作出符合每个读者需要和偏好的一本书或一把椅子。数字环境就不一样了。数字文档可以根据环境的需求来适应不同的访问设备和用户需求。

网站页面会包含文字以及连接到其他文档类型的超链接，比如图像和视频文件。软件能够读取页面并执行代码命令，例如，在浏览器中显示页面。但是由于网络性质的不同，同样的页面可以在智能手机上、屏幕阅读器上显示，或者打印在纸上。这种适应性的成功取决于设计是否具有灵活性，专为大屏幕设计的网页不适宜在手机的小屏幕上显示。

网站环境是灵活多变的，这使得网站的源代码必须能够适应不同的上下文环境。因此当考虑网站的通用可用性时，我们需要考虑多样性，并设计一个灵活的、能适应不同显示器和用户需求的页面。

用户控制：在许多设计领域，设计师的设计能够决定一个东西的形状，而这样的设计决定，尤其是在某些固定环境中，必然会错失一部分用户。对于图书设计来说，没有一个标准的文本大小可以为所有读者提供最佳阅读体验，但是图书设计者必须决定一个文本的大小，这个决定可能会导致对一些读者来说文本看起来过小。然而在网站环境中，用户可以控制自己的环境。例如，用户可以通过操作浏览器设置来显示适合自己阅读习惯的文本大小。

灵活性与用户控制相结合允许用户将他们的网站体验塑造成充分适应其工作和使用环境。

键盘功能：通用可用性不仅仅只是关于获取信息。另一个重要的任务是交互，它允许用户浏览并与网站界面的链接、表单以及其他元素进行交互。为了实现通用可用性，这些可交互的元素必须能够使用键盘来操作。因为许多用户不能使用鼠标，并且许多设备不支持鼠标点击交互。例如，视觉有障碍的用户无法看到屏幕。一些用户使用的软件或其他输入设备只能通过激活键盘命令来操作。对这些用户来说，那些只有用鼠标才能操作的元素是无法进行正常交互的。

总之，让可操作的元素能够通过键盘进行操作，可以确保网站的交互性能够被尽可能多的用户所访问。

文本等价物：文字有很强的通用性。（文本是否能被统一理解是另一个话题！）与图像和媒体不同，文本可以被软件读取，可以以不同的格式呈现，并由软件进行操作。当信息以文本以外的格式呈现时，例如使用可视的图像或视频，或使用语音，这些信息可能会使网站失去那些无法看到或听到的用户。使用网站技术可以预测访问格式问题并提供相应的文本。使用等价的文本，媒体中传达的信息也可以转换为文本，例如音频文件的转录文本或字幕。

使用对应的文本内容（文本等价物）可以将媒体包含的信息传递给那些不能访问媒体信息的用户，以便建立富媒体的通用可用性。

1.3　内容策略

内容策略管理和定义提供怎么样的内容才能够满足产品的业务目标。对于经验丰富的作者和编辑来说，大多数的"内容策略"看起来和以前复杂的出版物类似。编辑工作一直以来都在关注各种内容材料的目的、形式、发展和整合，这些材料包括：文本、插图，以及过去几十年里集成到电子出版物中的交互式的视听材料。

然而，今天的内容研发必须考虑一些额外的复杂因素。内容的表现方式从传统的纸张和网络出版物发展到移动应用程序，屏幕尺寸和使用场景都在不断变化。为了满足这些变化，内容在做到灵活性时需要的结构、模块性和元数据比仅靠打印的出版物要多得多。

最好把现代的内容看作是数据库中的元素，在这其中，小节、章节、描述，甚至个别段落都可能会被重新混合，并以各种方式显示出来，比如打印、网页、应用程序和其他应用，以及社交媒体。内容策略（如图 1-4 所示）需要不断寻求灵活性，以超越单一的媒介和单一的固定陈述方式，只有这样内容才可以在通信渠道的范围内有效地工作。今天，内容也需要尽可能做好搜索引擎的可访问性，并且考虑到所有用户的可访问性。

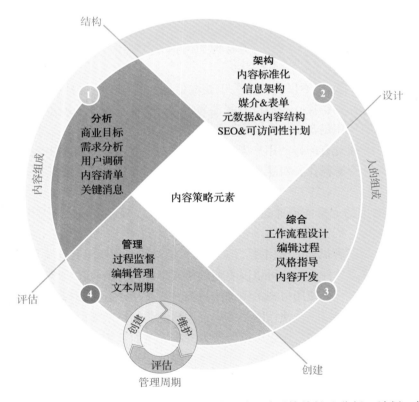

图 1-4　内容策略是一个周期性的过程（见图 1-1），需要持续性地分析、计划、构建，
　　　　并检查结果以保证网站能够保持最新并不断优化

在这个新的多渠道媒体全局图中，一个全面的内容策略能够为网站创建一个清晰的路

线图，并指导整个网站生命周期中的内容建设，从需求评估和业务策略调整，到开发、部署以及修订或删除。内容开发不是一个项目，而是一个持续的过程，它永远不会"结束"哪怕网站已经正式上线并开始运营。一份好的内容策略需要明确地承认，今天再好的网站或应用在未来某一天也会过时，而且内容会从"上线"的那一刻起就开始走向衰落。正如内容战略家卡伦·麦克格伦（Karen McGrane）所说："如果你不能长期维护它，那么这个策略不能称之为好策略。"

好的内容策略总是能做到瞻前顾后，协助网站管理人员创建和评估基准及性能指标——判断内容是否成功，评估其目前的优劣势，是否能满足用户的需求——并使用这些指标建立需要修复、修订或更新内容的优先级。

创建一个内容策略

内容策略的目标不是简单的编辑工作或内容创建，虽然在大多数情况下，参与创建和实施内容策略的都是同一个人。关键结果或"可交付成果"是一个描述下面所有细节的内容策略文档，其中包含资源推荐、工作流程、编辑团队成员和他们的角色和职责，同时整合描述声音语气、内容结构和内容模板的指导或样式文档，并且为其他的内容提供者提供指导方向，例如作家、摄影师、图形艺术家和视听媒体创作者。

内容策略比大多数传统网站编辑涉及的方面更广泛；它包括业务目标和品牌流程，涵盖了整个内容生命周期，而不仅仅是内容的创建和部署。它还涉及数字内容的技术层面，比如内容结构、元数据、文件格式、搜索引擎优化（SEO），以及跨各种交付媒体的内容的可访问性。

定义目标受众

如果你不清楚自己在跟谁说话，他们的需求和兴趣是什么，以及这些需求是如何通过你的内容满足的，你就不可能制定出一个连贯的内容策略。几乎不存在一模一样的用户，你需要在你的用户中划分出主要的受众群，以及他们可能需要的独特的内容信息和营销信息，或者在展示信息时需要的不同声音和语调。

❑ 受众优先级：并非所有潜在用户都对你的商业目标同等重要。识别目标用户的关键过程之一是对不同的用户群进行优先级排序，这样你的内容策略和媒体（网络、应用、社交、印刷）组合将会更精确地定位到你最重要的受众。这并不是说次要受众就不重要。即便你的网站的主要目标是那些潜在客户，主要业务目标是增加销售额，你也必须关注现有的客户，因为忽视现存用户最终会损害你的销售业绩和声誉。

❑ 建立用户画像：用户界面设计师通常会制作出详细的用户画像——用来代表某一类用户群（详情参见第 2 章），通常用户画像会围绕一些特定的喜好或用户群体。内容策略有助于了解各类受众群体的主要特点和喜好，以作为优化信息的参考，这样内容作者和设计师都可以充分了解他们在创建内容时的目标对象。

内容策略中的移动优先（MOBILE-FIRST）

移动计算的快速广泛发展对桌面计算领域来说可能是件好事，因为只要企业意识到了移动优先和"经常需要移动的"客户的占比，他们就会明白把简化阉割版的内容强加给移动端用户是行不通的。维护几个版本的大型网站或电子商务网站是十分昂贵和复杂的。然而，手机屏幕太小了。那么，要怎么做才好呢？

剪、剪、剪。剪掉所有烦琐的、无关紧要的空话，剪掉用户数据显示没有人会去使用的"功能"，减掉阻碍页面快速加载的大型照片和图形，剪掉很久以来都没人去使用的 CSS 代码。简而言之，需要对移动内容进行良好的控制，以及在移动设备上使用简洁的内容，你会发现这些经过控制的内容在桌面环境中也同样能表现得非常出色。一个良好的移动内容策略可以在所有的移动和桌面用户中产生精益、专注、高质量的内容。

没有所谓"移动内容"这样的东西。你的读者和用户需要的是好的内容，无论何时何地，只要他们需要，在任何设备都可以显示。如果当前的一些内容在移动设备上看起来是多余的，那么对于桌面用户来说也是多余的。因此，要删掉无用的东西——它会让每个开发人员的日子都不好过，而且维护起来也很昂贵。对你的内容进行优先排序是很重要的，但不要为移动用户简化你的内容。让所有的内容简洁并高度信息化。这样桌面和移动用户都会受用的。

简化是必需的。在内容策略和用户体验中，"移动优先"设计理念是一种很好的启发，它可以让用户在所有的设备上，减少冗余，并着手去处理核心的内容和功能。

清晰地表达关键信息和业务价值

信息化是定义优先级并对特定用户和关键商业策略信息进行匹配的过程。没有对商业目标的明确认识，开发的每一部分内容都不能直接对应到商业目标，或无法将关键信息传递给用户，信息化也就不可能实现。如果你很幸运，你的企业可能已经有一个明确阐述的商业策略和完善的营销或通信信息，那么项目应该支持这些目标。如果没有，内容策略中最重要的一点是开发一个关于商业目标以及适用每种客户类型的关键预期成果的简要描述，这样每个关键信息都能有一个明确的"任务"来支撑总体目标。

对于规模相对较小的门户网站，"信息化"似乎是个模糊不清的概念，但无论是正在为大型企业开发网站还是为企业的信息部门开发办公助手网站，都适用于同样的原则。对于办公助手类网站来说，其关键信息可能是你的网站可以提供快速、准确和对用户友好的访问方式，来帮助用户找到完成他们工作所需的信息。每一条内容都应该反映出高层次目标中的有效且对用户有帮助的支持信息和服务。那些晦涩、繁杂或不准确的内容与你的关键消息是相违背的。无论何人在开发内容，都需要在每个阶段保持高水平的目标，因为网站的整体"信息"是建立在听众对于所遇到的每一段内容的总体印象之上的。

选择分发媒介

数字内容的主要优势之一是能够在各种各样的通信通道部署相同的材料，但这种潜在的灵活性是只有当你仔细计划，并确保你的内容非常适合每一个潜在用途的消息传递、语调和技术结构时才会显现出来。在市场营销中，每一种沟通媒介都是一个“渠道”，每一种媒介都可以有多个渠道。例如，你的内部企业网站和你的最新营销活动网站可能都是基于互联网的，但是它们有不同的渠道，具有不同的受众和目标。

公司网站，博客，公司使用的各种社交媒体，移动应用，像 YouTube、播客、杂志和报纸广告这样的在线视频网站，印刷和 pdf 的营销出版物以及电视广告都是潜在的“渠道”，可以将你的关键信息与你的目标受众相匹配。并不是所有的媒介都适合你的业务目标，除非你为大型企业工作，否则你可能只能在少数可用的媒体渠道中发布内容。因此，在分发时的内容策略是识别和排列最有效的消息通道，并创建能够一个为每个媒介指定内容特征、结构和语调的流程。

指定内容结构

一旦知道了你将拥有哪些通信渠道，就需要确保你创建、管理或授权的内容能够满足你对每个渠道的需求。在这种情况下，“内容结构”与传统的编辑结构（如标题、章节、子标题、段落和图引用）部分相关联（如图 1-5 所示）。策略内容结构的目标是预测每个已知通信通道的独特需求，并确保你在开发或重新使用的内容能够以一种最好的方式组织起来，以实现多种不同的潜在用途。

内容结构的详细规范也为结合了许多作者和设计师的工作的大量内容开发带来了一致性和模块化的效用。

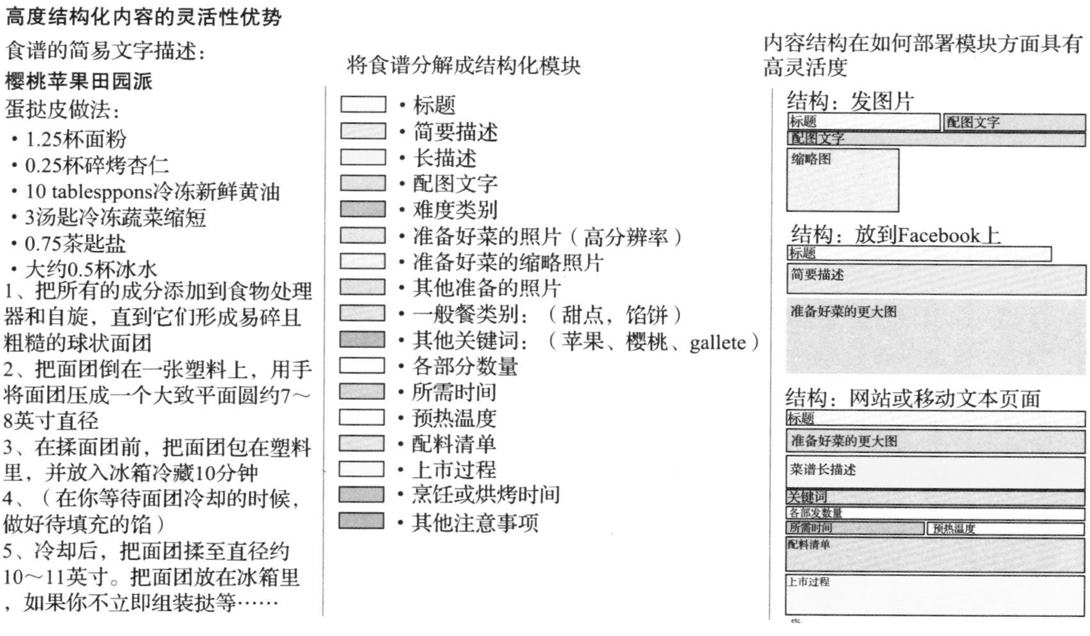
高度结构化内容的灵活性优势
食谱的简易文字描述：
樱桃苹果田园派
蛋挞皮做法：
• 1.25杯面粉
• 0.25杯碎烤杏仁
• 10 tablesppons冷冻新鲜黄油
• 3汤匙冷冻蔬菜缩短
• 0.75茶匙盐
• 大约0.5杯冰水
1、把所有的成分添加到食物处理器和自旋，直到它们形成易碎且粗糙的球状面团
2、把面团倒在一张塑料上，用手将面团压成一个大致平面圆约7～8英寸直径
3、在揉面团前，把面团包在塑料里，并放入冰箱冷藏10分钟
4、（在你等待面团冷却的时候，做好待填充的馅）
5、冷却后，把面团揉至直径约10～11英寸。把面团放在冰箱里，如果你不立即组装挞等……
将食谱分解成结构化模块
• 标题
• 简要描述
• 长描述
• 配图文字
• 难度类别
• 准备好菜的照片（高分辨率）
• 准备好菜的缩略照片
• 其他准备的照片
• 一般餐类别：（甜点，馅饼）
• 其他关键词：（苹果、樱桃、gallete）
• 各部分数量
• 所需时间
• 预热温度
• 配料清单
• 上市过程
• 烹饪或烘烤时间
• 其他注意事项
内容结构在如何部署模块方面具有高灵活度
结构：发图片
标题
配图文字
配图文字
缩略图
结构：放到Facebook上
标题
简要描述
准备好菜的更大图
结构：网站或移动文本页面
标题
准备好菜的更大图
菜谱长描述
关键词
各部发数量
所需时间
预热温度
配料清单
上市过程
etc.

图 1-5　结构化的内容是最有用且最灵活的

提供语音、语调和编辑指导

在日常生活中，我们会根据所在的环境调整语调和说话方式：非正式场合和实际朋友之间会很随意，但与同事的日常电子邮件往来就需要更严肃些，而在编写公司白皮书的商业策略内容时则会更正式。虽然大多数企业已经建立起用于通用企业标识的编辑和图形指南，但他们对社交媒体和其他新的通信渠道的指导内容更新得不够快。对于企业间的通信或商务化人际关系网来说听起来非常合适的内容，但在 twitter 或 Facebook 的帖子中，听起来似乎就有些奇怪。

内容策略需要着眼于每一个沟通渠道，并为该渠道及其受众提供关于沟通的语音和语调的一般性指导。每个媒介和每一个读者的指导方针将帮助作者和其他参与者开发适合于预期通信渠道的内容（详情参见第 10 章）。

好的内容策略将至少包括编辑风格的一般建议，特别是在组织标准、身份指南和语言样式指南还不存在的情况下。

创建一个编辑工作流程

好的内容战略着眼于现有的编辑资源和内容，针对项目的既定商业目标，对人员、媒体提出具体的建议和工作流程，并且编辑资源需要很好地满足目标和开发计划。

许多编辑任务是可以预测的，好的策略会为每个任务指定角色和责任，明确工作传递和批准将如何进行，每种类型内容（文本、照片、图形等）的典型工作流程是什么，以及谁具有完成内容的最终发布权。常见的编辑任务包括：

❑ 计划
❑ 创建内容库存（详情参见第 10 章）
❑ 维护编辑日历
❑ 创建或搜集内容
❑ 编辑、修改内容和预期的工作流程
❑ 添加元数据并检查可访问性问题
❑ 对内容进行测试，将其集成到可运行的网站版本中
❑ 获得编辑、利益相关者和市场营销人员的最终批准，并且全部符合法律要求
❑ 获得高度程序化或交互内容的技术批准
❑ 弄清楚谁有权发布内容，以及确认最终的工作流程
❑ 审查有关编辑质量和功能的"当前"内容
❑ 接收并响应读者的反馈，如信息请求或问题报告
❑ 确定如何处理错误报告，票务系统的传统处理方式是跟踪和优先解决已知的问题
❑ 删除过时或不正确的内容，明确谁有权从"当前"网站中删除内容，以及明确对应的工作流程

大多数内容策略会建议开发（或持续使用）一个编辑日历。如果项目是全新的并且没有

创建过日历，那么最好明确你希望编辑日历达到什么目的，以及如何将它用于记录产品公告、事件、周期性年度活动、产品展示等的关键日期。明确编辑日历的维护人员，其责任是为每个事件创建和发布内容。

规定管理和内容生命周期

许多网站开发项目将网站的发布运行作为项目"完成"的标志，但随后在网站中经常会出现过时的内容、断开的链接以及不良的交互功能，发生这些的主要原因是网站从来没有对发布之后的运行提供明确的管理架构。内容策略和网络管理是密切相关的，因为只有通过管理才可以维持具有高质量和功能的内容生命周期（参见前面"定义项目管理的角色和职责"小节）。

内容策略的管理规定了与内容相关的角色和责任，从概念、创建和发布到最终的修改或删除。持续的支持通常是网站成功最关键的因素，因为只有通过后续支持，内容才可以不断被维护。内容管理模式可以保证：

- ❑ 网站编辑人员、网站股东和管理者之间清晰的沟通。
- ❑ 确立了编辑人员的角色、责任和后续支持，在技术和环境发生改变时，明确需要为各个内容区域提供专业知识的人。
- ❑ 主要股东和编辑人员之间对整个网站商业成功方面的沟通：内容是支持原有的还是不断变化的商业目标，并且在什么时候将需要执行大规模修改计划？

1.4 社交媒体策略

随着网络基础设施变得更大、更复杂，通信手法更丰富，如今的网络不再只有个人网站和博客。对于大多数个人和正在成长的大型企业，其在各种社交媒体渠道的表现对于用户和企业网站或企业博客来说具有相同的影响力。

社交媒体经常被指责为无足轻重的游戏场，但它们最终完成了之前的互联网技术没有成功完成的事情：它们将成千上万的普通群众汇集到网络上，这集汇聚了人类的愚蠢、欢笑、战争、智慧、联系并且反映出了深层次的人性。

1.4.1 创建一个社交媒体策略

经过最初几年的不适应，商业界和其他企业已经习惯了社交媒体技术，因为它提供了前所未有的方便且快捷的交互式通信，比起老式单一媒体渠道的电视、出版物和静态网站方式，社交媒体可以为企业提供更多机会。

然而，社交媒体方式也对营销、品牌塑造和通信专业人士提出了新的挑战。社交媒体需要灵活的战略与策略，以随时应对因条件、实践和期望的变化而发生改变的情形。几乎每周都会出现新的功能，甚至是全新的社交媒体渠道，像 Facebook 和 Twitter 这样的渠道经常改动他们的政策和技术。然而唯一不变的是：一个高质量的企业社交媒体的造价是很昂贵的，并且需要经验丰富的通信专业人士和高级管理人员来细心维护。如果没有明确的目的和坚实的商业目标，社交媒体的效果就无法很好地体现出来，甚至反而可能降低企业的声誉。

定义商业目标

通过使用社交媒体完成某些任务时，你是否明确理解并同意其目的是什么？什么关键绩效指标（KPIS）是对你和企业整体经营策略最重要的？好的社交媒体策略应该总是从企业范围内的目标出发，并明确地围绕这些目标开展工作。

社交媒体能够有助于：

❑ 发展新的用户、客户或社区成员
❑ 增加销售额或增强与你当前客户社区在其他形式上的接触
❑ 扩大并加深品牌声誉
❑ 提供客户支持以及有用的产品信息

定义你的受众

你是否已经清楚，最重要的社交媒体对象是谁？必须要告知他们的内容是什么？对受众群来说什么样的信息或服务最重要？社交媒体交互是实时进行的：你是否了解潜在受众最感兴趣的点是什么，一天中什么时候用户最活跃？

掌握你的目标受众信息，包括：

❑ 性别、年龄段或兴趣
❑ 教育水平或专业兴趣
❑ 地理位置、时区和语言
❑ 社交媒体渠道优先级

大部分大型企业在主要的社交媒体上都有一个"官方"账户，如 Facebook 或 Twitter，但同时也维护其他社交媒体账户以便能更好地针对某些具体受众。例如，耶鲁大学有一个主要机构的 Twitter 账户，也有几十个其他专业资源的 Twitter 账户，如学术部门和项目部门，并且这些 Twitter 账户主要针对（但不完全）在校人员。企业社交媒体的协调措施是扩大专业内容范围的一种理想途径（通过转发给普通受众），但是主要企业的一般受众也能够受益于更专业的主题文章中的内容。

建立并维护你的品牌和企业形象

社交媒体可以作为确立商业品牌或企业身份的强大工具，但实施过程中需要周密的计划，并提供足够且合理的资源，通过与受众的日常交流来巩固和扩大企业声誉。社交媒体在论调和设计方面的效果应该总是与现有的企业身份指导方针和政策保持一致。

扩大包括社交媒体规定在内的品牌指导方针，包括：

❑ 视觉品牌：每个社交媒体都有其独特的图形格式和像素尺寸，其中包括主题、背景图像、标题和概要图片，以及用于图片帖子的理想图像格式。对于每种社交媒体方式，你都需要查看（或者更新）标准的企业身份标识指南以确保可以建立高质量的品牌形象。

□ **视频标题标准**：高效的在线视频往往都很短，最好不超过两到三分钟，那些时长相对较长的以"电影式"开场和结束的视频，其实并不适合像 Facebook、YouTube 或 Vimeo 这样的渠道。在线观众对稀奇古怪的视频标题不会花超过十五秒的时间去研究它是否有趣。你需要让视频内容在刚开始播放时就立刻显示出一个简单易懂的标题（详情参见第 12 章）。

□ **语音和语调**：传统的印刷或广播品牌指导方针很少能为深度交互式社交媒体渠道提供有用的建议，比如保守的编辑指导对于那些属于非正式会话风格的社交媒体（如 Facebook 和 Twitter）来说，经常被认为太过中立。编辑开发过程的广义概述如图 1-6 所示。开发合适的编辑"语音"完全取决于特定观众群的特征以及正在使用的媒介。Facebook 倾向于非正式场合，而属于面向商业的 LinkedIn 用户则期望更中立的"企业"语音。

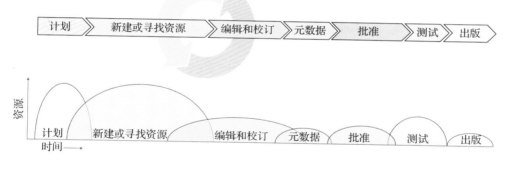

图 1-6　编辑开发过程的广义概述

□ **整合现有线上品牌**：很多企业长期研究制定网站和博客的视觉身份和图形政策，但可能会忽略将社交媒体整合到现有的网站、博客和移动端产品，如智能手机或平板电脑上的应用程序。通过"喜欢"和"分享"按钮将你的社交媒体连接到当前互联网产品，是成熟的社交媒体策略的关键部分。同时，通过嵌入你的最新社交媒体的帖子链接可以帮助同时提高网站和社交媒体用户的浏览量。

□ **响应政策**：参与社交媒体会使企业面临可能的声誉风险。例如，在文章中开启评论功能可以让读者提出他们的建议，但是这些评论不可能总是好的。某些功能可能会比其他的风险更大，例如，允许匿名发表帖子可能会导致一些人使用"低俗"手段来通过发帖宣泄反社会观点。任何社交媒体策略必须要计划如何处理对社交媒体的负面影响和潜在伤害。并且在制定政策时应适度考虑风险，例如你的品牌如何对抗网络内容审查索赔？创建一个凸显企业核心价值的"行为准则"，将准则发布到社交媒体上，并确保所有从事社交媒体的员工都知道如何应对相关的违法行为。

产出引人关注的内容

什么样的信息可以与社交媒体用户分享？如果你卖的是商品，那么你可能会分享产品的信息、使用方法以及成功的客户案例。地方政府和大学可能会分享本地事件和项目、人文轶事、当前研究和出版物等信息。社交媒体也是一个理想的建立兴趣的地方，并让远距离用户（比如潜在的学生或新业务伙伴）能提前感受新环境的生活、工作或学习方式。每个社交媒体都需要定制一个组合媒体以达到对用户期望的最佳实现，一般的可视化内容，如照片和视频都可以做到这一点，另外那些能够引起积极讨论和读者反馈的内容会同时增加个体读者的参与感，并提高社交媒体内容的整体知名度。

内容管理，即选择和共享企业之外获得的社交内容，已成为大多数企业社交媒体策略的重要组成部分，因为它有助于提供超越自身产出内容的更为丰富的融合内容。毕竟用户不只是对内部交流感兴趣，他们通常还想知道相关行业发布的新闻、图片和视频，或者其他人的评论究竟是什么有趣的内容。

Twitter 或 Facebook 的"关注"已经成为内容综合处理的一个分支，因为 Twitter 账户的"关注"列表可以很好地展示出用户对哪些企业资源、新闻网点和个人感兴趣，并且足以引发他们的关注。

确定帖子发布的最佳时间和频率

社交媒体可以通过两个通用特征来有效地建立策略：媒体的发布频率，以及每一种媒体在发帖时产生的"一石激起千层浪"的效果。例如，很难见到大型企业每天在 Facebook 上发超过四次或五次的帖子，在 LinkedIn 上的频率更低。因为 Facebook 和 LinkedIn 是个体可以自由选择联系人的个人社区，所以用户很快会对过多的商业帖子感到厌恶。如果太多商业广告混入在来自朋友和家人的日常消息中，用户很可能会选择对该企业"删除好友"或"取消关注"。

相比之下，Twitter 是一种完全开放的社交媒体，几乎所有的 Twitter 消息都是公开的，因此普通用户在浏览他们的 Twitter 时，你的消息可能会埋没在大量来自各种各样消息源的Twitter 之下。Twitter 上的帖子（"推文"）是短暂的，因此大多数组织每天都会发布多次，以确保普通关注者每天都能看到一些内容。研究表明，推文的"半衰期"（所有转发的 50%）发生在 18 分钟内。尽管如此，一个企业也通常应该每小时发帖不超过一次（通常会更少），因为即使习惯了大信息量的 Twitter 用户也会很快地对一家几乎垄断了他们信息流的公司感到不满。

一个提醒列表
——向 E.B.White 致歉

深入项目背景：从始至终都要关注用户的兴趣点。如果你的网站不能向用户提供有用的东西，那么其结果肯定不会好。要使用通用可用性原则设计你的网站。

从合适的设计开始：避免出现"预备，开火，瞄准"综合征的危险表现。项目的关键部分是规划。在开始编写 HTML 或 CSS 之前，需要先知道你在做什么，为什么要这样做，以及为谁而做。

避免重写：轻量是好的。一个简洁、高质量的网站比那些大型但全是无效链接的垃圾网站好得多。满足最低限度的功能需求反而能获得不错的效果。

选择常规标准：网站规则是你的伙伴。总是使用那些经过验证的经验规则，为那些有趣的内容和功能保留你的创意。

清晰：请仔细确定你的页面标题和内容，并确保页面标题与主标题是一致的。

最后再做视觉设计：过早的视觉设计讨论可以毁掉一个网站，让你错过开展理性规划的时机。Louis Sullivan 是对的：样式应该由功能来决定。

修订和重写：项目早期阶段的设计迭代是件好事。计划时，你需要保持团队能从现有和潜在用户那里获得新想法和反馈，同事考虑项目股东的利益。然而，一旦进入开发迭代过程，推翻和修改之前的东西，足以毁掉网站的质量控制、预算和整体计划。

保持一致：一致性是界面设计的黄金法则。与网络的通用惯例保持一致，无论是网站的主页还是其他各个页面。

保持轻松愉快：避免使用花哨的流行技术。"我们应该使用 Sass"并不是一个技术策略，除非你准确地知道原因以及如何将 Sass 与 CSS 结合以帮助实现战略目标。不要使用毫无意义的 CSS 或 GIF 动画"使网站看起来更有趣"。添加实质性内容或功能才能让你的网站更有趣。

平稳降级：在你的网站开发中应用通用的可用性原则和精心的质量控制。提供一个精心设计的"404"错误页面附带有用的搜索和链接来应对用户在网站上点击无效的链接。

减少解释：标题、副标题和列表要简洁、大方，以使用户可以轻松地浏览内容。

确保用户知道在与谁交流：好的沟通总是人与人之间的交流互动。任何时候都要保持积极的态度，这样才能让用户意识到是谁在和他们说话。要让用户很容易就能找到你的邮件地址和其他联系信息。

所有的社交网站中的帖子寿命都是相对较短的，例如从短暂的只有 18 分钟生命期的 Twitter 帖子，到大多可以维持几个小时的 Facebook 帖子，以及访问频率较低的能保存数天的 LinkedIn 帖子。

许多研究都着眼于主要社交媒体渠道发布内容的最佳时机，但只有一条规则最终会对你的处境产生关键影响：利用你的用户数据来调整发布帖子的时间。使用 Facebook 和 Twitter 上可用的度量标准，仔细地记录帖子中哪些内容最受关注，什么时候受到关注，并根据你的特定受众调整你的发布日程。如果你有在美国的读者，那么你需要考虑美国存在的不同时区，同时也要考虑在欧洲或亚洲市场上向国际读者发布内容的最佳时间。

也就是说，人们与社交媒体互动的方式通常具有一致的趋势。总的来说，对于

Facebook 和 Twitter（二者在主流媒体使用量方面占有超过 90% 的份额），工作日的正午过后和傍晚（按东部标准时间 EST 测量）是 Facebook 发帖最活跃的时间段，而 Twitter 用户每天的活跃时间段更广泛，从清晨到傍晚。Facebook 和 Twitter 的参与度在 EST 时间上的偏差可能是受到了美国不同时区的影响，因为对于刚到下午的中西部和西海岸的读者来说，东海岸的读者已经是下午晚些时候或傍晚了。

Facebook 和 Twitter 都会在工作日的早期拥有更高的参与度。周末往往是 Facebook 和 Twitter 的商业用途发挥最小的时间，但针对个人用户的商业帖子可能会在周日出现更高的参与度，主要是因为很少有企业在周末发布消息，因此周末发帖的少数企业会在社交媒体中显得更加突出。

组织和安排社交媒体活动

社交媒体本质上是即时性，可以实时地生成你所有的社交媒体帖子，但这并不意味着它是一个好的、或者说现实的想法。流行的社交媒体组织和日程安排工具，如 Hootsuite、Buffer 和 Sprout Social，可以允许使用者根据不同日期和时间，在主流社交媒体渠道上提前很早就安排组织社交媒体帖子的发布。多个用户可以在同一个地方，通过各种媒体和不同的个人账户查看、编辑和协调内容活动，以此生成连贯性和战略性的社交媒体内容。

1.4.2　通过社交媒体渠道获得用户

你会使用什么样的社交媒体渠道呢，Facebook、Twitter、Instagram、Tumblr、Google+、YouTube 还是博客？各主流社交媒体渠道都有其独特的特点。基于有限的资源，你需要选择一些最适合自身商业目标的渠道，并确定最适合你的资源和策略的最佳参与度。Facebook（超过 80% 的用户）和 Twitter（大约 20% 的用户）在美国社交媒体上占据了超过 90% 的成人的时间。虽然我们在这一章专注于 Facebook 和 Twitter，但策略、设计和人员配置也适用于其他广泛使用的社交媒体渠道，如 LinkedIn、YouTube、Tumblr 和 Instagram。

Facebook 是一个企业，其主要产品是访问 Facebook 用户庞大的国际社区。全世界有超过 10 亿的用户，地球上大约每 13 个人里就有一个人在用 Facebook。在美国，Facebook 占据了超过 80% 的社交媒体网站时间。

如果你是 Facebook 上的一名企业或个人用户，那么你在媒体上所发表的每一篇帖子都会出现在你的 Facebook 时间轴上。然而，"点赞"或"关注"你 Timeline 页面的 Facebook 用户中，90% 的都不会再次访问你的 Timeline 页面，而你的帖子只会出现在他们的个人 Facebook News Feed 区域。Facebook 的 News Feed 板块使用了过滤算法（以前称为 EdgeRank 算法，查看 Facebook 排名算法侧栏）来计算用户看你在 Facebook 发帖的频率。

Facebook 新用户往往会惊讶地发现，相对少地在 Facebook 上发帖，反而会更容易使内容出现在那些已经"加为好友""点赞"或"关注"你的企业或个人用户的新闻推送板块。Facebook 长期以来一直采用多种技术来过滤每天数量庞大的帖子，以更好地为 Facebook 个人用户定制内容，并帮助引导 Facebook 企业用户使用公司的付费服务来提高帖子的关注率。

结果显示，只有约 6%～16% 的帖子会出现在已经点赞过的读者的新闻推送页面，并且一些行业专家发现，一些 Facebook 企业用户的覆盖率已下降到只有 2%～3%。Facebook 表示，平均在 6%～16% 的"覆盖率"是 Facebook 个人用户和企业或品牌主页的常态。如果想要更多用户点赞或关注你的页面，必须使用如以下其中一个或两个基本的 Facebook 内容策略：

❏ 适应 Facebook 作为社交媒体的特点，创建引人注目的内容。

❏ 向 Facebook 支付一定费用，以"赞助"或"提升"用户看到你的帖子的概率。

通过对 Facebook 精心定制设计你的内容，增加浏览帖子的排名，从而增加文章整体的覆盖率和内容的可见性。

❏ 引人入胜的内容：带有照片、插图或视频的帖子能获得更多读者关注。仔细确定你的目标用户，并创建高画质视觉内容和不超过 150 个字符的简洁文字描述。尝试在 Facebook 反馈区提供独特的内容，如 Facebook 独家新闻和信息，让读者先睹为快即将发布的公告和销售信息，或一些有用的产品提示。

❏ 发帖频率：过去几年中，大多数专家建议商业公司每天发帖不超过一次或两次，以避免惹恼用户。目前的新闻推送系统会严格限制帖子的覆盖率，所以许多组织已经开始每天推送两个或三个帖子，假设大多数 Facebook 用户可能只会看推送中的一个或两个帖子。那么大部分品牌的帖子一天的发帖数应不超过一次（每周五次或六次）。

❏ 发帖时间和维护日历：社交媒体发帖的时间有一些常见规则，但唯一真正重要的指标是那些目标用户浏览的最佳时机（如图 1-7 所示）。统计那些最成功的帖子的发布时间，并相应调整你的发帖时间。仔细地用日历来计划你的社交媒体活动，既可以确保你所学的经验被系统地应用，又能够确保社交媒体团队的每个人都能理解每日和每周的内容和发布时间的策略。

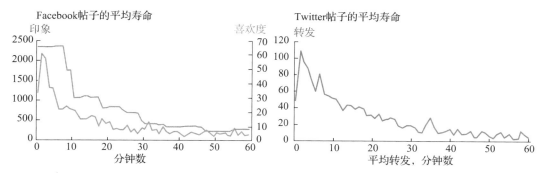

图 1-7　Facebook 或 Twitter 帖子的有效生命期只有大概 20 分钟。这说明需要将那些相同内容的帖子计划在不同时间发布，尝试在用户正好上线或关注社交媒体的最佳时间点与他们保持联系

❏ 与粉丝的互动：新闻推送的整体评分和覆盖率会随着你与评论你帖子的读者之间的参与度提高而增加。双向对话有助于建立客户忠诚度并向你的听众保证有人在倾听和思考他们的意见、建议和投诉。

在我们的个人生活中，大多数人已经在使用 Facebook 了，讨论一个已经很熟悉的食物可能看上去很奇怪，但其实 Facebook 的专业使用是十分昂贵且复杂的，因此你会想要尽可能创造最高效的帖子来增加阅读量和参与度。

❑ 长度：保持 Facebook 帖子尽可能短，理想情况下不超过 100 个字符。Facebook 不同于 Twitter 有 140 字符的限制，但这并不表示你可以无限制地在帖子中加文字。Facebook 帖子中只有前两个或三个句子是可见的，其余的文本都会藏在"查看更多"链接中。因此，要注意保持简洁：不超过 80 个字符的 Facebook 帖子可以获得超过 66% 的读者参与。

❑ 摄影和图形：很简单，如果想让人们关注你在 Facebook 上的言论，那么最好总是给帖子配一幅图。Facebook 是一个高度可视化的媒体，带有图片的帖子总是胜过纯文本帖子。最近的一项研究发现，图片帖子比纯文本帖子可以获得多于 53% 的读者参与。图片不需要很大。Facebook 通常在一个 4:3 的水平矩形中以 jpeg 格式显示新闻报道图像，而图形的宽度不超过 504 像素，可以填充新闻报道或时间线的宽度。读者点击时，如果你的照片或图片需要适应其他分辨率，那么可以使用更大的 JPEG 格式图片，但最好不要上传宽度大于 1300 像素的图片，因为 Facebook 会对大图片进行压缩，而且大多数用户的屏幕实际面积无法在 Facebook 页面内查看非常大的图片。

❑ 话题标签：话题标签是 Facebook 相对较新的一个功能，尽管它还没有被广泛使用，但是它的功能与在 Twitter 中一样，提供给用户一个可搜索的标签用以查看所有添加到相同标签的帖子。Facebook 的话题标签现在大多被电视公司用来标识体育和新闻事件相关的帖子，但随着 Facebook 用户逐渐熟悉话题标签，它的使用率可能会提升。

Facebook 的排名算法

年龄在 18 到 49 岁之间的 Facebook 用户平均约有 250 个好友，平均每个月有 80 个商业、组织或活动页面，每个月约发布 90 条帖子。基于用户的推送中有如此大数量的帖子，Facebook 早已使用了一套专有算法来确定哪些来自好友和品牌页面的帖子会出现在一个特定用户的新闻推送中。Facebook 最开始称之为"边缘排名"EdgeRank 算法，虽然公司内部已经没有在使用这个术语了，但它在社交媒体通信行业仍然广泛存在。最近，社交媒体社区用新闻推送或新闻推送算法来表示用户的推送区域是否使用了 Facebook 的过滤方法。

在 Facebook 的说法中，"边缘"指的是在 Facebook 的世界里，任何与内容的互动。最初的 EdgeRank 算法考虑了三个主要因素，以确定某一特定 Facebook 用户发布帖子可能存在的相关性：

亲密度：即代表用户与文本源之间关系的数值分数。如果用户经常从某一固定源"点赞"帖子、评论文章或分享帖子，那么其亲密度得分就会高，用户查看来自同一个源的帖子的可能性就更高。

权重：Facebook 上排名靠前的常见交互类型——"点赞"帖子，因为操作简单所以

> "权重"分数较低，而评论或共享帖子需要更多用户操作，因此权重分数较高。
>
> 　　时间衰减：一种简单的测量发帖时间的方法。发帖时间越久远，其时间衰减值越低，因为绝大多数用户只会在帖子有效的前半小时内参与（点赞、评论、分享）。
>
> 　　自 2013 年以来，Facebook 已经在其内部交流中取消了"EdgeRank"说法，现在他们声称，尽管上面提到的三个原始权重因子对算法结果仍然具有决定性作用，但在目前的新闻推送算法中已经有多达 100 000 个权重因子来确定特定 Facebook 用户与文本之间的相关性。

　　Twitter 的月活跃用户数超过 2.71 亿，经常被报道为增长最快的社交网络。对于普通用户来说，Twitter 是一种非常混乱、快速变化的媒体，每小时有几十条 Twitter 消息流入信息流中。考虑到如此多的信息，很少有用户试图"从消防水管中喝水"——试着关注每一条推文（Twitter 帖子）。Twitter 是一种嘈杂的媒体，如果用户曾经看到过的话，那么老的推文很快就会被大多数用户遗忘。平均每个活跃的 Twitter 用户关注了 102 个账户，这导致了每条推文的平均活跃时间不到半小时，而转发和评论则降至接近于零的水平（如图 1-8 所示）。

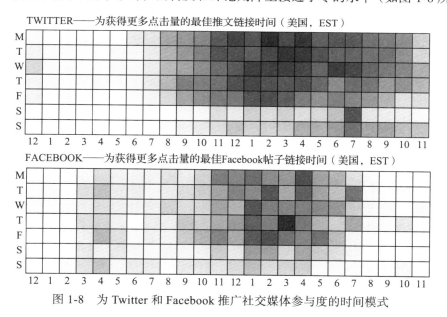

图 1-8　为 Twitter 和 Facebook 推广社交媒体参与度的时间模式

　　Twitter 的即时性，使用户能够在新闻和娱乐事件的发展过程中"实时"地发表评论。Twitter 是新闻记者和新闻机构经常用来发现和跟踪新闻的工具，常作为主要新闻事件的第一手资料（可能不是最可靠的来源）。

　　Twitter 建议企业账户每天发送三到五次推文（如图 1-9 所示）。"推文"以简短著称，不会超过 140 个字符。不过，在编写、构成、标记和添加媒体链接到推文的各个方面其都有比较好的实践。

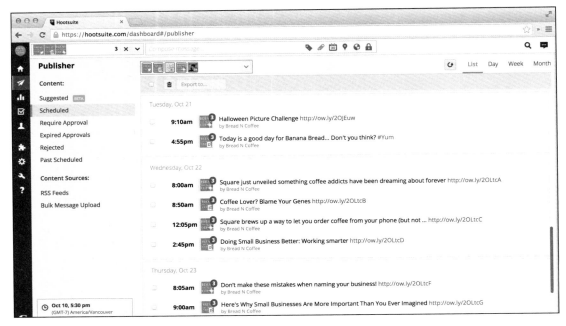

图 1-9　大部分社交媒体渠道的企业用户会使用管理和调度软件（例如 Hootsuite）来分发社交文本

- □ 长度：数据显示，70 ～ 100 个字符或更少的推文是比较理想的，因为相比非常短的推文，用户可以通过快速浏览推文获得更多的信息，并有足够的空间为推文添加评论、@ 其他用户以及添加话题标签。在推荐的长度范围内，此类推文的平均参与度要比非常长或非常短的推文高出 17%。
- □ 链接媒体：带有图片的推文会比普通纯文本的推文得到更多的关注和转发，但不是所有的图片都同样有效。推文可以链接的图片最大可以到 1024×512 像素，但链接过大的图片没什么意义，因为大的图片只会在推文中以链接形式展示给用户，也就是说用户看到的只是纯文本部分，图片需要点击链接才能查看。最好的做法是将你的推文图片限制在符合推文要求的范围内，不超过 440×220 像素，这样你的帖子就可以在大量信息流中起到引人注目的效果，并获得较多关注（如图 1-10 所示）。
- □ 话题标签：Twitter 话题标签是一种能将你的推文告诉特定受众或用户群体的很好的方式。许多用户习惯性地搜索他们喜欢的标签，将其作为一种过滤掉 Twitter 上的杂乱信息从而寻找相关内容的方法。然而，使用过多的标签看起来很业余。因此在一条推文中不要使用超过两个话题标签，如果你使用了两个标签，那么请确保你的推文在 100 个字符之内。

　　因为推文的平均寿命很短暂，大多数企业会按照 Facebook 发帖频率的两倍发送推文，或每天三至六篇推文，而新闻机构的推文数量往往更多，特别是有重大新闻出现时。Twitter 上衡量你的最终指标是粉丝数量。可以尝试频繁地更新推文，如果发送太多推文，人们会开始"取消关注"你的账户并且粉丝数量也将相应减少。

图 1-10　通过添加正确格式化的图片可以提高在 Twitter 反馈的可见性。太大或比例不正确
的图片虽然可以粘贴到推文上，但可能只会显示图片的链接，而不是图片本身

　　推文的短寿命同时也为我们提供了重新利用好的或重要的内容的机会，因为大多数用户参与度低于 5%，这通常是因为大多数用户在他们不看 Twitter 的时候根本没有看到 Twitter 消息流。

　　大多数活跃的 Twitter 用户，包括大多数企业用户，都会使用某种类型的日程安排服务（Hootsuite、Buffer、Sprout Social）来适当自动化他们的 Twitter 消息流。像 Hootsuite 这样的调度软件可以有效"程序化"数周或数月的策划文本，在一天或一周的不同时间重复发送好的资料，假设用户在星期二上午错过了你的推文，他们可以在悠闲的星期日下午再一次看到这个推文。

1.4.3　配置你的社交媒体团队

　　大多数组织已经拥有了个人或一个社交媒体团队，并且在代表品牌或企业方面已经拥有了一些记录。这些团队常常作为市场拓展和沟通协作的一部分，因为现有的这些编写、策略和媒体技术是与新的社交媒体渠道紧密相关的。如果你手头有扩大团队和社交媒体效果的资源，请采纳媒体专业人士关于在线图片、摄影和短视频方面的专业意见，因为图形媒体往往是获取更高读者关注度的关键。

　　如果你没有在网上下载视觉材料以及简单的插图，那么可以考虑与设计师合作，建立可靠、高质量的摄影图片来源，因为你几乎每天都需要新的视觉材料。如果你不在核心媒体公关或沟通部门，那么尽量与公司媒体部门的同事建立良好的关系，因为很多大企业需要源源不断的新闻发布流程、摄影产品和其他资料，这些都可以重用到你的社交媒体渠道。

从小规模开始做起，如果你的资源线被拉长，那就尽可能保持小的规模。没有法律规定你需要应对每一个新出现的社交媒体，因为每一个新的渠道都需要精心的维护。在 Facebook 或 Twitter 上维护少量高质量的反馈比在其他社交媒体渠道上费尽心思地创建大量普通内容要有效得多。

推荐阅读

Halvorson, K., and M. Rach. *Content Strategy for the Web.* 2nd ed. Berkeley, CA: New Riders, 2012.

Kissane, E. *The Elements of Content Strategy.* New York: A Book Apart, 2011.

Redish, G. *Letting Go of the Words: Writing Web Content That Works.* 2nd ed. Waltham, MA: Morgan Kaufmann, 2012.

Rumelt. R. *Good Strategy/Bad Strategy.* New York: Crown Business, 2011.

Shneiderman, B. *Leonardo's Laptop: Human Needs and the New Computing Technologies.* Cambridge: MIT Press, 2003.

Wachter-Boettcher, S. *Content Everywhere: Strategy and Structure for Future-Ready Content.* Brooklyn, NY: Rosenfeld Media, 2012.

Welchman, L. *Managing Chaos: Digital Governance by Design.* Brooklyn, NY: Rosenfeld Media, 2015.

第 2 章

调　　研

通常在开始着手一个网页设计的时候，我们第一步都会去参考一些当前比较流行的页面布局和导航模式，并且在思考界面设计时运用一些已经被证明很好用的设计原则，比如一致性、模块化设计以及极简设计等。但实际上在做设计决策时，最好的实践方法是在每一个设计环节都让用户参与进来，通过与他们的近距离沟通，将上述所说的页面布局和设计方案等面对面地展示给真实用户，并收集他们的反馈与意见。把用户引入设计流程中可以帮助我们更好地理解用户需求，从而做出更合理的设计决策，产出更有效的设计方案。

本章节中，我们会介绍一个研究导向的网页开发项目会用到哪些具体的调研方法。众所周知，交互体验的方方面面都得益于人的积极参与，比如说头脑风暴、行为观察、问询调研以及易用性测试。当然，我们也可以通过使用网站分析工具来获取用户数据和信息。然而，只是单纯利用这些工具所提供的信息对于深度了解用户需求和行为而言是远远不够的。

在做研究时，令我们感兴趣的常常是人们的话外之音。正如亨利·福特（Henry Ford）说过："如果我直接问人们你想要什么，他们会说一匹跑得更快的马。"因此，调研的目的是去创造机会来发现那些意想不到的需求点，并找到一种创新式的解决方案来提升所有用户在面对该需求时的体验。

2.1　头脑风暴

创意构思和头脑风暴是设计一个创新性和高度功能化的网站所不可或缺的一部分，而且此过程中对用户需求的调研和探索要永远优先于思考如何创造或改进网站的内容。对于头脑风暴的操作方式，尽管有过一些全开放的、自由讨论式的头脑风暴案例，我们还是提倡在开始头脑风暴前预先设定一些基本规则，使得所有参与人员都了解这次创意构思的最终结果会对产品的后续原型设计以及开发产生怎样的影响。另外，最好能够制定一个流程框架，来保证在头脑风暴过程中产生的所有点子都是基于以用户为核心的设计原则和调研。

2.1.1　用设计思维指导头脑风暴

查尔斯·伊姆斯（Charles Eames）在 1972 年的一个访谈中被问道："设计创新会有约束吗？"他回答："设计很大程度上依赖于现实的约束。"创造力与其约束之间的博弈是"设计思维"的核心所在（设计思维是 IDEO 推出的一种解决设计问题的创新性方法）。设计思维鼓励人们用创造性的、以人为中心的方法来分辨出用户的真实需求，并且能够在受限的环境中找到最优的解决方案。

- □ 灵感激荡：定义出需要解决的问题。
- □ 创意构思：提出并尝试各种解决方案。
- □ 具体实现：将所提出的方案从概念转化为实际产品。

IDEO 在提出以人为本的设计理念时，并不是专门为了做网站设计，而是为了帮助一些非政府组织在推行慈善工作时更好地与贫困社区交流。但其实设计思维被认为可以适用于任何创意构思、设计、以及原型制作，用来为设计过程中的每一步提供可参考的框架体系，更重要的是，它像一个过滤器，可以帮助我们过滤出那些真正值得去为之开发原型甚至最终产品的点子。

H-C-D 框架

IDEO 提出了一个叫作 H-C-D 的框架（听、创造、交付），这个框架对于那些快速迭代开发的产品十分适用，它可以帮助开发团队有效地完成用户观察，提出潜在方案，并且产出设计交付（如图 2-1 所示）。整个过程从深度探索和详细调研开始，在这一步我们所使用的是很传统的研究方法——倾听用户的声音，发现什么是对于他们有用或者有趣的点子。这种探索调研是目前为止公认最可靠的一种产生创意的方法，因为它不仅仅是为了得到让用户感到有趣和有用的创意，同时也是为了让开发团队能全方位感知用户对该项目的理解和想法。比方说你的网站可能会同时在电脑或手机上被访问，而对于网站开发人员来说，他可能每天都坐在双屏幕的大显示屏前，因此很难预测手机用户在使用该网站时的需求和愿景。

- □ 听（Hear）：设计团队在这一阶段的主要任务是收集用户故事，从通用案例到个别案例，设计师需要查看所有能找到的已有网站（同类或竞品网站），从中收集用户的反馈以及建议，继而锁定那些可能最终使用你所设计的产品的典型用户。这个阶段目标是尽可能多地从真实用户和利益相关者那里收集信息，并且针对他们的需求产生尽可能多的创意。用户调研从这一时刻开始进入正轨，要切记以人为核心，把握真实用户的所需所想，而不是主观臆断的假设。

以人为本的设计理念：H-C-D

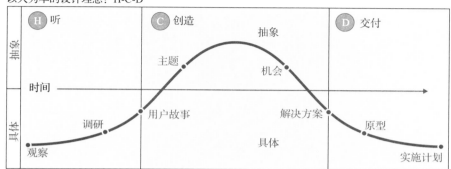

图 2-1　IDEO 和 Gates Foundation 一起提出了一个为灵感产出而设计的通用框架，该框架可以适用于多种情况，从非营利组织到传统设计以及技术头脑风暴（wsg4.link/h-c-d）

❑ 创造（Create）：在收集到足够多的用户故事后，设计团队可以开始坐到一起，以工作坊的形式来讨论、筛选这些用户故事，并为它们排优先级。试着从大量信息中寻找出主旋律，并针对一些典型用户故事提出想法和可能的解决方案。再运用头脑风暴来讨论出如何将这些想法转换为具体可以使用的原型，以及最终的设计方案。

❑ 交付（Deliver）：在这一步，我们需要优先做出一个详细的规划，并且开发出一个可用的原型，其次，再在其基础上完善产品的具体内容以及功能，最终产出物要具备所有核心功能，能够满足最高优先级的用户故事。

创意和决策选择

好的创意构想过程能够产生出大量的好点子，但其中的一些难免会超出实际和理性范围。因此在创意构想的最后一步中，我们需要适当地把这些发散的点子收敛到一个小的范围，并且确保这些精选出来的方案是值得我们花费时间与资源去开发出最终成品的。那么问题就来了，如何在那么多的想法中分辨出最有价值且能够在有限的时间、资源以及预算内实现的方案呢？在设计思维里，每一个方案都需要经过以下三个标准的过滤检验：

❑ 渴望程度：人们多大程度上需要这个解决方案？
❑ 可实现性：考虑到现实约束，这个方案最终是否可以被实现？
❑ 成功概率：我们是否有足够的资源来支持这个方案成功落地？

头脑风暴原则

　　一场头脑风暴如果操作不当也可能会对个体或团队造成不舒适，因为仅从名字来看，"头脑风暴"四个字就会带给人一种紧张、激烈的感觉。尽管如此，头脑风暴能给个人以及团队带来的收益又是不可忽视的，因为它能够激发所有参与者打开脑洞。一场操作得当的头脑风暴可以促进团队成员关系，并且能够让整个团队了解项目的愿景。为了达到这一目的，一些辅助措施会很有帮助，比如提前告诉大家怎样能提高讨论的参与性。这里可以给大家分享一些做头脑风暴的技巧（designthinkingforeducators.com）。

推迟判断：在这个阶段所有的点子都没有好坏之分，后期我们会有很多时间来做收敛。

鼓励疯狂的点子：即使有些点子看起来很不切实际，它也有可能起到抛砖引玉的效果。

团队合作：尽可能在别人的想法发表后提出"而且"而不是说"但是"。

专注于主题：为了提高讨论的效率，注意时刻围绕主题讨论。

一个接着一个地讨论：每一个想法都需要得到关注，这样可能会产生 1+1>2 的效果。

注意可视化：把想法画下来而不是用文字写下来，一图胜千言。

越多越好：在开始前设立一个数量目标——然后去超越它。找到一个好点子最好的办法就是让点子越多越好。

上述所说的过滤方式对于一个项目的成功是至关重要的：我们在下一章节会具体讲述，对于一个软件开发项目，绝大多数的功能都很少甚至根本从未被用户使用到；那些在筛选过程中"幸免于难"的无趣又无用的功能，都会被证明是浪费时间和金钱，并且让产品看起来混乱而复杂罢了（见图 2-2 中的"过滤失败"）。如此严苛的优先级筛选环节对于一个敏捷开发项目更是必不可少，因为敏捷开发的核心理念正是永远把注意力集中在最重要的功能或目标上。

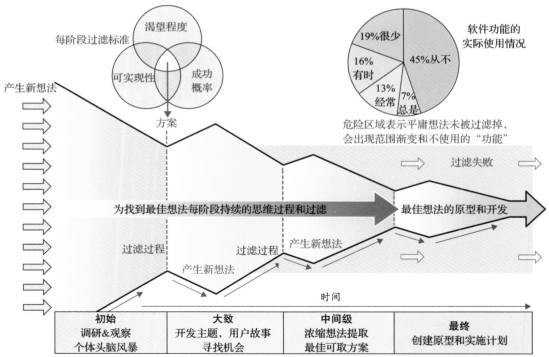

图 2-2   一个好的头脑风暴或者灵感产出过程都会挖掘出大量好的点子。关键在于用"渴望程度 – 可实现性 – 成功概率"来过滤出最好的且最值得付出时间和金钱成本的点子

这一过滤环节可以说是整个设计流程中最重要的一部分了。我们通常更关注创意构思过程中有趣、积极的部分，正如人们常说："集思广益，任何点子都是好点子。"这种包容的发散式的思维方式对于激发创意来说是很有帮助的。但是，思维的收敛也同样重要，只有这样才能做出最好的设计决策。我们要做的就是把所有点子都放到上面那个过滤器中（渴望程度，可实现性，成功概率），然后你会发现，很多点子可以归为好点子一类，但是只有那些经得起反复推敲验证的点子可以最后存活下来。需要强调的一点是，每一个参与者都要明白好的创意构思需要团队合作来完成，它最终的结果也是属于整个团队的产出。每当一个无趣又无用的点子成为过滤过程的漏网之鱼时，该团队离成功就走远了一步。

团队创意 vs 个人创意

人们对创意构思和头脑风暴有一个普遍的印象，那就是团队合作。虽然说团队合作在后期收敛、过滤点子的过程中很有帮助，但有些人也提出了使用团队合作的风险：

❑ 首先，很多人表示不适应头脑风暴这种方式，甚至认为一个人做创意构思可以产生更加独特的点子。

❑ 另外人们发现，团队讨论时大家会倾向于把注意力聚焦到个别点子上，排斥其他的点子。这其中有社会学因素，也就是说在一个群体中那些音量最高、最有感染力的声音能够轻易压盖其余的声音。这种"认知摩擦"一旦产生就很容易使得其他声音迅速消失，而且研究发现这种摩擦会阻碍其他个体的创造性思考。

研究发现创意构思的过程会从个人思考开始，接下来会把所有想法呈现给团队中的所有人，然后进行小组讨论。这个过程本质上和德尔菲法不尽相同，德尔菲法提供了一个创意构思以及如何让团队内部达成一致的方法，其提出每个人先各自记录下自己对某个问题的想法，然后统一给组内的协调人，该协调人会匿名处理每一条信息，这样大家就不会知道想法的提出者是谁。随后小组会聚集在一起讨论每一条想法，把它们按有用程度排序。在使用德尔菲法的时候，人们一般会进行很多轮投票，最终筛选出最棒的点子并达成共识。

H-C-D 方法同样可以帮助个人和团队进行创意构思。早期的"听"阶段很适合个人的创意构思。之后的"交付"阶段可以让团队更有效地讨论每一个想法，并且可以结合德尔菲法来进行排序。讨论中需要一个中立的协调人来控制时间，组织德尔菲排序，并且监控可能产生的认知摩擦并及时制止。

2.1.2　用户调研

所有网站设计项目都要先收集用户信息——他们是谁，他们的目标是什么——并且确定他们使用该网站的需求。不管什么样的网站，这一调研过程通常都会花费大量时间，但是这份时间投资在后面的设计以及检验环节会得到回报，它可以让后续环节进展得更顺利。前期的用户调研可以让设计决策建立在对用户目标和需求深刻理解的基础上，这样更可能抓准痛点，降低后面循环返工的风险。

划定范围

用户的参与对于整个设计流程是至关重要的，尤其是在最初定义需求和解决方案的阶段。几乎所有开发团队都会想当然地认为他们已经很了解问题的本质了。这一切看起来都十分显而易见，解决问题的方法也是明摆着的——直到他们在与利益相关者的访谈中碰到对方的红线，或者在实地考察中看到意料之外的用户行为。

为了更好地了解用户，有一些方法可以帮助团队更直接地从用户那里收集反馈、目标以及他们的行为。这些收集到的信息都比较主观，它告诉我们用户所说的事情，但并不能揭露他们到底关心什么。

问卷调查

问卷调查是一个大范围收集人口统计数据以及用户目标的方法。网站问卷调查通常会先问用户一些基本问题，来确定用户的年龄、性别以及属性类别（顾客、潜在顾客、消费者或者售卖者）。随后，可能会问到被调查者访问该网站的频率：第一次访问，偶尔访问，还是经常访问。做问卷调查的目的是为了大概了解网站的哪些功能被经常使用，并且顺便看看用户对网站效率的评价，以及在使用该网站时是否感到愉悦。这些问题会被罗列在几个部分中，每个问题都会有一个衡量尺度来测量网站在该方面做得是否成功。最后会有一个开放式问题，用来收集用户的反馈。尽管这些反馈不太好分析，但是我们可以快速浏览然后从中抽离出一些共同主题，以便后续计划中使用。

用户访谈

面对面的用户访谈能够提供更准确更详细的信息，因为这是一个能与用户交流互动的好机会。访谈的主要目的是挖掘用户需求、目标、兴趣点以及行为。一个能让你有效了解用户行为的方法，是让他描述一个解决具体问题的整套任务流程。比方说你正在设计一个约会网站，你可以问用户，在使用其他类似网站时是怎么做的，或者在没用网站的情况下如何与约会对象建立联系。这一环节的关键在于让用户一直说话。找恰当的时刻向被访者抛出问题，根据回答追问关键细节，并且阶段性地总结对话的重点。切记不要在对话陷入沉寂时急于打破僵局，这时可以给被访者一些时间去思考并继续讨论进程。另外不要过于严格地按照访谈计划进行提问，有时偏离主题反而能收获意想不到的洞见。

关于设计思维

设计思维这个词名一直饱受争议，主要是因为其中的"设计"二字。大部分人觉得自己不是设计师，尤其是在一个技术项目中。Tim Brown 在《哈佛商业评论》发表的文章"设计思维"中说到，用设计师的方式去思考并不是说要你穿"奇怪的鞋子或者高领毛衣"。他在文章中还建议说，正确地使用设计思维可以帮助人们产生更具创造力的解决方案（wsg4.link/hbr-designthinking）。

> 　　**同理心**：站在用户的角度思考问题，这样你才能够发现用户的真实需求，并在此基础上提出解决方案。如果没有同理心，你的方案可能并不能解决用户的真实问题，而只是一些组织内部或者团队成员提出的假设。
>
> 　　**整体性思考**：当你能够在许多不同的想法中发现共通点，甚至从正反两面对结论做调研时，你就可以分析更复杂的需求并为他们找到切实可行的方案了。
>
> 　　**乐观**：要坚信方法总是有的，并保持乐观，这份坚持可以帮助你一路找到最好的解决方案。
>
> 　　**经验主义**：创新总会伴随着失败。你必须愿意大胆尝试新的想法，同时时刻准备放弃那些不切实际的想法。
>
> 　　**团队协作**：多和不同领域的人交流，交换想法和洞见，这样做可以帮助你产生具有创造力的方案。

焦点小组

　　焦点小组与上述提到的用户访谈不同，如果说用户访谈注重的是个体，那么焦点小组所关注的则是一个群体——一个在某种层面上大家有共识的群体。焦点小组可以带给团队很多收益，不仅仅是成本的降低，它让我们有机会能够同时听取多方的观点。并且，这种集体合作的方式能够引导参与者发现很多他们不曾意识到的洞见。比方说，一个用户提出了一个想法，这个想法引起了另一个用户的共鸣，另一个用户会接着这个想法往下延伸，因此，这种连锁反应就接二连三地发生了。

实地考察

　　观察在自然情况下使用网站的用户可以帮助我们获得很多宝贵的客观数据，在观察中了解用户的真实行为，验证设计的有效性。通过观察，我们不再只是从用户的口中听取他们所说的行为和目标，而是通过亲自观察来发现他们的真实行为和目标。在实地考察时，你将会看到用户在他平时所处的环境中使用你设计的系统。比如说，在设计一个图书馆目录系统时，想要了解你的系统如何帮助用户达到目标，最好的办法莫过于在图书馆观察他们究竟如何在其中浏览和搜索。这种方法在项目的初期非常管用。对于重新设计类型的项目，你可以通过观察用户使用当前版本的系统来找到设计中不符合用户使用习惯的部分。而对于设计一个新网站而言，观察用户使用同类型网站也是一个不错的方法。

2.1.3　指导设计决策

　　设计是一个不断前进最后做出决策的过程。当用户调研作为设计过程的一部分时，调研得到的用户洞见以及观察结果都可以作为参考，以指导我们完成设计决策。以下将要介绍的方法是为了使前期得到的数据能够更好地在设计决策中发挥作用。

用户画像

用户画像是虚构出来的一段角色描述，其可以看作是一群真实用户的代表特征的集合。用户画像是在用户研究中诞生的，它的所有信息都是源自问卷调查、访谈、焦点小组以及其他调研活动的结果。一个用户画像通常会有一个名字、人口统计信息、专业水平以及一些相对细节的信息，比如该用户的网络连接速度、操作系统、浏览器工具使用情况等等。用户画像还应该包含用户的具体目标以及使用系统的动机。

为了更普遍的易用性，用户画像不能只是勾画出一个"平常用户"，而是应该能够符合一定范围内的使用场景以及使用动机。这个虚构出来的角色应该能够代表大部分年龄层、电脑熟悉程度、科技接触程度的用户，并且要考虑到移动设备使用者，宽屏幕笔记本使用者，甚至有视力障碍需要屏幕读取器的使用者。

目标分析

当人们使用系统时他们都是带着某种目的来的。比方说我们早上起床，在走进浴室准备洗澡时，我们的目的不是为了打开水龙头，而是为了清洗、唤醒身体。只不过我们为了完成这个目标，不能缺少水、水龙头以及香皂。同样地，在做设计决策时我们需要重点关注的是用户的目标而不是其过程中的任务。这样的视角可以帮助我们跳出固有局面从而产生更有创意的设计方案。拿前面洗澡的例子来说，我们所要关注的不是为了洗澡需要哪些任务支持，而是应该看到清洗、唤醒身体这个目标，从这个角度思考可以得到更有效的解决方法。

再举个例子，如果用户正在使用一个旅游网站，目标是用最少的时间和金钱从波士顿赶到巴巴多斯。为了完成这个目标，我们首先要比较各个航班行程以及对应的花费。作为这个网站的设计师，我们需要明白路程时间以及金钱花费是设计需要考虑的首要因素，因此需要设计一个界面让用户能够看到并且对比各个航班的信息。其他旅程相关的信息，比如是否提供餐点或者飞机型号等都是次要因素。

需要注意的是目标的形式根据所看角度的不同可以是不同的。用户可以同时拥有个人层面以及专业层面的目标：更加高效，获得乐趣，以及节省时间和金钱。组织目标更加多种多样：增加营收额，招聘更多更优秀的员工，以及提供更多种类的服务。但是不论网站设计项目内容如何变化，用户目标永远都是产出设计决策的驱动要素，是整个设计流程的指导方针（如图 2-3 所示）。

使用场景

使用场景是一个故事，它描述了用户在完成其目标时所经历的整个流程。为了建立一个使用场景，我们需要使用用户画像作为我们的用户，让用户画像完成几个任务来达到其目标。在创作使用场景时我们可以尝试采用不同的功能设计，在这个过程中发现每个设计方法可能存在的问题。

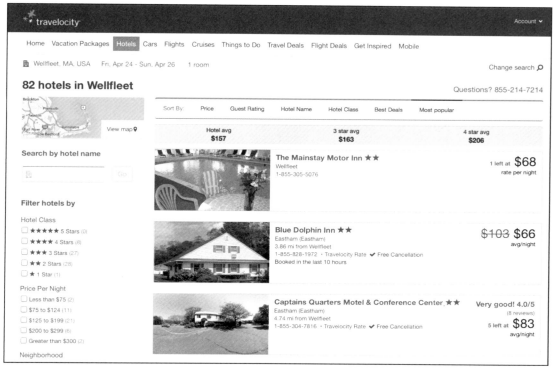

图 2-3 显示太多复杂的数据会让用户感到窒息。设计页面时多留白，尤其注意设计显示搜索结果页面时，要让复杂的列表看起来友好且易于操作

人物画像案例：Emily Johnson
资深投资人，互联网新手

年龄：72

住址：Cape Cod，Massachusetts

互联网使用经验：新手

主要使用：个人网络银行，收发邮件

经常使用网站：Fidelity，AOL

平均上网时间：每天 3 小时

"我很喜欢网络带来的独立性，但是我希望使用起来不要太难。"

Emily 退休八年了，退休前她曾在 Watertown 小学里当了 40 年的老师。她凭借自己作为小学老师的微薄薪水养育了全家，在这个过程中她也学会了如何理财。在她退休后，她把自己居住了 43 年的大房子卖掉了，并搬入了一个相对便宜的公寓。卖掉房子得来的一大笔钱成为了她开始探索投资的本钱。开始的时候她通过投资中介来管理自己的资产，而后来她逐渐开始利用网络平台来管理投资。Emily 取得了巨大的成功，她用十年的时间就让最初的本钱翻了一番。

Emily 在使用互联网的过程中总会遇到困难。虽然她对投资有着很棒的直觉而且对整个投资流程都了如指掌。但是，当她在网上操作的时候总会犯错误。当她遇到困难时总会责怪自己的身体缺陷——关节炎，患有关节炎导致她在操作界面时不太灵活，另外她的视力也不好，这导致她在阅读时会遇到障碍。

2.1.4　设计评估

设计是一个不断迭代的过程，在这个阶段我们先把之前的想法概念化成草图，再在这基础上做验证以及更新，这个过程通常会重复多次，直到我们最终完成整个网站的全部设计。在设计过程中我们会不断地请用户来，以便咨询他们对设计的意见，这样就可以确保我们设计的内容和功能能够符合用户的行为和目标，最终实现完美的用户体验。

线框图

线框图可以为迭代式设计提供最低成本同时最高效的辅助。因为线框图制作起来很简单，并且最关键的是，它很容易更改——比更改一个已经写好代码并运行起来的网站或网站应用要容易得多。在线框图阶段我们只需要提供一个概念化的流程设计，在不断地测试中添加界面设计以及任务流程，之后移交给开发人员进行开发。

投入足够的时间去测试线框图。一定要珍视线框图的可塑性，因为它们是防止设计走向毫无说服力且不好用的最重要的防线。一旦网站开始进入开发阶段，一切交互以及流程相关的更改会变得非常消耗成本，因此很难实现。

第 1 版线框图可能只是简单地画在纸或白板上的手稿，展示出界面以及任务流程的概念设计。手绘图可以用最低成本来收集用户对设计的反馈。手绘图会展示出页面的一些基本元素，比如导航、搜索、内容框架、以及一些表示其他元素的标签。用这种低保真设计图做用户测试可以帮助验证页面导航以及各种其他基本元素是否易用好懂。对于小型网站设计项目，用简单手绘图就足够让项目从设计过渡到开发环节了。但是对于大部分项目来说，我们还需要将手绘的概念图转化成流程图，这个过程可以使用的软件包括 Adobe Illustrator、Visio 或者 OmniGraffle。这种方式对于较为复杂的项目来说非常实用，因为它们很容易更改并且方便在各个团队之间共享（见图 4-23）。

原型图

原型图是一组线框图的集合，它可以用来模拟网站的功能应用。原型图可以展现网站的应用目的、工作流程以及交互模式。有了这个模型，你可以带领用户试着走一下使用网站的任务流程，并在这个过程中发现对用户来说不清楚或者有障碍的地方。然后根据反馈你可以创建新的一轮线框图来解决之前发现的问题然后再次测试这个原型（将这个过程反复多次）。

画在纸上的原型图会包含一系列线框图，每一个线框图用一张纸（或一张卡片），它们展示了网站的概念流程。纸质的原型图可以再早期的设计阶段帮助做可用性测试，这时候还没有开始界面设计或代码编写。在拿纸质原型图做测试时，可以先把网站的第一个页面（比如登录页面）放在用户面前，并问他们"你会如何操作"？接下来根据用户的操作给用户展示下一个页面，然后一次继续走完所有交互流程。在过程中不断地向用户收集反馈，并在用户离开之前问一下其对整个方案综合性的反馈和建议。

一个"可操作的"原型可以说是手绘草图和设计成稿之间的一个过渡环节，它能够帮助我们把设计概念很好地推行到设计阶段。我们可以用 HTML 语言来制作一个高保真原型，每一个页面上都会展示出网站的核心元素。这个"可操作的"原型是由很多超链接组成的，用户可以通过点击进入相应的页面来体验网站的整个任务流程。根据用户的反馈，我们可以改进 HTML 编写的原型，然后再进行测试。直到所有功能以及后台系统都搭建完成，我们可以开始美化网站的视觉界面。

同样地，可操作线框图也是采用最少量设计的方式，不过是做出了一个可以真正点击使用的网站。这会花费比纸质原型更多的时间和成本，但是这份付出是值得的，尤其是对于那些建立在复杂信息架构上的网站以及包含高水平交互的网站应用。可操作线框图需要包括网站的信息架构、导航以及功能。对于那些交互性的网站，比如网站应用，该线框图应该包含一个基本用户界面以展开并测试用户应用流程。

最好用真实的网站内容做用户测试，而不是乱七八糟的符号。当你在测试你的原型并收集反馈的时候，可以问用户："你觉得这段文字展示的目的是什么？它的目标受众是谁？你觉得人们看到这段文字后会有怎样的反应？"

可用性测试

可用性测试是一个受控并且有引导性的用户行为观察。可用性测试可以帮助我们在设计阶段检测该方案是否能够帮助用户完成所需的任务。

典型的可用性测试通常会有一个测试者以及一个参与者（网站的目标用户代表）。测试开始后用户会被安排完成一系列任务，其目的是为了测试设计方案在解决实际问题过程中是否有缺陷。在测试过程中，用户需要把自己随时的想法用语言表达出来，这样测试者就可以知道他每一个操作背后的思考过程。测试结束时通常会有一个开放式的访谈，用户可以借此机会表达他使用网站后的感受，并且结合遇到的问题提出改进意见。

可用性测试是发掘可用性问题的最佳途径。通过测试获取的反馈能够帮助我们更进一步完善设计方案，并最终保证用户可以理解并妥善使用网站的每一块内容。

和可访问性一样，很多开发团队直到开发产品的最后才去做可用性测试，甚至有的都不把可用性测试算在预算内，更不要说为残障人士做可用性测试了。这种可用性测试的缺失主要是因为人们总是误以为"真实的"可用性测试一定是复杂且耗费时间的，而且必须有专业的实验室、昂贵的设备、大量的被测试者以及一个详细的测试列表。可事实上，能有这样的资源和条件是难能可贵的，而如果没有这些也依旧可以进行可用性测试，哪怕只对一个用户做可用性测试也比什么都不做要好得多。

　　《Don't Make Me Think》这本书的作者史蒂夫·克鲁格（Steve Krug）讲述了如何自己动手做可用性测试，也就是说"在没有足够时间和金钱的时候自己来做测试"，他在另一本书《Rocket Surgery Made Easy》中详细地讲解了要如何来操作。他鼓励人们利用很短的时间做多次小规模测试——比如每个月用一个上午找三个志愿者来测试，并在最后做一个简短的访谈以收集问题反馈。

2.1.5　调研的过程要考虑到残障人士

　　在《Change by Design》一书中，提姆·布朗（Tim Brown）认为创新性产品是通过观察得来的，并且他认为如果我们可以把观察的对象从大多数普通人转向那些有独特需求的人，我们可能会有更多发现。他解释说："把目光局限在大多数人只会让我们反复证实那些我们已经知道的事情，而不会有新的有趣的发现。"

　　把残障人士列入调研范围以及可用性测试能够帮助我们获得更多洞见，它们可能看起来是个体需求，但是可能会影响到整体上的用户体验。有很多案例都说明了在考虑到残障人士需求的同时，产品对于所有人的体验都得到了提升，比如大门入口前的短坡、自动开关门、杠杆式把手以及高对比度用色。通过在用户调研中思考残障人士的需求，你能够让网站对于残障人士更易用。改善残障人士体验的同时，你会发现网站对于所有用户的体验都得到了提升。

　　除了可以带来更多创新的想法，在用户调研中引入残障人士还可以带来很多其他的收益。甚至有些项目将其列入了标准流程中，比如美国的 the 21st Century Communications and Video Accessibility Act（CVAA），以及英国的 the British Standards Institute Standard BS 8878。之所以在调研中包含残障人士，是因为考虑他们的需求不仅仅出于道德责任，更重要的是这么做可以帮助我们更好地发现网站中不方便使用的问题。开发团队需要认真对待并解决这些问题，如果出于现实原因暂时无法解决，也要把它们放在未来的改善计划内。

　　关于网站的可访问性有一些常用的标准和指导手册，比如《Web Content Accessibility Guidelines（WCAG）2.0》，这个指导手册可以帮助我们在符合法律责任的同时改善残障人士的使用体验。不过，用户调研可以帮助我们发现一些标准规定之外的问题，然后可以想办法通过设计来完善这些问题。使用观察和调查方法来帮助我们找到解决这些规定之外的问题的方法，从而创造出易用、愉快的用户体验。

　　对于很多设计师和开发人员来说，网站的可访问性只是一个指导手册、一张清单，而不是深入连接用户并提高同理心的途径。很多网站开发人员并不知道视觉障碍者如何使用触摸屏，不知道不会用鼠标的人如何用操作键浏览网页。这些不仅反映出人们缺乏对这方面的考虑，还反映出人们没有对相关群体的接触。通过在调研、设计、开发、策略等各个环节引入残障人士，我们可以在第一时间发现人们是怎样使用数字产品的，他们会遇到怎样的问题，哪些功能使用起来顺利，以及哪些不顺利。设计师和程序员都是喜爱解决问题的人，他们一旦发现了问题的影响力一定会积极地去解决这些问题。

2.2　分析

有一些网站分析工具可以帮助我们收集用户的行为数据，比如用户使用的什么操作系统以及浏览器，他们的屏幕分辨率是多少，他们在访问你的网站前正在浏览什么网页。尽管这些数据可以为我们提供一些信息，但是还不足以帮助我们定义目标用户群，因为这些数据不能告诉我们用户到底为什么来访问网站，他们希望从网站获得哪些信息，再比如我们不能从中得知用户是否有视力障碍，他们是浏览网页的专家还是小白，年龄有多大。

如果你只靠网站分析工具来分析用户，那么到头来，即便是使用最先进的网站分析工具，很多关于用户的关键信息（比如愿景、动机、期望等）也都还是个谜。

事实上，对于一个成功的网站来说你的用户应该是一个明确定义的群体。比方说你的网站可能是为了某个年龄段的人设计的，学龄儿童、年轻人或者已经退休的人。或者你是为了某种设备开发的产品，比如移动设备。需要明确的是，你的目标用户可能是有一些共同特征，但是他们接触和使用网站的难易程度不一定相同。有的人对网页操作很熟练而有的可能是第一次使用网站，有的有视觉障碍甚至是盲人，有的有肢体行动上的困难，另外，即便是同一个人，在使用网站时所用的设备也会时有不同，笔记本电脑、平板电脑或者智能手机。而且有时候你的目标用户是这一群人，而其他本不在目标范围内的用户也可能会来光顾。比如说，一个针对退休人士设计的投资服务可能会吸引其他非退休人士的投资者，例如竞争对手，用户的家人，或者一些提前退休享受天伦之乐的人。所以对于这个例子来说，如果你只是把目标用户定义在老年人那可就大错特错了。

我们不能舍弃任何一个用户，即使网站分析显示只有 2% 的用户使用某种品牌的浏览器，也不能在选择技术实现的时候把他们的需求排除在外。因为谁知道下一个为你付费的人会不会是这两个人中的一个呢。

用数据分析来指导设计决策

网站服务器会收集用户的基本使用信息并存在服务器日志里面。网站分析可以通过分析服务器里面的日志信息来研究用户的操作行为（如图 2-4 所示）。更加先进的网站分析工具会使用一些其他的追踪技术并且在客户端植入——例如"爬虫"或者浏览器的会话 cookie——以收集一些额外信息。有了网站分析工具，我们可以重现很多网站发生过的行为，例如：

- ❑ 用户在哪里访问你的网站
- ❑ 用户是否使用了搜索引擎，如果使用了，搜索的是哪些关键字
- ❑ 用户在使用网站时的浏览路径是怎样的
- ❑ 用户的使用数据，包括浏览器、操作系统以及屏幕分辨率和颜色设置
- ❑ 用户是一次性访问还是多次访问
- ❑ 用户在网站中停留的最后一个页面

以上的这些以及一些其他的指标（例如哪些页面上用户经常点击"帮助"链接，这可以

侧面说明该页面被访问的次数更多；不同主机访问量可以得出网站的用户访问量）都可以为
你提供重要的用户行为洞见，为你揭示他们是如何使用你的网站的，这些对接下来的再设计
会很有帮助。不过需要记住，尽管这些分析数据可以还原出部分用户使用的情况，但是真实
现状要远远复杂得多。因为很多因素可以左右数据的变化，比如浏览器缓存，它可以在本地
存储页面数据。当用户访问一个被缓存过的页面时，服务器不会记录任何数据，因为并没有
任何请求会发送到服务器端。所以说，网站分析是必不可少的，但是不要过度依赖这些数
据。只是把它们当作整个以用户为中心的研究方法中的一部分就好了。

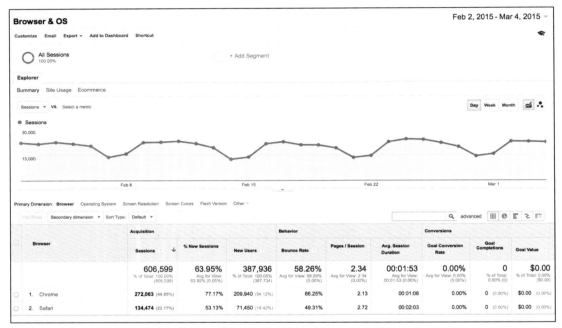

图 2-4   类似于谷歌分析这样的工具可以很好地帮助我们了解当前网站的使用情况。在开始对网站
        重新设计前，能有一个对外展示的数据分析对于网站重设计是非常重要的，有了这份数据
        我们才好在后面重新设计时判断是否新的设计可以帮助我们改善原有的使用情况

A/B 测试

对于网站设计来说没有所谓的"万能药"——没有哪个解决方案是可以适用于所有用户
的。设计团队经常会面对多个方案，却难以抉择哪一个是值得投入最多人力和资源的。遇到
这种情况时，我们可以让 A/B 测试来帮助我们做决定，对比 A 和 B 两个方案哪个效果更好。

A/B 测试能够成功的关键前提是团队和利益相关者之间能够共同设定出衡量方案是否成
功的标准。这些标准通常和某个指标的增量有关，比如说能够让更多的用户订阅新品推送，
更高的广告点击率，或者更多的购买量。或者也可以和用户地图相关，比如某个设计可以为
用户提供一种不同的浏览路线，通过 A/B 测试结果的分析，我们可以发现新的设计是否能
够让用户更快速地到达他想要的目标。

推荐阅读

Brown, T. *Change by Design*. New York: HarperCollins, 2009.

Cooper, A., R. Reimann, D. Cronin, and C. Noessel. *About Face: The Essentials of Interaction Design*. Hoboken, NJ: Wiley. 2014.

Krug, S. *Don't Make Me Think, Revisited*. Berkeley, CA: New Riders, 2014.

———. *Rocket Surgery Made Easy*. Berkeley, CA: New Riders, 2010.

Martin, B., and B. Hanington. *Universal Methods of Design*. Beverly, MA: Rockport, 2012.

Shaffer, D. *Designing for Interaction: Creating Smart Applications and Clever Devices*. Berkeley: New Riders, 2009.

第3章

流　　程

一个网站的开发计划分为两个步骤：首先你需要召集所有的开发团队，一起分析你的需求和目标，然后通过大家一起讨论出的开发流程再进一步完善你的计划。接下来你需要在项目章程中添加详细的开发计划——比如你需要做什么以及为什么要做，什么技术和内容是需要的，该流程需要进行多久，你需要耗费多少资源来做这件事情，以及你要怎么样检测最终的结果。通过这一切准备工作，你的项目章程不仅会是整个项目进程的蓝图，它还可以作为一个指南针，让项目朝着预定好的目标前进。

3.1　项目资源

项目的开发策略以及开发预算很大程度上决定了项目大小以及项目所需要的人力分配。即便是小型项目，你依然需要一个全功能的团队。在大多数小型项目中，通常会给一个人分配很多不同的任务，或者会给一些有很强专业能力的人分配特殊的任务（比如平面设计）。大多时候，项目主管在调配人力资源时无法调用那些特殊小分队里的员工。你需要盘点团队所具备的能力，对于那些缺乏的能力可以考虑借助外部力量。

一个全功能团队需要包含的核心职能有：

❏ 策略和计划
❏ 项目管理
❏ 信息架构以及内容扩展
❏ 视觉和交互设计

❑ 编程，包括前端内容展示以及后台服务器端处理

❑ 产品

在大型项目中，每一个职能都会有一到多个人，当然，对于一些特殊技能的职位，其负责人可能会同时负责项目的多个领域。

组建一个完整的网站开发团队

我们接下来会讨论每个领域具体的责任和使命。这里我们把核心团队的职责按不同领域划分，每个领域都会有其一把手以及辅助他的二把手。我们强烈建议在开发的每一个阶段都进行跨团队间的合作，也就是说，每个团队在完成自己领域内的工作后交接给下一个领域的负责团队。与传统的"大锅饭"形式不同，这种形式中每一个开发步骤都是独立完成的。这样做的好处之一是对于项目管理者而言能够更好地把控局面，更方便追踪项目的进展（详情见 3.3 节），同时不可否认这么做也有很多弊端。最麻烦的要数沟通，因为每个团队完成的工作都相对独立，大家可能会缺少对项目进展的共同了解，因此在团队间交接任务时需要花费更多时间去沟通，并且跨功能的团队会更难管理，但是即便如此这种方法带来的好处还是要远远大于它的坏处。每个个体在面对与自己不同的观点和知识时都会更快速地成长，多元化的视角能够带来更大的协同增益效果，因此在更有效的合同协作以及更有利的个人发展面前，项目管理上的一些额外付出也是值得的。

❑ 项目赞助商
- 业务经理
- 指导委员会

❑ 项目总监
- 产品拥有者
- 项目经理

❑ 用户体验总监
- 策略师
- 用户研究员
- 信息架构师

❑ 设计总监
- 平面设计师
- 交互设计师

❑ 技术总监
- 程序员
- 内容管理系统（CMS）的开发和模板开发技术专家
- 网络工程师（HTML、CSS、JavaScript）
- 数据库管理员或系统集成专家

- Web 服务器专家或系统工程师
- 质量监控专家
- 产品总监
  - HTML/CSS 前端开发和 CMS 用户专家
  - 媒体专家（摄影、插图、视听多媒体）
  - 内容主题专家（SME）
  - 写手
  - 网站编辑

项目赞助商

项目赞助商是项目的启动者同时也是为项目预算拨款的人。在大多数情况下，项目赞助者就是客户或者网站的用户，但是在一些小型项目中，项目赞助商和项目总监是同一个人。赞助商会为整个项目规划全局策略和开发目标，签署合同以及工作计划，并为开发团队提供一切必要的资源。

赞助商是整个团队需要取悦的对象，但是赞助商同时也在团队中扮演着不可或缺的角色。赞助商可以是整个赞助方的联络人，以协调组织内部大的目标方向，更新项目进展。另外，赞助商还为项目提供关键的专业知识，并为网站内容做出贡献。由此可见，赞助商以及所有利益相关者都理解他们对于整个开发团队的职责，这一点十分关键，举个不好的例子来说，一个网站因为内容确定不下来而延期发布是很常见的现象。赞助商通常会负责与第三方签署对外展示内容协议，商定各种媒体的使用权限，以及协调其他职能部门例如运营、信息技术，并且与赞助方团队或者公司方面沟通成本开销。总的来说，赞助商需要负责经费协调以及组织领导层的沟通，这对项目的进度和成功十分重要。

项目总监

项目总监需要对整个项目的成功负责。领导一个项目和管理一个项目是不同的，领导项目时主要关注点在于项目的成功，而管理项目则需要考虑到项目的方方面面。对于使用"scrum"或者其他敏捷框架的团队，项目负责人与敏捷教练的责任是不同的（详见 3.3.1 节）。而对于有些项目而言，这两个角色可能是同一个人。

从策略角度讲，项目总监需要驱动整个团队向着项目章程中所定义的目标前进，让整个团队保持在计划的航线上。项目总监还需要负责为项目的方向和优先级做决策，并且搭建链接团队和项目赞助商之间的桥梁。从战略角度讲，项目总监需要协调每一天的开发任务，在项目章程条条框框的约束中（比如项目预算、时间表、质量要求以及上线计划）寻找最优的协调办法。项目总监是项目中的一员，同时他还需要负责保证整个团队的活动集中在网站的策略目标和商定的可交付成果上，并且他会持续监控项目的任务范围以保证项目能够不超时同时不超预算。项目总监同时也是团队和项目赞助商之间的第一联络人，负责项目的全局沟通，内容涵盖创意、技术和产品等方方面面。在那些大型的 Web 项目中，项目总监通常不会和其他开发人员一起参与具体的开发工作，但是小型项目则不同，有时候项目总监同时还兼任用户体验总监或者技术总监。项目总监需要创建并维护项目计划书，策略文档，预算表，项目时间安排，看板和甘特图（详见 3.3 节），会议记录，对账单，以及其他所有与项目活动有关的文档（如图 3-1 所示）。

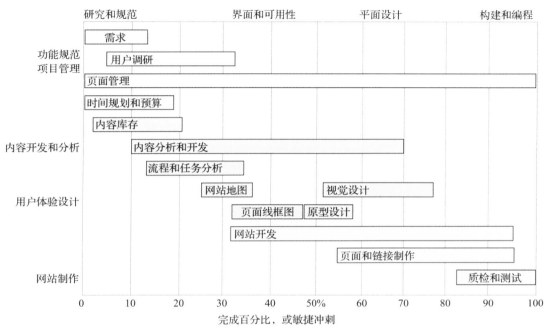

图 3-1　甘特图可以清晰地展示各个工作流程分支、进度详情和当前状态，是目前使用最广泛的方法之一

用户体验总监

　　用户体验总监是整个开发团队中最能够代表用户发声的人，他主要负责为网站的用户提供高质量的使用体验。用户调研以及可用性测试也属于用户体验（User Experience，简称 UX）的范畴。信息架构是影响整个网站使用体验的关键，因此也属于 UX 的责任范围。UX 团队通常会由几个人组成，但是对于小型团队而言一个人可能需要负责多个任务。所有用户体验相关的活动，尤其是用户调研和可用性测试，是整个产品开发生命周期中至关重要的环节。

　　用户调研是一个产品成功的奠基石，运用观察和访谈等方法可以更好地帮助我们了解用户需求。用户调研一般发生在设计的最初阶段，它包括了用户访谈、实地考察以及可用性考察，通过调研结果可以进一步产出用户画像以及用户场景，产品的需求也会更加清晰明确。当设计想法已经概念化成图标、线框图或者原型图时，研究员需要找到一些用户来测试并收集对现阶段设计的反馈。在项目完成前，研究员还需要通过实地考察以及可用性测试来评估一下网站的有效性和可用性，以确保产品的总体体验达到了预期的目标。另外，研究员需要负责评估整个项目是否成功（网站是否达到了目标？用户是否对设计感到满意？网站对包括残障人士在内的所有用户是否都好用？），并且通过一些标准来衡量网站是否具备了良好的用户体验（网站访问量是否上升了？网站是否创造了更高的盈利？用户是否在所有网站设计的行为中都有反馈？）。

信息架构能够为网站梳理内容和结构。信息架构师一般会活跃在项目早期的设计和计划阶段，他的职责主要包括开发网站的内容分类方案，确定统一的术语，铺设整个网站的内容结构，运用分类学将标签分类，并且把网站的信息结构通过图标展示给项目赞助商以及所有团队成员。信息架构师通常会有图书馆管理背景，他需要能够运用合适的词汇，谨慎地设计内容和导航的命名，并设计合理的搜索机制来帮助用户方便地找到有关联的内容。信息架构师会和设计师一同合作完成页面的线框图，用表格式的页面展示出网站的每一部分是如何组织起来的，将支撑网站内容的骨架可视化出来。页面的线框图能够在网站的结构框架和用户最终看到的页面之间搭建一座桥梁，从线框图中可以发现用户是否能在网站中方便地找到想要的内容和功能。这些视觉化的展示图对于沟通网站结构和用户体验十分重要，尤其是对于工作在后端的程序员，他们需要为网站的交互元素提供技术支持，并且要将做出的简单原型拿给用户做初期的概念测试。

网站的信息架构策略也包括在内容管理系统（Content Management Systems，CMS）（例如 Drupal、WordPress 或者其他内容盈利型网站）中实现的内容结构。一般文案策略师会与信息架构师一起确认内容模块以及信息入口的位置，搭建内容和菜单结构，确定网站主题以及页面模板（如图 3-2 所示）。随着移动浏览需求的增加，用户体验活动一定要考虑到小屏幕的使用体验，比如手机、平板，甚至智能手表。正因为手机使用的需求越来越重要，很多公司在设计他们的网站时都采取了"移动优先"的策略，也就是说，在初始计划中先做好手机端的界面布局，最后是平板电脑，以手机端的设计为核心，最后再在后面的迭代中优化电脑端的界面交互。

设计总监

设计总监主要负责网站的外观和整体感觉，包括设定网站的字体、设计视觉界面、确定颜色使用的标准、确定页面布局以及让所有图形、图像、声音、视频等元素能够完美整合在一起。很多专业的平面设计师对各种交互类媒体的设计都很精通，因此通常也能够胜任网站的界面、导航以及信息架构的设计。在小型的项目中，一个有经验的设计总监不仅要指导视觉设计的方向，同时还要负责部分信息架构以及用户体验设计。而在大型组织中，设计总监主要负责确保网站的设计风格与公司的视觉形象以及用户界面标准保持一致。

在网站开发和计划的各个阶段，设计总监都需要指导设计师把复杂的设计草图转换成能够向团队和项目赞助商展示的图片。在设计稿通过审核后，设计总监需要继续指导设计师把设计稿细化，添加标注和说明，以及为设计稿创建主题和模板。

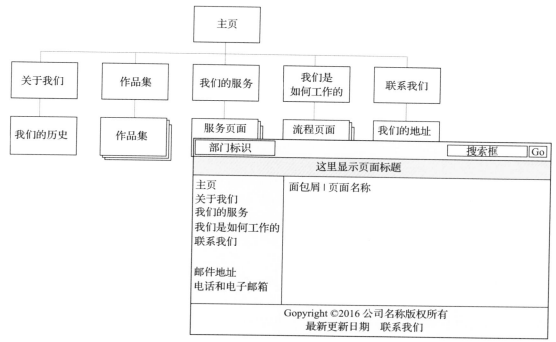

图 3-2　一个简单的网站结构和页面框架示意图

技术总监

技术总监的主要职责是确保项目技术方案的完整和稳定。他必须具有丰富的网站开发相关知识，包括内容管理系统、开发语言和技术框架、数据库选型以及网络技术。技术总监会扮演翻译的角色，在开发与设计团队之间搭建桥梁，把技术方案转换成设计和管理等其他团队能够理解的语言。

作为网站计划流程的重要组成，技术总监会为整个项目设定技术方案和架构蓝图，收集团队可能会需要的技术，包括内容管理系统，数据库整合和支持，与社交网站的接入（例如 Facebook 和 Twitter），自定义编程，CMS 主题和模板开发，以及与其他为网站提供内容或交互功能的应用程序或数据库集成。技术总监需要为项目提供主要的数据处理架构，确定整个网站服务器和数据库服务器硬件架构或网站托管服务的技术规范，制定开发框架，评估开发策略和目标，并将这些需求整理成合适的技术方案。在大型项目中，网站技术总监通常负责管理程序员、网络和服务器工程师、数据库管理员、软件质量监测人员以及其他支持开发和设计团队的信息技术专业人员。

产品总监

产品（制作）总监的核心职责在于建立项目的凝聚力以及自始至终确保产品的高质量。网站的制作人通常是经验丰富的多面手。"制作人"其实是一个从视听媒体行业引入的职位，因为制作人通常同时具备多个角色的能力，并且能够很好地整合各类创意元素（写作能力、开发能力以及视音频制作能力）。产品总监的职能重心会随着产品的生命周期变动。

在早期的产品设计阶段，产品总监会关注网站的内容开发。当网站的开发计划和信息架构设计完成后，产品总监会开始在内容管理系统中创建网站的页面结构，最后再把信息架构师以及平面设计师的设计图加入进来。

产品团队中的一个重要角色就是网站编辑，其主要负责为网站编写内容，确保网站成品的内容质量。编辑需要设定网站内容的行文风格与基调，并且与客户以及主题专家（Subject Matter Expert，SME）一起收集、组织，并且最终把完整的网站内容交付给产品团队。在小型团队中，网站编辑会创建一个网站模型，访谈主题专家以创建网站内容，甚至可能会为网站编写一些新闻或功能相关的文案。不仅如此，经验丰富的网站编辑在技术和产品方面也都扮演着越来越重要的角色，以确保相关组织能够按时提供符合网站编辑规范的内容信息，并且能够帮助网站达成高质量目标。这些关于内容的组织和结构对于内容管理系统尤其重要。

除了确保内容的编辑质量之外，网站编辑还需要确保网站里的所有内容都符合公司的政策法规，适合当地的使用规范，不能包含任何违反版权的内容。很多人在使用从其他地方复制来的图片、动画、视音频或者文章时并不会注意版权以及滥用这些内容可能会引发的法律纠纷。因此网站编辑需要成为抵抗滥用版权保护内容的第一道防线。

因为很多搜索引擎优化都是从认真挑选关键字以及标题做起的，所以网站编辑也就需要肩负起内容编辑责任，把网站做到"搜索引擎友好"。持续优化网站对本地搜索引擎的可见性，同时也要保持对其他通用搜索引擎的友好，例如 Google 和 Bing，这样才能让你网站上的信息更易于被用户找到。

与上述其他开发团队的职位不同，网站编辑是一个长久性的工作，从网站的开发阶段到网站发布之后，其需要持续维护和更新网站里的内容，不断为用户提供新鲜有趣的信息。如果说项目经理是网站前期开发阶段的关键人物，那么网站编辑应该随着网站临近上线到之后，逐渐成为项目中的领导人物。只有这样的过渡才可以避免网站在完成开发后成为"孤儿"，因为大部分的项目成员都在上线成功后转向做其他的新项目了。

3.2　项目规划

3.2.1　创建一个项目实现计划

第 1 章提到过策略对一个项目的重要性，它是团队目标和价值的简述，并且能够持续为你指引下一步的方向。设计一个成功的网站是十分耗时耗力的。当你每天陷入不同的问题和挑战时，你很容易会忘记最初是为什么创建这个网站，失去最初的重心，开始怀疑自己所做的决定是否能够帮助自己达成目标。一个好的项目章程可以作为一个强大的工具，帮你判断每一步付出是否行之有效。它就像一个指南针，时刻指向项目启动之初定下的目标。当项目对需求有争执的时候，项目章程可以作为参考来帮助避免需求范围的蔓延，在新需求产生时可以借助它来判断该需求的有效性，保证团队永远专注于设定好的目标。有了项目章程之后，我们需要创建一个项目实现计划。一般一个好的项目计划会简明扼要，直接罗列出主要功能的设计以及技术点。

一个好的项目计划会包含以下几个部分，每一部分都会有详细的说明。

项目概述

项目计划的开头需要有一段关于网站的简要描述，其中应包含网站内容、功能以及网站所提供的服务。这一部分主要是为了回答"为什么"你要做这个网站。它可以说明通过创建这个网站，你的销售和市场等部门都可以达成怎样的目标，并且要附加说明衡量网站成功的标准，网站的投资回报率（ROI）。你可以把这部分当作一个书面版的"电梯演讲"，你需要展示给那些高级管理层的决策者：用最简明扼要的几个点来解释为什么一定要创建或重建这个网站。在段落的结尾处，最好能站在投资方的角度分析一下网站能通过什么样的策略帮助他们，以及你的产品和市场上同类网站的区别。

成功的标准

大多数网站项目都有可衡量的成功标准：增加网站流量、提高销量、提升与客户的关系、减少求助邮件等。其中很多指标需要通过与之前的数据作对比来判断是否成功。你需要反复检查项目章程中的"成功指标"，确认每一个指标都是有效的，并且越早越好，因为在网站上线之前你还需要收集好旧网站的数据。

网站开发团队

著名的信息架构师以及网站用户界面设计专家杰西·詹姆斯·加勒特（Jesse James Garrett）创建了"网站开发团队成功的九个支柱"，这幅图详细描述了开发团队中每个角色及职责的具体分布（wsg4.link/jjg-9pillars）。横坐标表示项目开发进度，从这幅图可以清晰地看出策略计划、视觉设计、技术开发等阶段在项目整体时间轴上的位置。

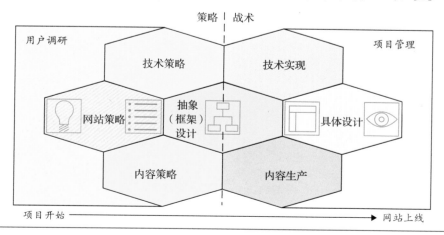

　　在本书中我们对加勒特的支柱图做了一些改进，增加了更清晰的时间维度，增添了项目管理，并且我们还强调了早期项目中用户调研的重要性。因为当你能从利益相关者和潜在用户那里得到越多信息时，你的计划和设计将能做得越好。在项目规划的早期阶段，你的计划和设计可能每天都会变动，随着设计迭代一步步往前推进，用户调研以及利益相关者的信息输入可以帮助你完善创意想法。尤其对于那些大型复杂的项目来说，设计迭代是非常重要的环节。

　　在准备环节完成后，团队需要坐下来，与团队的核心成员结对汲取信息。否则，持续的设计变更会让产品节奏被打乱，浪费工时，并且会影响整体进度。最好的实践方法是在早期大量收集信息，尽可能制作一套最佳的网站设计以及项目规划，之后整个团队的核心任务就是完成这个计划。

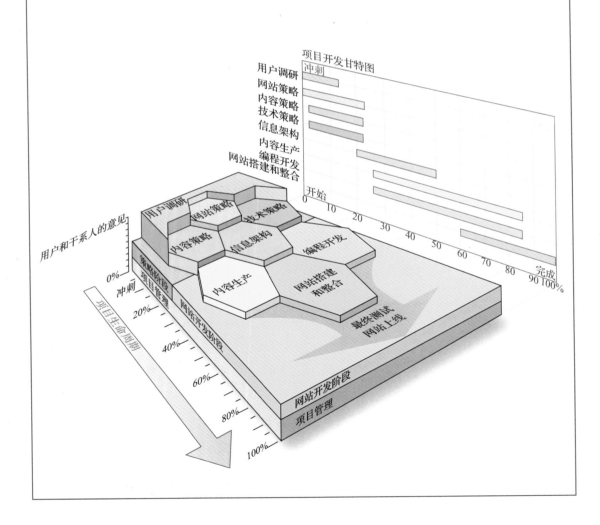

项目范围

在这里你需要详细描述你的网站能够做"什么"。尽可能详细到项目的每一个阶段，具体到网站的创建策略。在计划的初始阶段，你需要专注于那些核心的"必须拥有"的功能、内容以及网站目标。尽量避免在这时就规定具体的技术方法（比如"我们将会全部使用jQuery"），这种选择需要团队一起仔细商量过后才可做决定。有趣的是，如果你觉得正向思考这份说明很困难，可以试试反向去想，也就是说，你的网站不去做什么。这种"做什么/不做什么"的手法非常实用，尤其是当你所做的网站有很多同类竞品，或者你的赞助商没有很快理解网站在做什么的时候。

项目范围说明文档在计划初期可以是灵活可变的，但是当你需要确定预算以及项目截止日期的时候，这份文档一定要是不可变更的定稿。3.4.1 节会进一步介绍项目范围。

不同角色及其职责

第 1 章介绍了尽早搭建项目管理架构的重要性。3.1 节介绍了每种角色以及他们的主要职责。在项目计划书中，每一个角色和职责的边上都应该附上主要负责人的名字，无论是设计、技术、编辑，还是其他策略层的利益相关者。虽然没有唯一正确的方式来分配每个人的开发工作，但是在项目开始前，团队中的所有人都应该知道项目开发各个方面的主要负责人是谁。借这个很好的机会可以向人们说明项目需要长期持久的承诺，甚至是到网站上线之后。同时，也可以借此机会向负责人以及利益相关者说明他们也有要承担的责任以及截止日期，并且作为一个前进的整体，团队需要依赖每一个个体的贡献。你还需要告诉大家具体的项目管理结构以及审批流程，这样才能让每一个人都清楚地知道项目的每一个里程碑在哪里，以及可以确认里程碑阶段性成功的负责人和利益相关者是谁。

项目预算及时间线

你在做项目预算时应该把整个"项目开发周期（见图 3-3）"内的所有开销都考虑到。在人员、硬件、软件、内容和技术开发的基础上做最好的成本计算，记得再加上一笔意外开支。网站开发项目经常会超出预算，通常在 10% 或更多，哪怕是那些严格风控的项目。总之意外经常发生，相信你也逃不过。所以要不就在前期做好准备，不然只能等它发生的时候再想办法解决。

这里列出了一些在做时间和成本预算时经常需要多加思考的环节。

❑ 可访问性：大部分网站以及其他数字产品都需要遵从网站的可访问性标准，例如美国的 Section 508 of the Rehabilitation 以及万维网联盟公布的 Web Content Accessibility Guidelines (WCAG) 2.0。这些标准中规定了网站的一些功能对于残障人士来说也是易于使用的。所有的网站开发项目都应该把易用性列入需求文档中，作为应尽的道德义务——使用数字产品是人类的基本权益，社会中的每个人都应该有机会感受数字产品为现代生活带来的便利。如何确保你的网站满足可访问性需求呢？最好的方式是把它贯穿到整个开发流程中。很多人都会在开发接近尾声时才开始注意到可访问性，而往往在这个时候你还需要同时处理很多其他问题。所以最好在项目每个环节都预留出调整可访问性的人力和时间，在开发的最后阶段计划一部分时间做整体的可访问性测试，如发现问题则及时解决。

☐ **安全审查以及安全风险控制**：如果你的网站含有电商平台的数据库，或者财政、健康等个人敏感信息，那你一定要谨慎维护这些信息并且定期做审查以排除安全威胁。哪怕是很小的安全泄露或者编码漏洞都可能让黑客有可乘之机，访问你的数据库，造成极其严重的损失，或者黑客也可以盗用你的服务器来给系统用户发送垃圾邮件或其他非法信息。数据安全环境每天都在变化，可能你六个月前做的固若金汤的维护措施，今天看来已变得不堪一击。因此在你的计划中一定要包含对网站数据库的定期维护以及审查，为了保持数据中心以及服务器的良好健康，一旦发现问题要及时采取打补丁等维护措施。

☐ **为服务器、数据库、应用提供持续的技术支持**：一些非技术出身的管理者在看到服务器和数据库维护需要支付高额的资金和人力成本时会感到很不高兴。尽管一个静态网站的服务器成本并不是很高，但是对于一些依赖于跟数据库复杂交互的网站，出于技术和安全方面的考虑，通常会有多个服务器共同使用。所有的服务器都要持续地维护和更新，经常备份以防止数据丢失，并且需要把服务器放置在有安全网络环境的房间中。你需要确保团队的技术总监能够把所有上述的维护费用都列入项目预算中。

☐ **内容维护**：一个全新的网站自从它上线那天起就开始"衰老"了。技术在不断更新，内容也不例外，如果你不维护更新你的网站，那么随着时间的推移很快网站就会变成一个"无效链接"。即便是最简单最稳定的内容也会随着时间的流逝而过期，商业环境的变化一定会影响到你的网站内容。因此在做计划时一定要把内容维护考虑进去，明确谁需要负责网站内容更新，并把这种持续更新所需要的成本计算到预算中。优质的线上内容一定是一个实时更新和持续改善的过程，而不是一个一次性产品。

项目风险测评

一个好的项目计划书需要明确列出项目每个部分可能存在的失败风险（图 3-3 展示了一个详细的网站项目开发流程图）。也许不至于全盘皆输，但是你不得不把项目拆分成几块，然后努力思考一旦其中某一部分出现问题，你的"Plan B"是什么。比方说，如果网站的设计以及内容都完成得很不错，但是程序员没能实现交互功能的预期效果怎么办？这种情况下网站是否还能成功上线？再或者你的设计师和技术人员都很好地完成了开发任务，但是客户这边没有按时提供网站内容怎么办？是否还有财务、时间、质量检测或其他可能发生的意外需要写到合同和项目章程中以尽可能规避风险？在你的项目计划书中，风险测评这一部分需要列出详细的计划来说明如何能够减小甚至规避风险。一些常见的项目风险有：

☐ **时间安排、预算以及工作范围**：如果你任由它们增长，那么你的项目肯定会失败。

☐ **质量检测（QA）**：当项目工时变长但是上线时间又不变的时候，质量检测将会成为问题，因为检测时间会被压缩到上线前的几天。

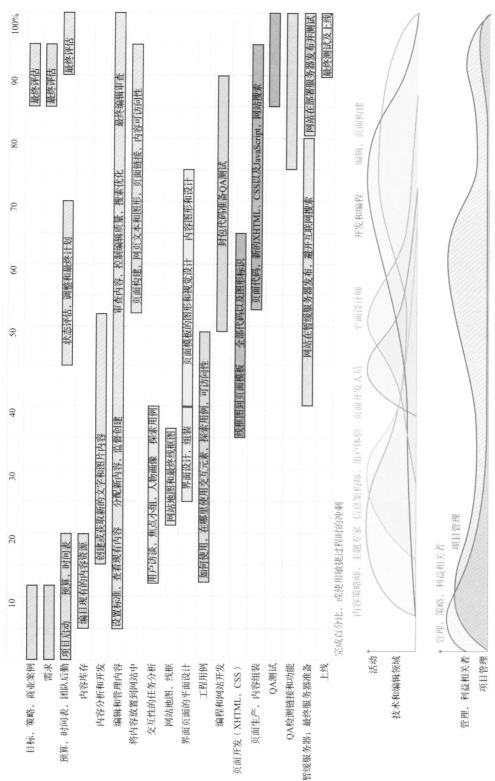

图 3-3 一个详细的网站项目开发流程图。需要注意的是，尽管很多不同职责的人都参与到了网站的开发过程中，但是每个人忙碌的时间段都不同。项目管理的核心是让正确的资源用在正确的时间和地方

❑ **可访问性**：如果在临近上线日期才开始让质量检测人员测试网站的可访问性，那么基本可以确定网站的可访问性不可能在上线日期前达标，也就是说，网站可能不能按时上线。

❑ **内容开发**：这一部分所需要的时间和人力经常会在计划中被低估——不信问问任意一个网站编辑。内容开发流程如图 3-4 所示。

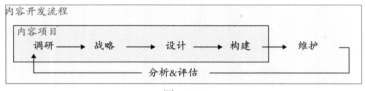

图   3-4

❑ **应用开发**：网站的某一个应用功能不完善并不会导致整个网站的失败，网站失败往往是因为用户不喜欢使用这个功能或者他们觉得这个功能没有用。

设计满意度

经济学家赫伯特西蒙把"满意"和"足够"两个词合并，提出了"足够满意"概念。足够满意就是说不要试图寻找最完美的设计方案，而是选择一个相对平衡的"足够满意的"方案，完成大部分主要的设计需求。复杂而长期的设计迭代是十分昂贵的，而且需要在设计中加入很多未知因素。尽管"足够满意"的设计听起来很平庸，但在 20 世纪，人们使用这个策略创造了很多成功的产品。

比如说道格拉斯 DC-3 飞机在众多竞争者中并算不上性能最顶尖的：每个竞争者与它相比都有更为出色的部分，无论是速度、引擎动力、适用范围还是载客能力。但 DC-3 的确是在方方面面都让人"足够满意"的设计产物，即使从它生产使用至今已经过去了 83 年，也依然有上千台 DC-3 还在供人们使用。

不要局限在某一个设计细节而让整个设计进程停滞不前，使团队陷入无止境的纠结"如果……这么设计是不是会更好？"所有的项目从某种程度上说都是在寻找一个"足够满意"的方案，因为我们根本不知道是否存在一个最完美的解决方案能够解决所有用户的所有问题。因此不要让完美主义成为你做成一个足够好的产品的绊脚石。

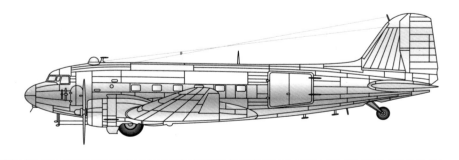

3.2.2　避免需求扩张

需求扩张是导致很多项目失败的主要原因。那些没有好好做计划的项目中，需求扩张是逐步发生但是无法阻挡的，那些之前没有排入计划的功能被一点点加进来，为了满足每一个利益相关者，更多的内容和功能被塞进计划中，网站结构和内容不断地发生剧烈变化，导致更多原本没有的内容和设计被放入开发计划。一根稻草并不会把骆驼压死，但如果放任它们缓慢持续地增加，最终会使预算耗尽，时间表作废，原本很好的计划也会被埋葬。

变化和改进对于项目来说是好事，前提是这些改变对预算和时间表的影响在可行范围内。任何对网站内容、设计或者技术颠覆性的改变，都需要配合预算和时间的调整。人们总是不愿意经常把预算和截止日期挂在嘴边，经常同意那些颠覆性的变化或者额外的开发需求，却很难开口向客户以及相关团队协商更多的资金和时间。不去理性处理范围扩张，而是选择顺从的态度，只能慢慢等待灾难最终发生。

如果想要让项目在不超出限定时间和经费的同时还能确保最终的质量，唯一的办法就是要设定好严格的时间表、预算清单以及工作范围。前面的一点点勇气可以减少日后的痛苦。所以一定要认真做项目计划，然后严格遵守。

3.3　项目管理

所有的项目管理方法都围绕着如何平衡这三大因素：工作范围、开销和时间表（如图3-5所示）。在网站开发项目中，"工作范围"可以被理解为网站所有功能的大小、深度以及功能复杂度的总和。这三大因素中每两个之间都彼此相互关联，所以当你想要突出某一个或两个时剩下的那个一定会受到影响。比如说，一个项目可以通过雇佣小团队，拉长交付周期，从而达到少花钱的目的，而对于一个急切想要上线的项目，你只能使用大团队并且花费更多的经费。你无法避免这种艰难的选择。就像一个项目管理界流传的古老笑话说的："你想要你的项目是怎么样的？高质量，快速上线，还是便宜？请选择其中两项。"

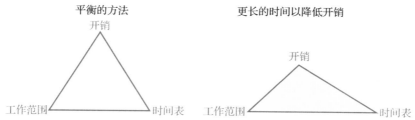

图 3-5　经典的项目管理金三角：开销、工作范围、时间表。真实项目中很少能够做到三者完美平衡

对项目管理的深度讨论并不属于本书的范围，更何况，在美国如果想要从事网站管理相关的职业，你需要去项目管理机构学习并拿到项目管理的专业证书（Project Management Professionals，PMP）。在英国或欧洲，最著名的项目管理证书是PRICE2（Projects in Controlled Environments）。不

管是 PRINCE2 还是 PMP 都需要几年的时间去完成学习，基本上和读一个硕士学位一样难。不过不用灰心，只是为了了解网站开发和项目管理的基本知识并不需要多年的学习和实践。

选择项目管理的方法

所有的项目管理技巧总结来说都是为了管理风险。目前使用最为广泛的两种开发软件和网站项目的管理方法包括传统的"瀑布"式管理以及比较新兴的"敏捷"式管理（如图 3-6 所示），两者的共同点有：都是为了提供最可靠的项目状态信息，提供总体工作的优先级，追踪每一步由谁负责，以及能时刻知道项目离最终要交付给客户的目标还有多远，是否超出预算和时间。

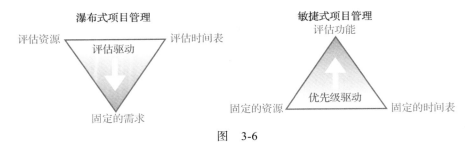

图   3-6

瀑布式和敏捷式管理的本质区别在于它们安排交付优先级时使用的方法。不过不论你最终选择哪个都需要先仔细做用户调研。具体来说，瀑布式管理深度依赖于团队对总体时间和经费的评估，因为理论上，一旦交付计划定下来后面就不能再改变了。但是对于一个敏捷式管理的项目，产品负责人不需要绞尽脑汁去猜测最终成品到底会有怎样的功能和内容。相反，他们更看重当前用户最需要的是什么。

本节会总结两种不同管理方式的优势和弊端，并且会从第三方视角给出一个能够扬长避短的方法。

瀑布式项目管理

在 1970 年计算机学家温斯顿·罗伊斯（Winston Royce）写下了一篇日后对网站开发行业影响深远的文章，他提出软件项目管理中应该分几个步骤，并且每一步都需要 100% 完成后才能开始下一步。这就是瀑布式项目中的核心理论——先完成一步再继续下一步，因此整个项目流程是一步一个台阶铺下来的。罗伊斯当时并没有使用"瀑布"这个词来形容这种流水线式的工作方式，但是这个比喻很快就在软件开发团队中传开了（如图 3-7 所示）。

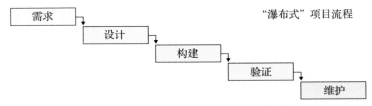

图 3-7　典型的"瀑布"式项目的开发流程

瀑布式方法由此成为最广为使用的项目管理方法，因为它能为项目的各项实践以及财务管理方面提供清晰易懂的理论基础。尽管所有人（包括罗伊斯在内）都明白瀑布式的严格管理所带来的弊端，但是对于一个复杂的项目来说，它能够为我们提供每一步都很清晰的项目计划。其简单而坚实的逻辑是瀑布式方法持续流行的基础。

瀑布式管理非常适用于内容密集型产品，因为在做这类产品时调研和设计都必须在开发前全部订好。仔细观察会发现，很多网站设计公司在应对大型网站设计项目时会更倾向于使用瀑布式管理的方法，而不会选择敏捷式管理。这么做的部分原因是因为，客户所在的企业习惯于和项目承包商签订这种清晰可预测的合同。很多设计和技术公司也会用这种线性的工作方式，因为当需求很多很复杂的时候，前期的设计以及内容创建工作一定要先完成，后续的开发工作才能顺利进行。不过最近很多瀑布式的开发项目也开始提高设计方面的灵活度，并且允许多个产品线同时工作而不像以前那样完全线性作业，另外也从敏捷式管理那边借鉴了"设计 – 建造 – 分析 – 改进"这套循环方法。

尽管瀑布式项目管理最初用于处理那些复杂的软件或网站开发项目，但讽刺的是很少有项目能完全适用严格的瀑布式管理，主要原因在于制作软件等具有复杂内容的产品很难控制细节的走向，它们时不时就会偏离最初的计划。没有什么是永不改变的，哪怕是瀑布式的项目也没有谁能够说自己不会随时间而改进。因此，你会发现那些在项目早期书写的需求文档渐渐地（有的可能是快速的）已不再适用。随着项目一天天接近完成，你对需求的理解更清晰了，这时你会发现有的问题被过度关注了，而一些重要的细节却没有排在计划中，或是发现有些之前做的设计其实并不尽如人意。做一个复杂的项目是一个学习的过程，几乎每天都会对产品产生新的设计想法。另外，业务和技术环境对一个长期项目的成功与否也会造成很大影响，因为各种硬件、操作系统、应用，以及领导、赞助商和公司业务都在一天天随着时间变化而改变，那些最初设定的方案和设计从创造出的那天起就随时面临失效的风险。

典型的瀑布式项目管理还有一个很大的问题——"分析麻痹"，因为过度冗长和详细的说明文档会产生大量的书面文件和设计稿，这些半成品文档从项目开始的那刻起就会像紧身衣一样约束着整个团队。但是几乎没有人真的会去看这些文档，看也看不懂。瀑布式项目管理之所以会产生大量文档主要出于两个目的：首先，想要通过细致的调研和需求文档来降低日后的风险；其次是为了方便项目中的各个管理者和利益相关者更好地交换信息。可惜，这一大堆文档并不能解决上述任何一个问题。

从开发人员角度来说，严格的需求和设计控制是为了避免项目偏离原始目标：因为害怕"范围蔓延"和"功能扩张"会让越来越多需求加入到交付任务中，造成经费和时间的不堪重负（如图 3-8 所示）。有的项目即便拿出了更多的时间和金钱来完成这些额外功能，但是产品依然失败了，因为这些功能让系统变得更复杂，很多不需要的代码增加了维护的成本，却并没有解决用户的实际问题。有研究表明，大部分软件中三分之二的"功能"几乎没有人使用，或很少被使用。

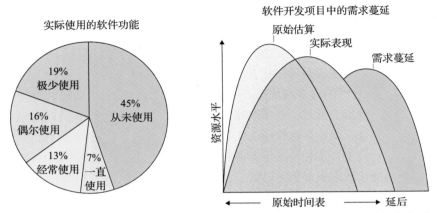

图 3-8　那些无法控制需求蔓延和功能扩张的项目往往失败的原因是，他们花费了太多的时间在用户从未需要也永远不会需要的功能上

项目管理的"失败"

Standish 集团在 2011 年做了一项美国 IT 项目的调查，结果发现有 29% 的项目是失败的，另外有 57% 标记为有严重问题；该集团在 2013 年又做了一次调查，发现在大型的 IT 项目中有 38% 都在 6 到 8 个月内宣告失败。

在 2013 年的调查结果中，直接显示为失败的项目相比 2011 年要少一些（只有 18%），这主要是得益于敏捷项目管理方法的推广（如图 3-9 所示）。

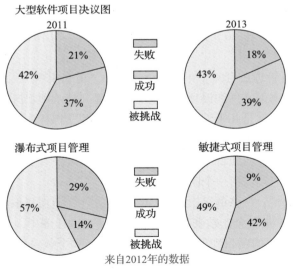

图 3-9　四个饼图中，上面两个图显示的是对比 2011 和 2013 年 IT 项目的失败率。下面两个图显示的是对比采用瀑布式和敏捷式管理的项目的成功率

敏捷式项目管理

　　每一个项目都会遇到的难题——不断变化的开发环境以及预先设定好的严格的设计需求——最终导致人们不得不去寻找一种更灵活的、迭代式的管理方法，来应对不断变化的需求，同时又拥有一个合理的整体规划。

　　在 2001 年，一群软件开发者聚集在犹他州的度假胜地 Snowbird，共同研究出了一项适用于复杂软件项目开发的"敏捷"式的管理方法。他们提出的敏捷宣言在日后成为了能够取代传统瀑布式项目管理方法的核心基础，它能够解决软件开发过程中两个最核心的挑战：创建灵活的流程来适应需求变化，但同时强调严格的功能优先级，以避免那些不怎么重要的功能加入造成的需求蔓延。

　　敏捷式诞生的初衷是为了弥补严格的瀑布式管理方法所造成的弊端，其中包括不够灵活的项目目标，不够明确的功能优先级，大量的需求文档，以及令人咂舌的项目失败率。敏捷宣言是一篇哲学声明，并不是一个能够帮助你完成每天开发任务的工作手册。它的具体内容如下：

　　我们一直在实践中探寻更好的软件开发方法，身体力行的同时也帮助他人。由此我们建立了如下价值观：

- ❑ 个体和互动高于流程和工具
- ❑ 工作的软件高于详尽的文档
- ❑ 客户合作高于合同谈判
- ❑ 响应变化高于遵循计划

也就是说，尽管右项有其价值，但我们更重视左项的价值。(agilemanifesto.org)

敏捷式项目管理方法强调：

- ❑ 迭代的持续改进的方法，每天或每周循环进行"计划 – 实施 – 回顾 – 改进"。
- ❑ 时刻关注最重要最高优先级的功能和用户需求。
- ❑ 小团队开发，确保团队中有开发人员、客户以及项目赞助商，保持面对面的沟通。
- ❑ 快速持续交付小型可工作的软件。
- ❑ 确保软件是可以解决真实用户问题的。
- ❑ 不断适应变化，从用户的反馈和需求中发现问题并不断对软件进行改进。
- ❑ 尽量去掉正式的书面报告，避免大量的需求文档、详细的平面设计以及沟通文档，不要陷入高质量的线框图设计，或者做过于详尽的界面说明文档。

　　敏捷式项目紧凑的时间安排和适度的项目规模都得力于精心的计划。通常我们把一个宏伟的网站开发目标拆分成小块，来避免像其他管理方法那样产生高失败风险。

　　在过去的十年中，有一些敏捷式项目管理框架显露头角，其中最出名的要数"scrum"。"scrum"一词来源于橄榄球运动，在这项运动中，所有队员需要一起向前移动，过程中会有很多单人对抗以及集体"争球"(scrum)。scrum 项目框架是专为小团队设计的，通常一个5 到 9 人小团队会紧密合作来完成一个软件或网站项目。一个好的 scrum 团队会把精力集中于"检阅过去和适应将来"的循环，以此不断改进产品及其开发流程。在每天早晨的"站会"

上，组员们会依次报告自己前一天做了什么以及今天将要做些什么。

小的团队结构自然也会简单很多，只有三种角色：

❑ **产品拥有者**：为产品提供全局愿景以及业务案例，作为管理层的代表，能够担当起产品成功的重任。除此之外还需要为所有的工作排优先级，管理代办工作，并在适当的时候把它们排入优先级。

❑ **敏捷教练**：这是一个独特的"公仆式领导"角色，他可以在会议中作为中立方熟练运用敏捷的框架和方法来推动项目进程。敏捷教练（scrum master）也会帮助团队专注于高优先级的工作，并且熟练运用 scrum 的各种方法技巧。

❑ **团队成员**：scrum 团队通常人数比较少并且高度协作，每天在开始工作前所有人会一起开一个十五分钟左右的站会，在会议中为每一个人分配今天的工作。尽管每个人的角色可能不同，但是每个个体都要为项目的完成质量和最后的成功上线负责。在网站项目中，可能出现的角色有程序员、平面设计、编辑等，但是每个人在工作中都是平级的，大家共同背负项目成功的重任。

scrum 框架有一套自己的术语用来描述 scrum 流程中的不同元素。随着 scrum 和 agile 的日渐盛行，很多软件开发和设计团队开始在工作中使用相关的术语，因此我们对每一个术语都要有一个基本的认识：

❑ **冲刺**：scrum 流程中最小的时间单位，用来定义一个团队能完成一系列任务所需要的时间，通常是几周（如图 3-10 所示）。当然，冲刺的时间也可以定为一个月，只不过一旦冲刺开始，时间长度就不能再变更了。

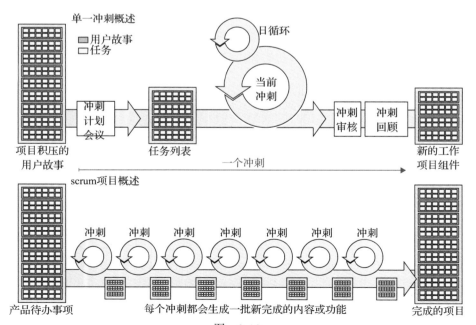

图   3-10

- **需求库存**：一个列有所有需要交付的功能的表单。库存列表会涵盖整个项目，有些功能开发需要跨越多个冲刺。每个冲刺开始前都会从库存中取出一部分需要在这个冲刺完成的任务。通常团队负责人会决定哪些需求属于更高优先级。

- **冲刺库存**：每个冲刺需要完成的库存列表。

- **看板或者任务展示板**：看板通常是一面摆在工作区显眼位置的大白板，在上面可以清晰地向全队展示项目的任务分配和进展情况。这种板子的使用方法最初是由 Toyota 在做项目管理时发名出来的，这种方法被称作"看板"（在日语中意思为"视觉展示"）。这块任务板上一般会有 4 列，每一列代表不同的任务状态，任务会被写在不同颜色的贴纸上，每进行到下一状态就会往前挪一列，直至移到最右侧表示任务完成。在一些项目中，类似看板的工具会被项目管理软件代替，比如 JIRA 或者 Basecamp。

- **燃尽图**：另一种可视化展示当前冲刺状态的方法。在图表的纵轴上会显示当前冲刺需要完成的所有任务，横轴上会显示冲刺的总天数。这幅图表通常用于展示预估的完成率以及所对应的每天实际完成的状态。

- **故事或用户故事**：在敏捷实践里我们关注于解决真实世界中切实存在的问题，因此在设计和开发时，我们把一系列围绕真实问题组成的任务归纳成一个"用户故事"，或者我们可以称其为"使用场景"。每一个用户故事通常可以被拆成 3 到 5 张任务卡，写到便利贴上（如图 3-11 所示）。每张卡上会标明任务标题，用户角色，用户想要完成的操作，以及用户所希望的解决流程。每一个故事可能会需要不同角色的多个成员协作完成（用户界面设计、平面设计、程序设计）。团队会坐在一起，通过把功能拆解成一个个具体技术任务来定义工作量的大小，并且估算完成每个任务所需的时间。

用户故事卡

标题：		标题：	创建一个日历事项，全天事件
作为：	（用户角色，用户画像）	**作为**：	日历网站的用户
我希望：采取怎样的行动		**我希望**：	创建一个与其他短时事件不冲突的全天事件
因此：获得怎样的收益		**因此**：	我可以在创建全天事件的同时不扰乱同一天其他短时事件的显示
		2	Pat　　　　6小时
优先级　　　作者　　　　估点		优先级　　　作者　　　　估点	

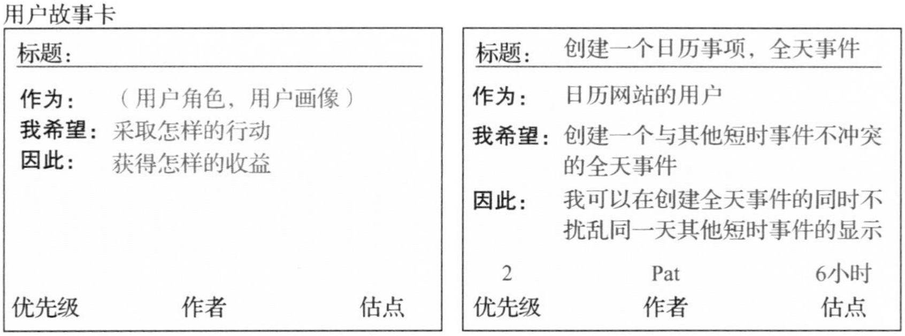

图　3-11

- **任务**：一个冲刺任务作为一个工作量单位通常是指 4 到 6 小时内可以完成的工作量（如图 3-12 所示）。团队成员一般会按照自己的技能领取感兴趣的任务。组员会每天更新完成任务所需的预估剩余时间，该数据会影响到燃尽图的状态。

一周冲刺时间表

周一	周二	周三	周四	周五
冲刺计划 会议2小时	每日站会15分钟	每日站会15分钟	每日站会15分钟	每日站会15分钟
		故事时间30分钟		冲刺审核30分钟 冲刺回顾90分钟

图   3-12

"冲刺"作为 scrum 项目的基础，意味着一个团队能完成某一部分任务所需要的全部时间。一个冲刺的时间没有固定长度，大部分 scrum 项目对于一个冲刺的定义在 1 到 4 周，一般 1 到 2 周比较普遍。不过一旦冲刺开始，时间安排就不可更改了，不能超过计划的最终期限。

❏ **冲刺计划会议**：该会议有两个目的：首先团队负责人需要准备好下个冲刺的所有用户故事，之后团队成员将会把每一个故事拆解成一个个任务。接下来所有团队成员需要一起商定下一个冲刺能够交付的总故事数和任务数。这个会议最多不能超过 4 小时。

❏ **每日站会**：每天早上小组成员会一起开一个 15 分钟左右的短会，会议中每个人需要总结昨天完成了什么以及今天的计划是什么，另外如果发现完成任务有任何阻碍可以在会议中汇报。敏捷教练需要做人力情况汇报，并更新项目的燃尽图和任务板。该会议需要全体成员参与，其之所以经常被叫作"站会"是因为我们希望每个人在汇报时都能做到尽量简要，把会议的时间控制到最短。

❏ **冲刺审核**：通常在每一个冲刺的最后一天会举行一个一小时左右的会议，目的是为了向项目赞助商以及所有利益相关者展示这个冲刺的成果。在审核会议中，我们主要关注新交付的功能，收集赞助商和利益相关者的反馈，考察目前的状态是否会影响下一个冲刺。

❏ **故事时间**：在这个会议上我们会审核未来几个冲刺的用户故事所涉及的任务范围。这种计划会议通常会发生在一周的中间，大概需要一小时，大家会讨论团队在开发故事中学到了什么，以及所学的东西对未来项目进展的影响。

❏ **冲刺回顾**：在回顾会议中，团队成员和敏捷教练（一般产品拥有者不会参加）会一起回顾上一个冲刺中完成得好与不好的地方，其目的是为了促进团队工作的改善和沟通。这种为了"检阅过去和适应将来"的会议通常发生在一个冲刺的结尾，一般不会持续超过两小时。

对于一个小型项目来说，日常的项目管理和监控可以完全使用看板，外加一些常规的团队会议和每日站会。看板系统对于团队而言是一个理想的简单且可视化的工作区域。如果团队成员不在同一个地点办公，则可以尝试使用 JIRA 或 Basecamp 来在线创建虚拟的看板。

无论项目使用的是哪种管理框架（瀑布式还是敏捷式），一个组织且执行良好的流程都是必不可少的。不过由于敏捷（scrum）对灵活性更为看重，因此一旦团队和管理层对任务量的估算出现差错，项目就会陷入困境，而且如果在拆分用户故事的时候不够果断，没有抓住核心需求，则可能会影响一个冲刺的整体计划。倘若任务量估算出现差错且在拆分用户故事时存在太多可变因素，那么这个敏捷管理的项目会和瀑布式管理项目一样难以控制预算和交付日期。不过，很多研究结果显示敏捷方式还是很适合软件和网站开发项目的，并且总的来说使用这种管理方法的项目成功概率比使用传统瀑布式方式要高（如图 3-13 所示）。

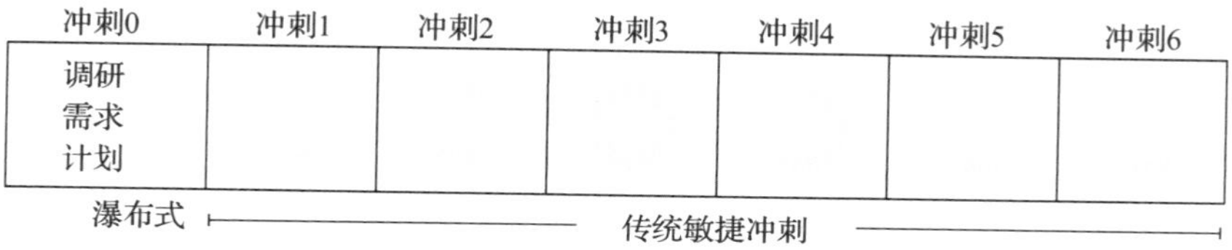

图　3-13

scrum 强调用较小的团队和较短的迭代周期，因此可能对大型且长周期的项目来说并不是十分适用。这种紧凑简短的每日站会以及每周例会对于多人团队（20 或以上）来说实行起来会比较困难，尽管我们也可以在大型项目的某些部分中采用 scrum 流程，或者把大的团队拆分成多个小组，然后对每个小组执行 scrum 开发流程。

很多敏捷式项目都可能会出现一致性的问题。每个用户故事就像一个大树，而里面的每一个任务就像是树上的一片叶子，因此很容易造成团队成员只见树木不见森林。并且，快速迭代可工作的软件会让项目陷入"先发布，再完善"的循环中，这会导致在项目初期很多整体性要素被忽略，例如用户和业务流程研究、用户界面一致性、网站内容和信息传达策略。因此，内容编辑和设计师一定要与开发团队一起参与所有会议以确保内容和设计的一致性。用户研究、界面开发、线框图以及核心的视觉设计风格是一个网站成功的基石，它们会随着开发的推进而不断地去适应和改变，不太可能在短暂的冲刺时间内完全确定下来。

由于敏捷式开发强调快速搭建可运行的网站，人们总会倾向于选择解决当下看起来简单且好实现的问题，而其代价是造成更大更复杂的问题，以及随之而来的模糊且难懂的细节和功能需求。人们总会想要先做那些小而简单的功能，并不是因为它们有多重要，而只是因为它们小到足以放进这个冲刺里面。因此敏捷团队经常会困扰于"水平线效应"，也就是说不断地把问题留到以后的冲刺中。悬而未决的问题总会放回到待办事项里。

精益 UX

精益 UX 主张将用户体验设计有效地融入到产品开发的整个生命周期中。它主要关注于用户最想要且最有价值的需求，用创新的思考方式来做决策并最终产生解决方案。

精益 UX 在实行中与敏捷项目的兼容性很高，因为二者都强调灵活性和共同协作，通过类似于设计工作室的方法来开发"轻量级"原型。

精益 UX 宣言内容如下：

我们正在开发一种方式来创造我们的用户所重视的数字体验。

为了达到这个目标，我们高度重视以下几点：

早期的客户验证，而不要在不清楚用户价值的情况下发布产品。

协同设计而不要闭门造车。

解决用户的切实问题，而不要过度追求"炫酷的"功能。

有明确的绩效指标，而不是未知的成功标准。

使用对的工具，而不是按部就班的遵循计划。

做灵活的设计，而不是笨重的线框图、复合图或规则说明（wsg4.link/lean-ux-manifesto）。

混合式项目管理

很多开发团队会采用瀑布式和敏捷式相结合的管理模式，通常在前期的需求和设计阶段使用瀑布式的管理方法，在进入开发阶段后开始使用 scrum 技巧来更好地控制产品质量。在所有的敏捷经验中，有一条被所有开发团队广泛接受：无论是软件还是网站开发项目，都要让开发过程具备灵活性，并且可以通过不断的迭代让产品持续更新，这样把一个大项目拆解为若干小块可以让项目的成功率更高，尤其是对于那些小型的敏捷团队。另外，这种混合式的管理方式也可以支持多条流水线同时运作，比方说在项目的早期阶段，内容调研、策略、功能需求以及技术规划可以同时进行，具体可见本章中的"甘特图"部分。

很多 scrum 项目在进入开发阶段之前都会经历一次"冲刺 0"，在此期间团队会进行详细的业务和需求调研。有的人会批判冲刺 0，认为这就是瀑布式的翻版，但是运用瀑布式方法进行早期的需求收集、用户调研、基础界面框架搭建等可以在后续平稳嫁接到 scrum 开发流程中。混合管理模式成功的关键在于避免过长的需求分析和设计，以及不要把太多时间花费在文档编写上，以上几点也是瀑布式项目的主要弊端。

3.4　项目开发的生命周期

每个大型的网站开发项目都会有其独特的挑战，但是开发一个复杂网站的总体过程通常包含七个主要阶段，在制定最终的项目计划和提案文档之前，你应该先考虑以下七个主要阶段：

- ❑ 网站的定义和计划
- ❑ 内容库存
- ❑ 信息架构
- ❑ 网站设计

　　□ 网站构建

　　□ 网站运营

　　□ 网站的跟踪、评估和维护

　　大多数开发项目都有长远的预算、人员和公共关系，至少在开发网站和部署之后的很长时间内都是如此。不过，也有很多网站以临时的方式，由一些小型的利益团体在组织的其他地方独立地工作，并且在组织的整体任务环境中没有充分考虑网站的目标。计划不周、仓促发展的结果往往导致的是一个缺乏资源和关注的"孤立的网站"。

　　当你思考以下列出的开发环节时，请注意，对于一个规划良好的网站来说，网站的页面是项目流程中的最后一环。仔细考虑流程中的每一步及其对你的项目计划可能造成的影响（如图3-14所示）。三思而后行，一定要确保你有足够的组织支持、预算和人力资源来保证项目的成功。

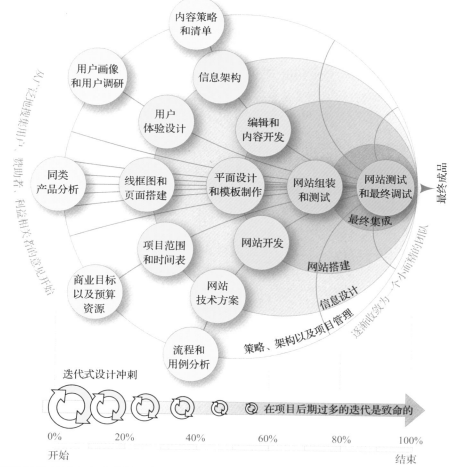

图 3-14　网站开发项目中出现的另一个概念，这里我们强调在项目初期有一些广泛但是明确的目标，
　　　　　随着项目的进行逐渐收敛。有明确的目标可以帮助你的项目按时且在预算内完成

3.4.1　网站定义和计划

在这个初始阶段，你可以为网站定义一个目标，并开始收集和分析所需的信息，以便确定项目所需的预算和资源。这同时也是在定义网站的内容范围，所需的交互功能和技术支持，以及为了满足用户需求，你需要提供的信息资源的深度和广度。如果你使用外包的方式开发网站，那么你需要考察和选择一个网站设计公司。理想情况下，网站设计人员应该尽快参与到计划讨论中。

3.4.2　内容开发

一旦你对网站的任务和一般结构有了一个想法，就可以开始评估实现你的计划所需要的内容。构建现有的和需要的内容库存或数据库可以帮助你对现有的内容资源进行仔细检查，并对需求进行详细的描述。一旦知道内容上的不足之处，就可以把精力集中在这些不足上，避免浪费时间在那些已经准备好的资源上。清楚地了解你的需求也会帮助你制定一个现实的计划和预算。

内容库存

内容开发的一个良好起点是对现有内容进行编目以及确认新的内容需求。内容库存可以很好地被结构化显示，可以使用电子表格来收集网站中每个页面所需的内容列表，以及页面标题、URL、负责内容的人员等基本特性（关于创建内容库存的详细信息请见第 4 章）。

内容制作

内容开发是最困难、最耗时的，这部分也是网站开发项目中经常被低估的一个环节。在许多情况下，你的团队将会寻找赞助商以提供内容或主题（SME）。请确保你的赞助商或客户理解他们的责任，并认真对待内容交付的最后期限。先制定一个明确的内容生产计划能够有助于确保你不会陷入一个结构看起来不错但是内容匮乏的网站，或者更糟的是，一个充斥着"毫无意义的占位符"的网站。

在网站搭建完成之前，不要出现拖延内容开发这样的错误。你需要不断地编写和修改内容，并尽快将内容集成到网站中。在设计和原型中，以及在用户界面和内容页面中最好使用真实的内容文本。直到所有内容库存中的项目都完成后，才可以放缓网站内容开发速度。

网站设计和开发的生命周期

所有的开发过程都会经历一系列的阶段，这些阶段组合在一起形成了与网站设计相关的经典"设计周期"。

需求：在较为大型的项目中，需求阶段可能会涉及市场和用户调研，网站分析调研，当前或潜在用户的焦点小组，以及可用性测试。而在较小的项目中，需求阶段通常会召集用户、项目利益相关者和赞助商一起，讨论并确认出产品的功能需求列表。

设计：在设计阶段，设计师会将需求列表转换为具体的视觉表现形式，先绘制出简单的网站布局以及页面的线框图、导航界面和网站地图。该阶段会专注于网站基本的结构和功能，并为后续阶段保存详细的平面设计稿。

开发：在开发阶段，开发人员会通过代码将所有网站的页面搭建出来。即使你使用的是迭代设计流程（大多数网站团队都是这样做的），也不要过早深入到开发环节中，最好等到所有核心的设计问题都得到解决之后再开始技术开发。

测试：所有的网站设计都需要对功能和可用性进行测试，并对编辑质量进行控制。通常在一个由技术人员主导的团队，人们会忽视编辑质量方面的考虑，忘记对于一个好的产品来说，保证内容质量是非常重要的。

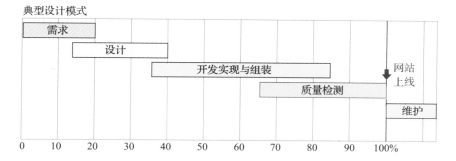

线性或"瀑布式"开发：典型的线性设计项目中每个阶段都会按顺序进行，完成一个阶段后，进入下一个阶段。线性开发方式对于那些有明确方法，或者有详细的说明文档的项目来说是十分有效的。但是对于那些需求情况不是很明确的项目，这种线性的开发方式非常不堪一击，且会拖慢整个项目的进度。

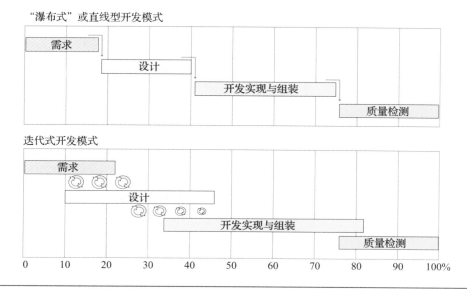

迭代式设计：大多数项目会经历一系列的分析—设计或设计—构建阶段来一步步地处理复杂的未知问题，逐步向系统中增添复杂性和设计共识，尤其是在项目早期的规划和设计阶段。当设计—构建—重新设计的周期循环持续并深入到开发阶段时，迭代模型就会开始瓦解。当这些迭代进入到开发流程时会导致生产线的混乱，并且会造成大量时间和精力的浪费。

混合模式：一个好项目管理需要能够同时兼顾迭代和线性开发模式两者的优势，具体做法是在早期的设计过程中多使用迭代，但是一旦项目进入了开发阶段，在所有的开发工时、需求范围以及交付时间都确定下来之后，设计迭代就不应该再发生了。

3.4.3　信息架构

在这个阶段，你需要详细地定义出网站的内容及组织结构。团队应该对所有现有内容进行清查，同时定义所需要的新内容，以及网站的组织结构。一旦一个内容架构被勾勒出来，你就应该针对这部分建立一个简易的原型，用来测试设计上的改变对网站所产生的影响。网站原型的制作对网站开发来说是很重要的，其原因有两点。首先，它是测试网站导航和开发用户界面的最佳方式。原型应该包含足够多的页面，以便能够准确地评估从网站菜单到内容页面的交互体验。这些原型可以用来测试用户对网站信息架构的理解。其次，创建一个原型可以让平面设计人员在设计网站外观的同时，关注导航界面设计如何更好地支持信息架构。一个原型设计成功的关键在于灵活性：网站原型不可以太复杂或者太精细，那样的话团队会在一个设计上投入太多时间和精力，而不是去探索是否有更好的替代方案。

在这个阶段结束时，主要产出的可交付物将包括：

❑ 详细的网站设计规范
❑ 网站内容的详细描述
❑ 通过了用户调研和可用性测试的设计线框图以及网站架构原型
❑ 网站中类别和标签的分类方法
❑ 平面设计以及界面设计草图
❑ 详细的技术支持规范
❑ 能够支持网站具体功能实现的技术方案
❑ 网站设计和构建的具体时间表

3.4.4　网站设计

在这个阶段，鉴于所有的页面网格、页面设计和整体平面设计标准都已经完成且被批准了，故而项目可以将目标转移至网站具体的外观和整体效果设计。现在需要开始着手准备网站的插图、照片素材以及其他的图形或视听内容。研究、写作、组织、组装和编辑网站的文本内容也需要在这个阶段同时进行。另外，任何与编程、数据库设计或数据输入，以及搜索引擎相关的设计也都应该开始进行准备。我们的目标是完成所有的内容组件和核心功能的搭建，为最后的开发阶段做好准备：完成所有网站页面的搭建。

在这个阶段结束时，主要产出的可交付物将包括：

- ❏ 详细组织好的内容组件
- ❏ 编辑且校验完成的网站内容文本
- ❏ 所有页面类型的平面设计规范
- ❏ 具有完整平面设计的页面模板
- ❏ 页眉和页脚的平面设计、网站标识、按钮以及背景样式
- ❏ 详细的页面设计文档或关键页面样例
- ❏ 对于大型复杂的网站，需要提供一份图形使用标准手册
- ❏ 完整的界面设计以及主要页面的网格模板
- ❏ 完整的 HTML 页面模板
- ❏ 插图设计
- ❏ 摄影素材
- ❏ Drupal、WordPress 或者任何你选择使用的内容管理系统的 CMS 模板
- ❏ CMS 的内容结构
- ❏ JavaScript 脚本、Java applet 设计
- ❏ 数据库和代码库，以及完整的交互原型设计
- ❏ 经历过精心设计和测试的搜索引擎

3.4.5 网站构建

只有到了项目的成熟阶段，我们才可以开始网站页面的构建工作，同时向页面中填充内容。当你有了详细的网站架构、成熟的内容组件、经过充分测试的线框图和原型，以及一个经过多次完善的页面设计规范之后，你就能够把控内容产出，避免冗余的开发工作，并且将因为急功近利地创建页面而导致的人力浪费降到最低。当然，在原型逐渐成熟并最终成为完全功能化的网站的这一过程中，你会不断学习到关于网站总体设计的新知识。时刻做好准备去完善网站的设计，你需要和你的用户一样在不断成长的网站中使用导航和站内的各种功能，去试着发现导航和内容设计上的不足，并挖掘可以改进这些不足的机会。

当网站构建完成，所有页面便都已布置完成，所有的数据库和功能组件也都链接成功，这也就意味着我们可以开始对网站进行用户测试了。测试的参与者应该主要来自于开发团队以外的人，他们需要客观地提供反馈意见，提出程序运行上的错误，发现排版错误，并对网站的整体设计和有效性进行测评。新用户往往更容易注意到你和你的开发团队平时忽略掉

的事情。只有在网站经过彻底的测试和完善之后，才可以发布并开始大力度的宣传和推广工作。

在这个阶段结束时，典型的产品或可交付物应该包括：

❑ 完整的（包含所有网页的）HTML/CSS 代码，以及所有页面的内容信息
❑ 完整的导航链接结构
❑ 确保所有的程序代码都可以良好运行，链接到正确页面，并且为可用性测试做好了准备
❑ 完成所有的数据库组件，并且链接到了网站相应的页面
❑ 完成所有的平面设计、插图和摄影素材制作
❑ 完成对所有网站内容的最终校对
❑ 完成对数据库和代码功能的详细测试
❑ 完成对数据库报告的测试及验证
❑ 测试网站用户的线上支持流程、电子邮件回复等
❑ 将所有网站内容组件、HTML 代码、程序代码和任何其他网站开发材料进行存档

3.4.6   网站的跟踪、评估和维护

网站服务器软件可以帮助你记录大量关于网站访问者的信息。即使是最简单的网站日志也会记录在给定的时间内，有多少人（独特的访问者）看到了你的网站，他们查看了多少页面，以及其他各种相关变量信息。通过分析网站的服务器日志，你可以发现很多有助于网站成功的定量数据。这些日志会告诉你哪些页面是最受欢迎的，以及访问你网站的用户都使用了怎样的浏览器。服务器日志还可以为你提供网站用户的地理位置信息。详细的日志是量化网站成功的关键。你的网站管理员应该把所有的网站日志存档，以便进行长期持久的分析，并且应该随时准备好随着用户的需求和兴趣变化而调整网站的信息分类。

谷歌分析（Google Analytics，简称 GA）是目前最受欢迎且使用率最高的网站分析软件，并且人们选择它不仅仅因为它是免费的（如图 3-15 所示）。谷歌分析已经从一个基本的"客户端"工具——分析用户在使用浏览器打开页面时，由于其代码中嵌入了 GA 跟踪脚本从而触发的事件——发展成了一个复杂的网站跟踪及报告系统。在页面代码中应用 GA 跟踪脚本并不需要了解很高深的 HTML 技能，而且许多内容管理系统都提供了对 GA 的内置访问，因此你所要做的就是提供你的 GA 账户信息来跟踪网站。不过，你可能还希望通过使用一些直接跟踪网站服务器请求的"服务器端"网站分析工具来增强 GA 的报告。如果你的网站是由公司的 IT 部门或商业网站托管服务机构托管的，那么你可能已经可以访问服务器端的分析报告了。服务器端和客户端分析提供的信息相互补充，从而可以形成一个更完整的关于网站整体使用情况的认知，并展现出服务器性能对用户在和网站交互时的体验产生了怎样的影响。

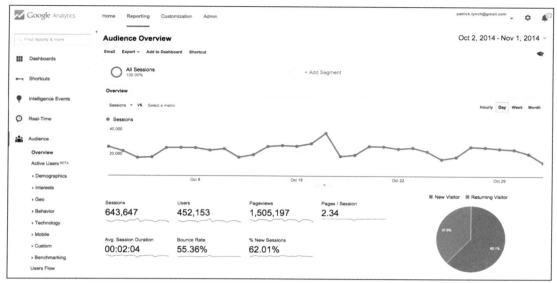

图 3-15　网站分析（例如上图中的谷歌分析）能为我们提供的不仅仅只是简单的流量分析。它们可以告诉你人们会在你的网站中浏览哪些内容，识别你的访客从哪里来，以及提供充分的技术信息来帮你分析哪些功能经常被用户使用

网站维护

即便你的产品"上线"了，庆功宴也结束了，也不意味着你的网站就此终结。大型网站在设计和功能方面都需要源源不断的关注和梳理，你需要有一个团队来负责网站内容更新（如图 3-16 所示）。网站编辑需要负责协调和审查新的内容，维护图形和编辑标准，并确保所有页面的编程和链接保持完整且功能正常。网站上的链接很容易消失，需要定期检查链接到网站之外的页面是否仍然正常。不要让你的网站因为资源的匮乏而变得陈旧——如果你让用户感到失望并且离开了网站，那么你将会很难再吸引他们重新关注你的网站。

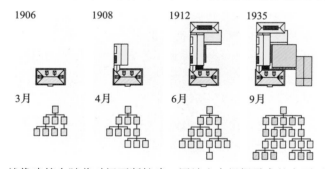

图 3-16　就像建筑会随着时间不断扩建，网站也会根据需求的变更而不断变化

网站的备份和归档

网站编辑需要确保将网站定期备份到安全可靠的存储介质，以确保当网站服务器上不

幸发生灾难性硬件故障时不会清除所有网站的内容。由 IT 专业人员或商业网站服务提供商维护的大多数服务器每天至少会备份一次。如果你不知道你的备份计划是什么，可以去问问你的网站管理员或者网络主机提供商。导致你需要快速访问网站备份副本的最常见原因是人为错误。不幸的是，新版本经常会在网站服务器上意外地覆盖旧文件（或整个文件目录），错误地删除一些重要信息，或者在更新网站时错误地删除其他人的工作。这种情况发生时，最近的一次备份（最好不要超过 24 小时）会是你的救命稻草。

如果你的网站成功了，那么它将很快成为企业的重要事迹、你的成就，并且随着时间的推移会被记录到"企业的发展状态"中。不幸的是，人们对网站历史存储方面的关注太少了，由于没有人考虑保存网站的永久记录从而损失了大量的历史数据。除非你的网站非常庞大，否则网站编辑应该负责定期收集和存储网站中的文件，或者与网站服务提供商签订协议，定期备份网站并作为长期存档保存。我们习惯于传统商业和工作实践会留下很多"书面记录"。然而如果没有一个保护我们数字产品的计划，我们在互联网中的历史可能会消失得毫无痕迹。

3.4.7　常见的项目开发事故

实现一个成功的项目可以有很多种方法——你可以选择遵循项目章程中的目标，不去给你的预算和资源带来太多的负担，或者你可以选择随着时间的推移而不断地调整和维护网站价值和完整性。在这里，我们会讲述一些常见的陷阱，并提供一些能绕开它们的方法。

准备、瞄准、射击

创建一个新的或重构一个旧的网站都是很令人兴奋的事情，许多团队（特别是基于敏捷管理模式的团队）会发现，他们无法避免地急于着手设计"草图"或网站原型，然而团队成员还不知道：

❑ 准确地说，你是在为谁设计网站，以及那些用户想要什么（而不是你想象中他们想要的东西）。

❑ 你的业务目标和消息传递策略。

❑ 核心内容结构、导航以及交互功能。

不要让那些"只是想要做一些页面"的"勤奋"的人打乱上述流程。你需要先确定重大的战略性决策，只有当所有重要问题都得到了答案，且足以知道后续的设计工作时，才可以开始制作页面。

形式大于功能

一个项目失败最快的方式是在一开始就陷入讨论主页的视觉效果，或者执着于网站的整体平面设计。就好比在你纠结于房子窗帘的颜色之前，应该先打好地基，搭建好房屋的结构。对于网站设计来说，思考视觉形式之前应该先仔细研究好网站的结构、导航、内容和交互性要求，以及总体业务目标。详细的视觉设计应该出现在网站规划的后期：过早地决定平面设计会让你在每一个环节都感到困扰。这并不是说设计师不应该参与整个项目的前期规划，只是网站的主要视觉形式应该建立在业务和内容策略的基础上，而不是反过来。

太多会议

会议通常是被人诟病的，因为大多数会议都是构思拙劣、缺乏组织的。你经常会发现自己坐在会议室里，只因为这是"每周例会"：没有正式的议程，你可能会花一个小时关注于某个人提出的随机问题，而不是关注于当前项目中最重要的事情。

许多会议都是无聊且浪费时间的，但会议却又是非常昂贵的。把会议的长度乘以房间里参会人平均每小时的工资，很快可以计算出一个令人触目惊心的成本。如果再考虑到准备会议需要的时间，差旅时间，以及打断每个参与者正常工作的"转换时间"，平均 6 个网络专业人员一个小时的会议成本可以轻松地达到 600 ～ 800 美元或者更多。考虑到这样高昂的成本，无论你想在会议上讨论什么，最好确保这个讨论是精心策划过且值得付出的。

❑ 事先要有一个明确的会议议程。

❑ 为每一个主要的议程项目制定一个时间表。

❑ 全面考虑会议时间。不是每一次会议都必须要持续很久。有时简短的会议更能使人们集中注意力。

❑ 安排一个计时员来确保会议按时完成。

❑ 尽可能控制会议的规模。

❑ 指派一个参与者来记录会议结果，并将会议记录分发给其他团队成员（如果需要的话，还可以发给利益相关者），以便让项目的其他成员知道会议的议题及讨论结果。

内容和功能膨胀

通常，"管理"一个网站项目最简单方法就是不假思索地添加内容和功能，以避免团队与利益相关者发生争执，特别是对于那些只关注初期成本的项目。大型网站的维护费用是很昂贵的，而且很容易犯好高骛远的错误。每个新的页面、链接或应用程序都需要长期维护。如果可以的话，尽可能让网站保持在小的规模，确保对内容的专注度（如图 3-17 所示）。一个小的、高质量的网站比一个充斥着过时内容与无效链接的大型网站要好得多。比如，Kiva 网站采用一种简单的设计和功能模式——在尽可能实现最大功效的同时又保持了网站的小规模。

忽视

现在，对于绝大多数的普通用户来说，"你就是你的网站"。就好比你永远不会离开公司，让大门无人看管或者让客服电话无人应答，同样地，你也不能让你的网站无人照料。你需要将网站看作是一个长期维护客户关系的平台，需要不断在网站上进行小的改进，同时建立大量的相关用户数据，以这些数据为参考，来决定需要投资哪些新的内容或更新哪些功能。

大规模的重设计

现如今 90% 的网站设计项目实际上都是网站"重设计"项目，这些项目都是为了服务那些已经拥有自己的网站的客户。尽管网站已经连续几十年占据商业交流领域的主导地位，但许多高级企业决策者仍然停留在印刷时代的思维模式中，在这种模式下，高成本且缺乏灵活性的印刷产业模式限制了所有关于管理沟通的新思想。这是由于：

❑ 人们执着于在开始前就把每一个细节都弄明白——这种担忧是由于传统印刷行业试错成本极高所导致的。

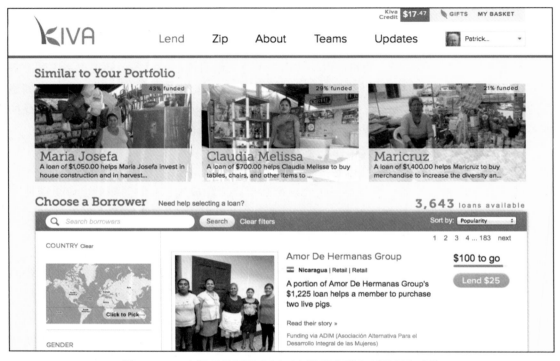

图 3-17   一个优秀的网站永远不会做那些没必要的复杂功能

❑ 印刷行业认为，大型展示项目（比如打印销售材料）只需要一段固定的关注时间，并且可以很容易地将项目外包出去。

❑ 一个印刷项目在出版的那一刻就结束了。

❑ 修订后的出版物通常仅仅是为了新奇而必须改变大部分甚至全部内容中的观点。

❑ 忽视了网站已存在的活跃用户可能无法接受新的内容或功能。

正如保罗·博格（Paul Boag）在他的《Digital Adaptatiens》一书中所指出的那样，这种"一时性繁荣"想法忽视了网站的迭代性与灵活性，同时也忽视了一个本质变化，那就是网站已经由单向对用户输入"信息"转变为通过多媒体持续地与用户进行交互式对话。他指出了这其中的一些关键区别：

❑ 网站上的改变通常是快速且容易的。

❑ 网站与读者和用户之间的对话和交互是维持所有企业交流的基础。

❑ 在线交流现在是一个 365 天、每时每刻都在发生的过程，永远不会结束。

如果你把网站看作是一个周期性的项目，那么你的网站就注定会在你进行下一次重设计之前被淘汰，并且会损害客户关系和商业声誉（如图 3-18 所示）。

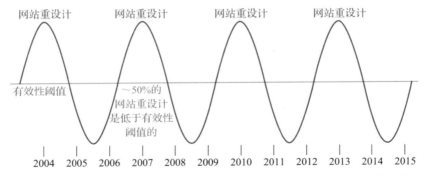

图 3-18 若每隔几年重设计一次,并且不维护你的网站,那么其内各部分使用寿命大都
       处于次优状态

　　一旦设计和维护停滞后,如果你的网站突然做出了大幅度的功能和样式变化,那么你也将失去大量关于用户如何使用(或曾经如何使用)你的网站的相关数据(如图 3-19 所示)。同时,在推出新的重设计的网站时,对用户体验的数据几乎为零,而这些数据本该被用作网站持续改进的依据。有一些企业经常在他们的网站上做重大的调整,但是由于他们在人们如何使用网站方面几乎没有什么有用的历史数据,导致在新的设计发布后,他们都不知道获得了什么样的投资回报。

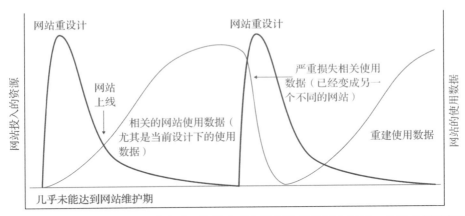

图 3-19 每次进行重大的重设计时,你都会丢失使用数据的历史记录,并且必须重新开
       始构建用户与网站的交互数据

　　你当前的网站可以作为未来新网站的最好原型,因为它的设计目的都是为了解决非常相似的商业问题。即使这个网站不是完全成功的,你也可以从中学到很多经验教训,从而在此基础上建立一个新的网站。你需要确保了解在旧网站中哪些内容和功能被大量使用,而新网站中也需要包含类似的内容和功能,这样才不会让已存在的用户对新功能产生排斥感。即使你没有大量收集和分析来自当前网站的数据,你也应该在更换旧网站之前发起用户调研和分析,以确保在重新设计网站之前从旧网站收集尽可能多的信息。除了现有网站的可用性测试之外,最好让用户评估一下市场上现有的竞争产品或内容相似的网站,从而了解哪些内容

或功能比较吸引人，并且将这些调研结果整合到新网站的设计中（详情请见第 2 章）。

信息架构师路易斯·罗森菲尔德（Louis Rosenfeld）提出了另一个在大规模重设计网站时遇到的窘境——你的网站中被大多数用户所看到和使用的内容和功能其实只是整个网站中很小的一部分。用户搜索数据一般会遵循齐普夫（Zipf）分布，其中占主导地位的查询条目只是一小部分，而大多数其他网站内容几乎很少被访问，它们会分布在"长尾"当中。如果你去查看一些网站的搜索日志和使用数据，会发现哪怕只修改一小部分页面也会对普通用户所看到的内容有着巨大影响。

试想一下，你上一次听说亚马逊、Facebook、苹果或谷歌宣布"网站重设计"是什么时候？互联网中的聪明玩家不会郑重宣布自己重新设计了网站，因为"他们时时刻刻都在重设计他们的网站"，每天以小增量的方式不断持续改善用户体验（用户体验中的基础和任务如图 3-20 所示）。这些小的、快速的、敏捷驱动的网站改进每时每刻都在发生，以便更快速地修复或改善网站。一旦 a/b 测试或其他网站的数据显示新的设计流程没有达到良好的可用性，那么这些细小的变化可以立即被撤销或修复。

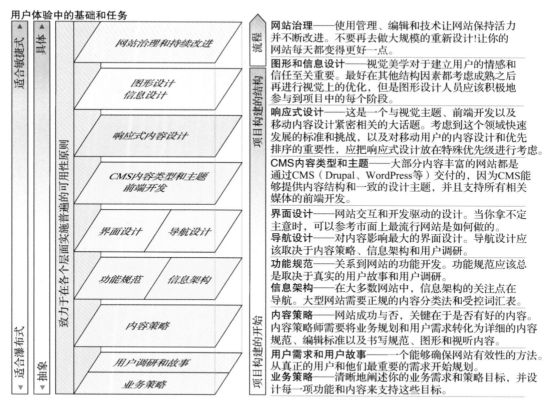

图 3-20   对于用户体验的关注要从最早期的策略和草图阶段开始，并且一直持续到所有图片都完成且网站上线完成的那一刻

10 个项目策略和实施的最佳实践

所有的数字项目和在线服务都有很多共同的地方也会面临一些同样的挑战，所有这些共同点都得益于在过去 30 年中在线出版行业获得的成功经验。以下列出的一般原则在某种程度上是受到了两个政府资源的启发：美国数字剧本（playbook.cio.gov），从 2010 年在美国可支付医疗法案的支持下出现的成功设计案例 healthcare.gov，以及广受欢迎的英国政府服务设计手册（gov.uk /service-manual），该手册为英国政府在线服务指定了设计标准和最佳实践。

1. 了解人们对网站的需求

☐ 在规划项目时，与网站的当前或潜在用户多进行交流，彻底了解他们的需求和关注点。

☐ 使用一系列定性和定量的研究方法来了解人们的目标、需求和关注点。

☐ 用简短的数据报告、常用示例和简短的定量报告来简要地说明你的研究结论。

2. 考虑整体的用户体验

☐ 理解用户在使用网站时整体的用户体验，从他最先接触网站，到最后满意地离开。

☐ 不要沉迷于一种特定的媒介。用户可以通过许多不同的媒介（网络、印刷、社交媒体、移动应用、电话、视听媒体）与你的企业进行互动。整合所有的媒体资源并保持一致性。使用常见的设计标准，这样就可以把多种语音融合为一个音调让人们识别出这是你的网站。

☐ 在大型网站中使用一致的企业标识和用户界面。那些试图用企业网页中的一小部分来展示个性化的部门，只是为那些每天都要使用企业网站的读者创建了一小块"别具一格"的区域。

☐ 识别出用户当前的痛点，以及使用流程中的断点，并采取一定的方法或跟踪流程来记录这些发现的问题。

☐ 没有"典型用户"。因此一定要使用通用的可用性原则，让网站尽可能被所有人使用。

3. 使用简单且大众熟悉的设计

☐ 简单即是快且成本效益高，因此简单的网站通常更易使用和维护。

☐ 创建或使用一个目前已有的简单且灵活的设计，并在与客户、读者或用户的沟通中始终如一地使用它。

☐ 采用熟悉的、常用的网站设计标准和交互模式。例如：在网上商店，不要偏离亚马逊的网络购物、结账和客户服务模式。

☐ 向用户提供清晰的反馈，让他们时刻了解他们在一个有很多步骤的过程中处于什么位置。

❑ 对于需要耗费长时间的流程和表单，始终为用户提供一种方法来保存他们当前的状态并可在稍后返回该状态。

❑ 提供清晰即时的反馈。如果用户错过了一些必填的表单字段，那么请高亮该字段，并提示用户缺少哪些信息。

❑ 永远不要因为他们在浏览表单的过程中忽略了一些细节而强迫用户重复输入数据。

❑ 在设计你的客户体验时始终保持一致的语言和术语。

4. 不要让网站的形式大于内容和功能

❑ 当网站的"形式大于功能"时，项目也就注定要失败了，因为功能和内容只是被简单地塞进一个预先确定的网站设计中，然而这些设计通常应该在项目的后期。因此正确的流程应该是先确定网站的策略和内容，然后再开始网站的设计。

❑ 内容并不是那些被填充在页面设计中的灰色文字。内容的形式、结构、样式和关键信息应该始终位于网站过程的核心。

❑ 如果缺乏对用户有用且十分精彩的内容，那么再美观的技术框架及漂亮的页面都将毫无意义。

5. 使用敏捷和迭代实践来构建

❑ 尽量使用一种增量的、迭代的、快节奏的设计和技术开发，例如使用敏捷和 scrum 方法。

❑ 尽快推出"最小可行性产品"(MVP)。

❑ 要注意避免让一个技术开发项目超过三个月。随着环境的变化，网站的变化速度将会很快，而对于一个长期项目可能需要随时修改以适应变化。

❑ 通过开发能够立即解决实际用户问题的小组件来降低失败的风险，并根据用户反馈建立相应的调整计划。

❑ 确保与团队成员和关键业务流程的所有者、设计人员、开发人员和内容创建者进行日常"站会"，促进良好的沟通。

❑ 保留一份记录关键功能和已知问题的优先级列表，并使用一些跟踪流程来追踪已知的问题。

6. 确保合同和预算符合策略实现的最佳实践

❑ 留出用于研究、探索和原型工作的预算。

❑ 在合同中签订相对较小的、频繁的可交付产出物和里程碑，以及用来支持敏捷开发实践和可交付产出物的灵活性。

❑ 需要能公平比较开源框架、软件（例如 Drupal、Word Press、JQuery）和专有且封闭的软件系统。如果你能够坚持使用一种已被广泛使用和开放的技术，那么你会更容易找到适合的员工和承包商。

☐ 确保产品中所有软件系统生成的企业数据和自定义代码都归企业所有，并且可以随时从系统中提取以对外使用。

7. 为项目指定一个领导者

☐ 一名负责任的、受到大家广泛认可的领导者对一个项目的成功至关重要。

☐ 项目领导需要负责创建一个周密的工作计划、预算以及生产流程，并保证项目所有阶段的资金来源。

☐ 所有的干系人和高级管理人员都必须同意项目领导者拥有分配任务所需的管理和预算的决策权，以及拥有调整短期计划并在敏捷开发过程中变更交付内容细节的权利。

8. 深思熟虑的技术选择

☐ 在网站建设时使用那些已经广为人知且倍受支持的技术栈和框架。使用有效的 HTML 和 CSS、Apache 网站服务器、Drupal 或 WordPress 内容管理系统，以及 JQuery 或其他可以被广泛支持的代码库。

☐ 确保网站可以在标准的硬件和服务器上运行，并且可以被托管公司妥善管理。使用标准的 UNIX/Linux 或 Windows 服务器以及被云计算供应商广泛使用的硬件。

☐ 你的托管服务应该能够快速地部署其他的通用服务器，以满足不同寻常的需求峰值，并在需求下降时迅速地撤销不需要的服务器。

9. 数据驱动决策

☐ 使用当前的数据来备份所有的关键决策和项目评估。

☐ 好的数据能够为 HIPPO 现象提供完美的解药（薪酬最高的人做决定）。不要在个人权威的基础上争论。尽量拿数据说服人们。

☐ 了解用户行为的关键指标，并运行持续的 A/B 测试，通过测试数据来判断网站功能和系统的成功或失败。

☐ 实时监控或者至少每天跑一次监控数据，特别是在测试和部署的早期阶段你需要监控尽可能多的关键指标。

10. 指定一个编辑主管来更好地管理网站上的内容

☐ 许多网站未能达到上线后的目标的最常见原因，是由于他们没能够从最初的一个开发项目转换为一个持续积极发布和维护网站的过程。

☐ 每个网站项目都必须为实现长期内容维护创建一个可行的计划。

☐ 为你的网站指定一个编辑主管，该编辑需要持续负责更新和维护网站的内容。

☐ 为网站中涉及的详细的业务流程、技术内容或产品信息指定主题专家（SME）。中小型企业可以自行创作内容，或者与写手或编辑主管合作以制作最终的内容。

☐ 小即是好的。确保内容尽可能简洁，并主动删掉不需要的或过时的内容。

推荐阅读

Boag, P. *Digital Adaptation*. Freiberg, Germany: Smashing Magazine, 2014.

Byron, A., A. Berry, N. Haug, and B. De Bondt. *Using Drupal*. Sebastopol, CA: O'Reilly, 2012.

Garret, J. *The Elements of User Experience: User-Centered Design for the Web*. Berkeley, CA: New Riders, 2000.

Knowlton, B. *A Practical Guide to Managing Web Projects*. Penarth, UK: Five Simple Steps, 2012.

Layton, M. *Agile Project Management for Dummies*. Hoboken, NJ: Wiley, 2012.

MacDonald, M. *WordPress: The Missing Manual*. Sebastopol, CA: O'Reilly, 2014.

Redish, G. *Letting Go of the Words: Writing Web Content That Works*, 2nd ed. Waltham, MA: Morgan Kaufmann, 2012.

Rosenfeld, L. "Stop Redesigning and Start Tuning Your Site Instead." *Smashing Magazine*, May 16, 2012, wsg4.link/stop-designing.

Sims, C., and H. L. Johnson. *The Elements of Scrum*. Foster City, CA: Dymaxicon, 2011.

———. *Scrum: A Breathtakingly Brief and Agile Introduction*. Foster City, CA: Dymaxicon, 2012.

第 4 章

信 息 架 构

在网站设计中，信息架构（在 Web 术语中通常被称为 IA）描述的是用来规划、构造和组成一个网站的总体概念模型和一般设计。每个网站都有一个信息架构，但是信息架构技术对于大型且复杂的 Web 网站尤其重要，使用 IA 的主要目的有：

- 组织网站内容的分类和层次结构，构成从一般到特殊的分类系统。通常这种层次结构会为浏览导航和搜索系统打基础。
- 为主要类别的内容创建受控词汇表，以便类似的事物在整个网站上能够有统一的标记。
- 向设计团队和客户传达概念概述、总体内容和网站结构。
- 研究和设计网站的核心导航系统。
- 通常我们会使用卡片分类法，与典型用户一起测试初步的网站结构和导航概念。
- 为内容管理系统以及数据库中的内容和结构设定标准和规范。
- 为内容定义适当的元数据标准（例如，描述内容的描述模板和关键字）。
- 定义与可访问性相关的元数据标准（例如为图片添加 " alt " HTML 标签，给视频添加说明，变换导航标准）。
- 设计和实现搜索引擎优化（SEO）标准及策略。

网站的信息架构不仅仅是为了解决如何组织和细分内容。好的信息架构可以看到宏观的用户体验，比如商业和文化环境如何影响用户对信息的搜寻，以及用户想要网站提供什么给他们。从这个更大的视角来看，网站内容仅仅是良好信息架构的其中一个方面（如图 4-1 所示）。

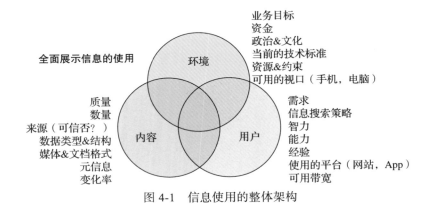

图 4-1　信息使用的整体架构

4.1　网站开发中的信息架构

信息架构是一个广泛的设计与规划学科，信息架构、技术设计、用户界面和平面设计的界限已经模糊，因为实践这些技术的人需要协同工作，为网站用户提供一致、连贯且条理分明的体验（如图 4-2 所示）。信息架构与内容策略重叠得非常多，因为它们都与内容的适当结构和部署规划有关。但是，内容策略的核心是要建立有用、适当的内容来支持网站的整体目标和信息，而信息架构主要关注的是如何构建网站内容的结构和分类，以便支撑导航和搜索的成功。

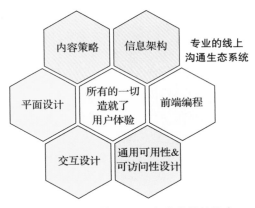

图 4-2　"用户体验"是多种学科的结合

关于与内容策略或信息架构等密切相关的专业领域要记住的重点是：网站构建不仅仅看工作头衔。所有网站设计都需要用到信息架构和内容策略，不管工作人员的工作头衔是什么。我们估计，约 95% 的网站开发项目都比较小，并且非常简单，网站内容策略和信息架构将由团队中的一个成员完成，这个人可能会被称为"内容策略师"。但是，一个要组织庞大内容的网站需要一个经验丰富的信息架构师，该信息架构师可能还需要有图书馆管理学背景，因为如此多的信息组织起来将会非常复杂，可以说是一个极大的挑战。

对于组建一个由不同用户共享的复杂多维度信息空间，"架构"是一个恰当的比喻，在完成有效的界面和平面设计之前，必须先列出信息结构框架。确实，网站的用户界面和可视化设计是用户进入网站第一眼会看到的，但是如果网站的底层组织和内容结构不好，即便有再好的可视化或交互式设计也解决不了结构不良所带来的问题。

许多杰出的信息架构师都有图书馆管理学背景，这是一门建立在几百年来有关如何对大量信息进行分类的知识上的学科。然而，在许多项目中，网站的信息架构将是设计、编辑和技术团队之间的一个联合项目。不管有几个角色参与其中，信息架构任务能为你搭建一个桥梁，用于连接你前期关于网站目标和受众的纸上谈兵，与你在完成网站设计时所用到的具体设计、用户界面和技术解决方案之间的鸿沟。

4.2　信息架构方法

我们日常的职业和社交生活很少要求我们为我们所知道的事物创建细节架构，或思考这些信息结构是如何联系起来的。然而，如果没有坚实合理的组织基础，即使你的基本内容再准确、再引人入胜，也不能让你的网站正常运行。

关于如何组织信息，这里有五个基本步骤：

1. 盘点你的内容：你已经有了什么？你还需要什么？

2. 为内容建立层次结构大纲，并创建一个受控词汇表，以便达成主要内容标识、网站结构和导航元素的一致性。

3. 分块：将你的内容分成逻辑单元，形成模块化结构。

4. 绘制显示网站结构和大致页面要点的图表，并列出核心导航链接。

5. 与真实用户进行交互测试，通过卡片分类、纸上原型和其他用户研究技术对系统进行分析。

4.2.1　盘点和审核内容

内容清单是指需要重新设计的网站或以现有内容资源为基础新建网站中所有基本内容信息的详细列表（如图 4-3 所示）。虽然创建内容清单通常非常冗长而耗时，但它对于任何一个规划合理的项目来说，都是十分重要的组成部分。内容清单在最初的项目规划和信息架构阶段最能发挥作用，而详细的内容清单将在整个项目中对网站的规划和构建提供帮助。从里到外地审查一个现有网站并记录每个页面的信息是一项非常烦琐的工作，但负责网站不同部分或目录的团队成员还是可以很容易地将其进行分工。制作网站清单的团队成员必须能够在网页浏览器中访问网站页面，并且可以在 CMS 内或服务器上查看网站结构，确保内容的所有部分都列入了清单中。

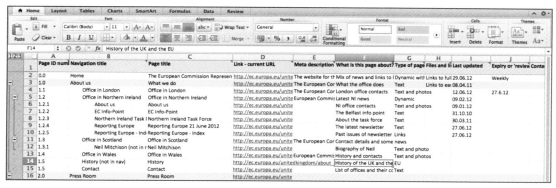

图 4-3　内容清单通常是用 Excel 来完成的

现有网站的网页内容清单通常采用带有多个工作表的电子表格文件的形式，其中的列表会非常长，因为要包含网站中的每个页面，以及页面标题、URL、内容负责人等基本属性。通常电子表格中每个页面有一行，每一列中列出以下基本信息：

❑ 项目目标独有的 ID 号

❑ 页面名称

❑ 页面模板或类型

❑ 节名

❑ URL

❑ 简短描述

❑ 上次更新日期

❑ 内容所有者

内容清单是一个重要的起点。然而，一个好的策略方针会把重点放在那些满足项目目标并与目标受众相关的内容上。为了帮助最终的设计决策，推动内容向前，内容清单文件的列中还需加入以行动操作为导向的信息，例如：

❑ 操作（创建、编辑、移动、删除）

❑ 优先级（高、中、低）

❑ 每一部分的负责人

❑ 交付日期

❑ 状态（准备做、正在做、已发布）

网站分析应用程序（如 SEO Spider）可以通过爬现有的网站，来自动生成一个包含该网站每个网页的标题和 URL 的电子表格清单。它还会报告出失效的链接、欠佳的标题以及标记问题，外加（正如你可能猜测的）页面的内容分析，因为它与搜索引擎优化（SEO）有关。这种报告不是内容清单的替代品，但它可以加快收集信息的速度。

层次结构和分类

层次结构在网站项目里非常重要。大多数网站可以基于层次结构来创造高质量的导航分类，从该网站的最基本概述（主页）到越来越具体的子菜单和内容页面。在信息架构中，你可以对信息进行分类，并根据每一条信息的整体性或具体性来排列每一条信息的重要性。一般类别将成为信息层次结构的高级元素；特定的信息块在层次结构中处于较低位置。信息块按重要性排序，并按其与某个主要类别的相关度进行组织。一旦在内容大纲中确定了一组合乎逻辑的优先顺序和关系，你就可以建立一个从最重要或最综合的概念到最具体或最详细的主题的层次结构。

分类法和受控词汇表

分类法是一项关于分类的科学和应用实践。在信息架构中，分类法可以理解为使用特定的、精心设计的一组描述性术语和标签对内容类别进行分类。任何一名有经验的编辑或图书管理员都可以告诉你，组织大量信息的最大挑战之一就是建立一个体系，用同样的方式来描述相同的事物：即图书馆学术语中的受控词汇表。信息架构师最重要的工作之一是生成一组统一的名称和术语来描述主要网站的内容类别、关键导航的链接地址，以及描述网站交互功能的核心术语。这种受控词汇表是整个网站的基础，内容组织、用户界面、网站每个页面上的标准导航链接以及网站本身的文档和目录结构都是建立在它的基础之上的。

4.2.2　组织内容

当设计一个新的网站或大规模重构一个现有的网站时，最好不要急于行动，先去看一下网站的内容清单，重新审视信息的组织方式，以及驱动内容对话的网站基本结构模式。

一些常见的网站基本结构模式如下。

❏ 形象展示类网站：以宣传企业形象和市场营销为主。大部分企业网站都属于这一类。

❏ 导航类网站：主要由导航和链接组成，通常用于包含大量信息体的网站，如新闻或参考网站。

❏ 猎奇或娱乐类网站：以新闻和"新鲜事"为主导，如 BuzzFeed 或 Onion。

❏ 组织结构图网站：以企业组织为核心设计的网站。部门网站通常属于这一类，只要它们不大量使用服务网站，就可以这么做。这类网站通常都组织得较为混乱（见下文）。

❏ 服务类网站：围绕服务、内容或产品类别进行组织。在这里，快速访问服务应该始终占主导地位，如 IT help desk 网站或企业人力资源网站。

❏ 视觉形象类网站：使用交互和视觉动画来突出品牌的形象特质，主要通过视觉元素来吸引观众。许多餐馆和奢侈品消费品牌的网站都属于这一类。

❏ 工具类网站：围绕一个工具或服务技术而设计的网站（如谷歌或 Bing 搜索引擎）。而很多知名的在线软件服务（如 Basecamp、Dropbox、Evernote）则是其他工具类网站。

在一个给定情况下，一些模式或网站主题会显得比其他的类型更好：在确定网站用途或明确网站身份之前，最好不要锁定一个特定的网站组织形式，而应该先了解潜在读者和用户的动机与目标。一个好的网站既可以满足你的用户需求同时还可以向世界传递你所想要表达的信息。如何寻找正确的模式没有唯一可遵循的公式，但是在早期的计划中，你需要时刻注意不要陷入自己的偏见。

去设计一个愚蠢的"企业组织结构图网站"是设计师之间流传的一个笑话，不过对于那些找不到他们想要的东西的用户来说，这就没什么好笑了，因为他们不理解或不关心你企业的管理和组织方式。绝大多数用户希望从你的网站获得产品、信息或服务，但许多管理结构型网站并不能满足这方面的需求。

在某些特殊情况下，用户确实希望了解你企业的组织架构，并且希望可以通过业务导航容易地找到联系信息和内容。例如，在 B2B 的关系中，买方或销售人员可能真的希望了解谁管理组织的哪些部分。但大多数情况下"组织结构图网站"反映出你对读者和用户的需求缺乏了解。

如果你看到这些潜在的思维倾向和管理简仓，一定要尽早地组织讨论和头脑风暴。毕竟每个人都有自己独立的构思模型和最喜欢的模式，并且同样不可避免地会有盲点。因此，请确保你已经知道并检查过你所有潜在的假设和偏见，并为你的网站选择了最佳的组织模式和主题。

内容映射

有时候即使设计团队很清楚你的内容组织的主要类别是什么，但依然难以对每一部分具体内容进行分类，或者难以确定什么样的组织方案对用户来说最直观且最可预测。这时候，进行用户调研对构建标签、受控词汇表和导航就显得至关重要。

例如，在大型的生物医学研究院中有多种"doctor"（具有博士学位的人，doctor 也有医生的意思），所以在职业语言中，为了便于区分，医生通常被称为"physician"，但大多数寻求医疗帮助的非专业人员不知道"physician"这个词，而是会直接使用 doctor。这时候，"physician"和"doctor"都应该被归入合适的用语，但是每种用语的使用方式和地点取决于你的受众的期望和理解。

卡片分类——也称为内容映射——是用于创建和评估内容组织和网站结构，以及明确和细化受控词汇表的常用技术（如图 4-4 所示）。在传统的卡片分类技术中，索引卡片上会标有主要和次要内容类别的名称，然后要求各个团队成员或潜在的网站用户对卡片进行排序，并以直观且合乎逻辑的方式组织卡片。用户也可能被要求为每个类别提供新的、更好的名称。每个参与者的排序结果最后会被记录在一个电子表格中，然后将每个人的内容方案进行比较，找出其中的共性和主要分歧。最好的卡片分类数据来自于你网站的实际用户或潜在用户。如果你有足够多的参与者，那么通过把每个卡片分类阶段的结果结合起来，就可以产生一个强大的"群体智慧"，这种智慧集合了许多个人对于"如何才能将内容组织得更好"的想法。这些源自用户的类别分类法有时被称为"大众分类法"（folksonomies，单数形式 folksonomy），这是由信息架构师 Thomas Vander Wal 将"folk"和"taxonomy"组合起来诞生的新词。

五帽架：信息组织方式

Richard Saul Wurman 在他的《Information Anxiety》一书中提出信息有五种基本组织方式，并将其比喻为：可以悬挂信息的"五帽架"。

类别：根据特点相似性或项目相关性组织信息。当所有被组织的事物具有同等或不可预测的重要性时，这个方法特别有用。例如，书店或图书馆的书籍主题以及部门或杂货店里的物品。

时间：根据时间表或历史顺序组织信息，通常信息是以线性的方式排列的。这种方法在训练中很常用。其他使用了时间组织的示例有电视列表、特定事件的历史和测量不同系统的响应时间。

　　位置：根据空间或地理位置组织信息，最常用于组织方位和方向的信息。这种组织方式最常见的应用场景是地图，另外也被广泛应用于培训、修理和用户手册说明以及其他与位置相关的信息。

　　字母：根据项目名称首字母组织信息。例如，电话和其他以名字为导向的目录、字典和辞典。字母系统在日常生活中很容易掌握和熟悉。这种组织方法对较少的或关系不紧密的事物没什么太大用处，但是当数据量非常大时，使用它则非常有效。

　　连续性：根据被衡量事物的重要性或数量的连续性组织信息，如价格、分数、大小或重量。当要组织的都是用同种方法衡量或打分的事物时，连续性组织是最有效的。例如，排名和评论，如美国新闻和世界报道的大学排名，一年中最好电影排名，最黑或最轻的物品，以及其他有明确重量或价值的事物。

　　关于卡片分类的实践有很多种不同形式，可以由一群参与者一起完成，也可以由每个参与者单独完成。在开放式卡片分类法中，受试者被要求为网站的主要类别和子类别创建名字。开始时，受试者通常会拿到一张空白的索引卡和关于网站的一段书面描述，以及网站的目的和可能会展示的内容，然后鼓励他们按照他们认为合适的名称来命名每个主要类别，并按他们自己的逻辑来分类其余子类别，并确定每个主类别下事物的从属关系。所有都完成后，信息架构师会将出现得最频繁的类别名称组合起来形成一个分类法。当你怀疑团队内部可能不了解目标用户会使用什么样的词汇时，使用这种方法会很有帮助。

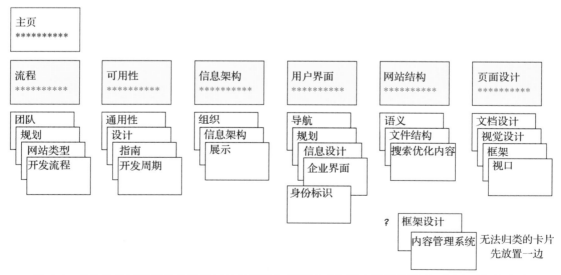

图 4-4　卡片分类可以帮助你确保网站的用语和组织形式与用户的思维模式、语言习惯相吻合

　　另一种更常用的分类法叫封闭式卡片分类法，它所使用的是预先印制的索引卡片，每个参与者都会拿到全套主类别和子类别卡片。然后，参与者会被要求选择几个主类别（或者，如果现有的名字不正确的话，参与者可以自己来命名主类别），再按照一定的逻辑把其余的卡片放在每个类别中，形成一个对该参与者来说讲得通的网站分类法。需要注意的是卡片要仔细地手写，为了使其具有最大的可读性，或者你也可以使用由激光打印机打印的 Avery 索引卡，以用电脑制作卡片。当你需要创建多组卡片进行测试时，这种方法通常是不错的选择。

　　下一步，我们会将参与者的分类结果和由网站设计师或信息架构师创建的分类结果进行统计比较。往往我们会发现，参与者的分类结果和设计团队的分类结果差别不大，但是，对于如何在网站导航中查找某个特定类别的位置，设计团队的逻辑很可能会不同于目标用户的选择，发现这些不同使用是卡片分类的主要价值所在。

　　还有一种分类法叫反向卡片分类（如图 4-5 所示），在一个反向卡片分类中，我们会把主类别和子类别的分类结果摆在参与者面前，而参与者的任务是要反向找出该分类中用户所能完成的各项任务。反向卡片分类通常在研究阶段后期做，因为反向卡片分类的主要价值是评估所提议的分类法的有效性，而不是生成新的分类法。

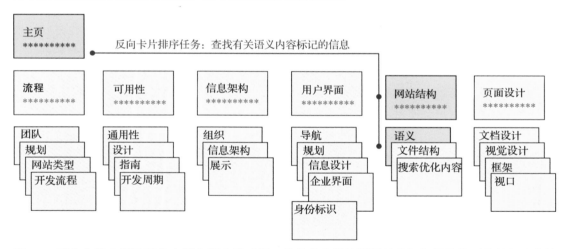

图 4-5　反向卡片分类法通常会用在研究的后期，目的是为了检测网站的组织结构是否能很好地支持用户通过搜索来找寻特定的信息

　　对于小型或非正规的网站项目，你可以使用类似于卡片分类的技术进行一个组内白板会议。会议的参与者需要将带有主要内容元素名称的卡片或便签进行分类，然后将这些卡片或便签贴在白板上，再由小组进行分类，直到对整体组织或分类法达成共识为止。在大多数情况下，参与者对内容和导航的主类别能够快速达成共识，并且使用白板对网站结构图非常有帮助，因为它可以帮助小组对哪些内容属于哪个类别的问题一目了然。整个过程中，你可以用手机拍摄各个步骤和成品白板。Post-it 有一个智能手机应用程序，可以用来记录和分享

Post-it 白板会议。

卡片分类的一些实用技巧：

❏ 尽可能明确地列出主要类别，术语不要重复或冗余。

❏ 如果类别名称不明显或不明确，请在你的早期研究中尝试使用"开放式"卡片分类，允许用户自己创建类别名称。

❏ 列出你内容的所有主类别和子类别，每个类别一张卡片。

❏ 将卡片的总数限制在 40 左右。如果你的网站很大且复杂，那么把内容划分成更易于管理的区块，每个区域不超过 40 张分类卡。

❏ 使用真正的卡片用纸，不要使用剪纸。因为剪纸"卡片"撑不了多久就损毁了。

❏ 准备每一个卡片分类会议的详细说明。

❏ 向所有参与者保证，没有"错误"答案，他们可以自由地按照他们认为合适的方式编排和重命名。

❏ 并非每张卡片都可以放到组织中去。告诉参与者，如果他们找不到某张卡片的逻辑位置，那么可把卡片放在一边，然后继续分类。

❏ 避免提示或辅导参与者。

❏ 永远不要劝阻用户的想法——即使你认为这是一个错误的想法——并允许自由头脑风暴。

❏ 为新类别和改进的术语提供充分的资源支持。

❏ 带一个像素高的数码相机来记录所提议的卡片分类组织和白板布局。查看照片，确保所有标签和注释的可读性。

对于那些只有几十个主类别和子类别的小项目，软件工具的帮助并不会很大，但是对于那些内容庞大，或者需要记录分析许多研究参与者的大项目来说，卡片分类软件就非常有用了（如图 4-6 所示）。xSort（只适用于 Macintosh）和 uxSort（只适用于 Windows）都是可以免费使用的软件，但它们完全可以帮助我们设计和进行卡片分类练习。OptimalSort 是一个专业的基于 Web 的卡片分类应用，适用于有相对复杂信息以及有大量研究参与者的项目，尤其是在研究参与者的地理位置比较分散的情况下。通过使用 OptimalSort，你可以建立一个初步的信息架构和受控词汇表，设计卡片分类练习，并且让参与者通过网络和电子邮件进行沟通。使用像 OptimalSort 这样的工具的主要价值在于分析和做报告，在分析和报告阶段它可以帮助处理数据，并生成一个所有卡片分类会议结果的总结性结构图。

无论你使用的具体方法是什么，卡片分类都是一种便宜但很有价值的方法，可以用来测试你对潜在用户需求的解决思路。不需要大量的研究参与者来获取有用的数据（如图 4-7 所示）。方法研究表明，你可以从 5 个受试者中获得大约 80% 的用户测试价值，从 15 个受试用户中获得 100% 的研究价值。卡片分类技术已经使用了很多年，只要你认真地选择网站的代表用户或潜在用户，他们就一定会为你从"现实"的角度验证赞助商、利益相关者和团队成员的想法。

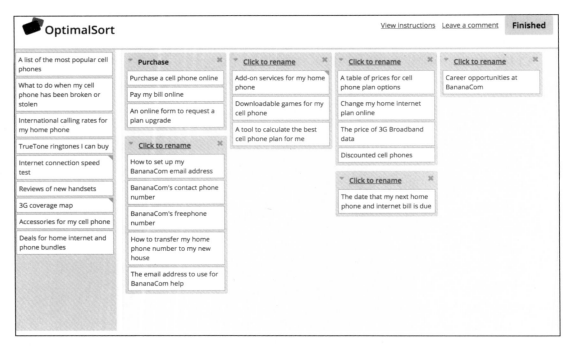

图 4-6   使用卡片分类软件能够极大地帮助那些内容复杂度高或者参与者很多的项目

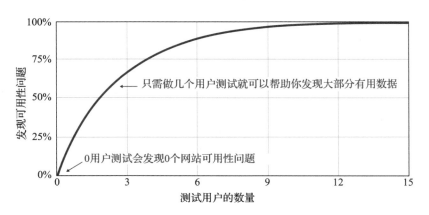

图 4-7   Nielsen Norman 的研究小组发现，只需要少量的用户就可以测试出足够多你想
要的数据

4.2.3   分割信息

在浏览网络上的信息时会发现，大部分信息都有一个简短的引用文件，阅读起来是非连续性的。对于那些技术或行政文件内容更是如此。很久以前，技术文档撰写人发现读者喜

欢看页面上较短且可以快速看到标题、副标题和项目列表的信息块。这种呈现信息的方法也可以很好地应用到网站设计中，原因有以下几点：

❑ 网站用户在想要搜索某一项信息时很少会愿意阅读冗长且没有结构的文本段落。而使用大标题和副标题、列表和表格等可以帮助读者清晰快速地找到需要的信息。

❑ 离散的信息块是放在网站的链接中。用户在点击网站链接时通常期望该链接可以提供一些具体的有用信息，而不是大量的一般内容。

❑ 分块有助于实现整个网站的模块化布局和统一的信息显示。这不仅可以让用户将过去的经验应用于将来的搜索行为中，还可以帮助预测网站中那些待开发的部分将会如何组织。

❑ 简洁的信息块能够更好地适应于计算机屏幕，因为计算机屏幕只能给文档提供有限的视图。移动设备，如平板电脑和智能手机的显示界面更是有限，所以一定要让网站的内容保持简洁、精致的设计，突出主题和关键词。

内容块

对于像网站这种超文本链接系统，内容的组织结构通常是模块化的，每一个特定主题的信息都会有一个对应的"块"（有些作者称为"修辞集群"（rhetorical clusters））。当你点击某个特定主题的网页链接时，你会期望该链接为你提供一些特定的内容，而不是维基百科的主页。例如，你会期望"鸡肉煎小牛肉卷"把带你到一个列有食谱或有关于这道菜品介绍的页面，而不是一整本意大利菜烹饪食谱的第 1 页。在印刷品中，人们使用"页面编号索引"来提供具体链接或脚注信息。而在网页上，一个页面可以是任意长度的，如果点击小牛肉卷的一个网页链接，那么你看到的是包含"鸡肉煎小牛肉卷"字段的一个 5000 字网页，你一定会感觉很困惑。为什么该链接不提供关于鸡肉煎小牛肉卷的具体信息呢？为了满足这些用户对特定信息块的期望，无关紧要的事既不要太多也不要太杂，你必须对网页上的内容进行"分块"，形成模块化结构组织，以满足用户期望。

每个信息块的设定必须是灵活且符合常识的，能够围绕主题按逻辑组织起来，并且便于日后使用。根据内容的性质来决定它应该如何被进一步划分和组织。虽然大多数时候简短的结构化的网页要比又长又复杂的页面更好阅读，但有些时候将一个长文档任意分割成多个短页面是没有意义的，特别是当你希望用户能够轻松打印或将文档一键保存的时候。

内容管理系统（CMS）同样可以进行组织，划分内容"块"（如图 4-8 所示）。例如，较长的文章或博客文章通常在有详细页面的同时还会加一个简短的概述，以及关键字和插图链接。如果你的内容比通常的 CMS 内容默认配置结构"标题 – 短版 – 全文 – 关键词"更丰富，那么你可以使用如 Drupal 一样的 CMS 软件，它可以让你创建一套自定义文章结构和关键词受控词汇表。当网站的内容组织全部是模块化结构，可以在网站、移动应用程序和社交媒体平台之间灵活部署，且全都消费同一个核心数据库时，网站的内容会更加强大且更具兼容性。

Content types + Add content type   Home » Administration » Structure

NAME		OPERATIONS		
Basic page (Machine name: page) Use *basic pages* for your static content, such as an 'About us' page.	edit	manage fields	manage display	delete
Blog entry (Machine name: blog) Use *blog entries* for a site-wide or multi-user blog.	edit	manage fields	manage display	
Customer (Machine name: customer) Use *customer* content to display a profile of one of your site's customers.	edit	manage fields	manage display	delete
FAQ item (Machine name: faq_item) Use a *FAQ item* to provide a question and answer about your site.	edit	manage fields	manage display	delete
Forum topic (Machine name: forum) A *forum topic* starts a new discussion thread within a forum.	edit	manage fields	manage display	
Gallery (Machine name: media_gallery) A flexible gallery of media.	edit	manage fields	manage display	
News item (Machine name: article) Use *news items* for time-specific content like press releases or announcements.	edit	manage fields	manage display	delete
Poll (Machine name: poll) A *poll* is a question with a set of possible responses. A *poll*, once created, automatically provides a simple running count of the number of votes received for each response.	edit	manage fields	manage display	
Testimonial (Machine name: testimonial) Use a *testimonial* to display a customer's quote about your site.	edit	manage fields	manage display	delete

图 4-8   内容管理系统，例如 Drupal，可以帮助你分割和组织文本内容

4.3   信息架构设计

当面对一个新的复杂的信息系统时，用户首先会建立一些心理模型。他们用这些模型来评估各个主题之间的关系，并猜测在哪里可以找到他们以前没有见过的东西。网站组织的成功主要取决于网站的信息架构与用户期望的匹配程度。一个合乎逻辑且一致性高的网站组织能让用户成功地预测在哪里可以找到他们想要的东西。一致性高的组织结构和显示信息的方法可以让用户从熟悉的页面扩展到不熟悉的页面。如果你用一个既不合乎逻辑也不可预测的结构来误导用户，或者如果你使用不一致或模糊的词语来描述网站功能，那么用户会难以找到想要的内容，也无法理解你到底要提供一些什么信息。你一定不希望你的网站看起来像图 4-9 中那样。

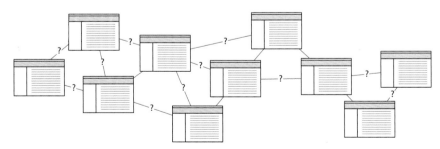

图 4-9   不要制造有误导性的链接。设计师不是唯一会去对网站建立心理模型的人，用户也
　　　　会做同样的事情。用户同样会去想象网站的结构，因此，一个成功的网站信息架构
　　　　能够帮助用户建立一个合理、可预测的心理模型

4.3.1　支持浏览和搜索

当你创建了网站大纲之后，你可以让网站开发团队招募几个真实用户做交互测试，从而分析网站的浏览效率。高效的网站设计在很大程度上是用于平衡主要菜单或主页与单个内容页面之间的关系。我们的目标是建立一个好的菜单和内容页面层次结构，要对用户来说非常自然，不会误导他们，也不会影响他们对网站的正常使用。

信息层次结构太浅的网站会依赖于使用大量的菜单页，这些菜单页可能会糅杂一堆无关信息。菜单方案也可能会太深，把信息隐藏在太多层菜单下，需要点击很多次。必须点击多层菜单才能获得真正内容的体验会让人感到很沮丧。

虽然你需要尽可能地限制顶级内容类别，但请注意不要创建太深的网站层次结构。深层次结构往往会让用户理不清，他们喜欢有更多的选择，只需要点击几个必要的模糊或一般类别就可以了。嵌入了很多层类别的深层次结构也会强迫用户在点击过程中记住更多内容。多个内容类别还提供了更多的"信息线索"，能够让用户快速查看许多组织类别，并准确地猜测所需信息或产品可能处在的位置。

如果你的网站正处于快速发展阶段，那你就需要持续保持菜单和内容页的适当平衡。用户反馈（以及你自己对网站使用的分析）可以帮助你确定你的菜单方案是否已经过时或有可改进的空间。复杂的文档结构需要更深的菜单层次结构，但是如果可以让用户直接访问页面，那就不要让用户点击一层层的菜单页。建立一个平衡性良好的功能层次结构可以方便用户快速访问信息，以及快速了解你网站的组织结构。

如果你的网站有几十页，用户会希望有一个搜索选项来让他更方便地查找内容。在一个大型的、含有成百上千页内容的网站上，站内搜索是在所有网页中查找特定内容页或查找关键字、搜索短语的唯一有效手段。用户刚开始访问你的网站时，肯定会去看一些核心界面。但是，如果用户一旦认为你的网站可能提供了某些热门信息时，他所需要的信息就非常具体，这时候只有搜索引擎才能帮助他。

包含链接的浏览界面不能保证用户可以找到所有含有给定关键字或搜索短语的页面。

搜索是获取特定内容的最有效的手段，尤其是那些没有被其他用户大量访问的内容，因为不大可能在主要导航页面中放置它们的链接。

正如图书馆的热门书或 iTunes 上的热门歌曲，大型网站上的内容使用率是一个典型的"长尾"现象（如图 4-10 所示）：只有少数内容拥有 80% 的流量，而其余的都只有非常少的流量。由于浏览器主界面无法包含用户所需要的更具体的内容，所以只有通过搜索引擎才能找到那些很少被访问的长尾内容。

4.3.2　选择网站结构

网站是围绕基本结构主题建立起来的，这些基本结构主题塑造并强化了用户对网站内容组织方式的心智模型。这些基本结构会影响网站的导航界面设计，从而帮助建立用户对信息组织方式的心智模型。可以用三种基本结构来建立一个网站：顺序结构（sequence）、层次结构（hierarchy）和网状结构（web）。

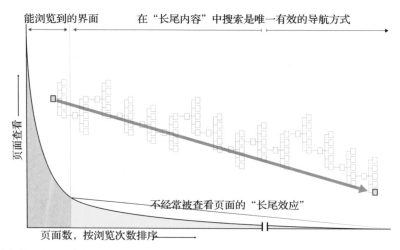

图 4-10　网页中的"长尾效应"。对于大型网站来说让用户只依靠浏览去寻找内容是不可能的。一些
　　　　常用页面会放在主导航中，但是只有通过搜索引擎才能找到那些很少被访问的长尾内容

顺序结构

　　组织信息的最简单、最常见的方式是把它们按顺序排放（如图 4-11 所示）。书籍、杂志和其
他印刷刊物的结构就是如此。可以是按时间顺序，可以是从一般逐步到具体的逻辑递进，也可以
是按字母顺序（如索引、百科全书和词汇）进行排列。直线顺序是最适用于培训或教育网站的组
织结构，因为用户希望通过一组固定的材料逐步学习，并且唯一的链接是支持线性导航路径的。

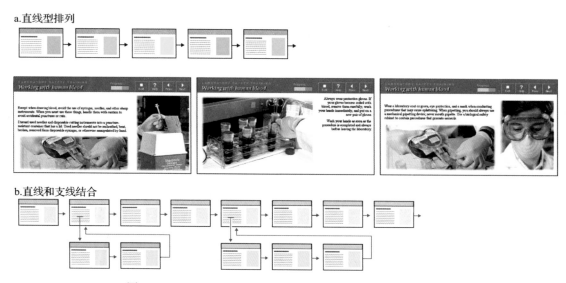

图 4-11　上图列举了一个顺序结构的实验室安全相关的网站

更复杂的网站仍然可以按逻辑顺序进行组织，但在这个序列中每个页面都可以有其他链接，通向不相关的页面、附加信息或其他网站信息。

层次结构

层次结构是组织复杂信息的最好方式（如图4-12所示）。由于网站通常是围绕一个主页进行组织的，然后通过主页再链接到子菜单页面，分层架构特别适合于网站的组织。层次图在企业和机构中很常见，因此大多数用户对这种结构都很熟悉，知道其易于理解。层次化组织也有利于你对内容的分析，因为只有组织良好的素材才能构成层次结构。

层次结构中最简单的形式是中心主页外围排列的一组星形或辐射式的页面。网站基本上是一个单级层次。导航往往是一个简单的子页面链接列表，每个子页面上有一个返回主页的链接。

大多数网站会采用多级分层或树状结构。在复杂网站组织中，主要类别和子类别的这种分层结构会显现出强大的优势，因为大部分人都非常熟悉层次组织，因此可以很容易地形成对网站结构的心智模型。

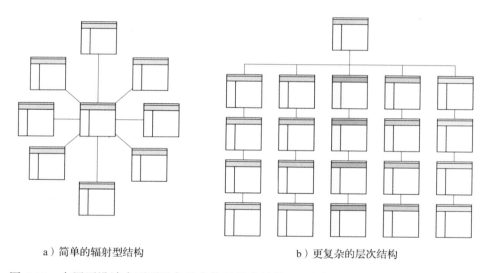

　　a）简单的辐射型结构　　　　　　　　　　　　b）更复杂的层次结构

图 4-12　在网页设计中不可避免地会使用层次结构。层次结构对大多数内容都很适用，
　　　　也很容易被用户理解

需要注意的是，虽然层次结构网站将内容和页面以菜单和子菜单树状结构进行组织，但这些细分层次结构不应该变成导航的束缚，不能成为用户从网站的一个区域跳到另一个区域之间的障碍。大多数网站的导航界面都会提供全面的导航链接，可以让用户从一个主要网站区域跳到另一个区域，而不需要被迫返回到中心主页或子菜单。比如在图4-13中，标题区的主类别可以让用户从一个主要内容块跳到另一个内容块，左侧导航菜单提供了其他子类别，搜索框可以让用户跳出分类导航，用网络搜索引擎来查找相关页面。

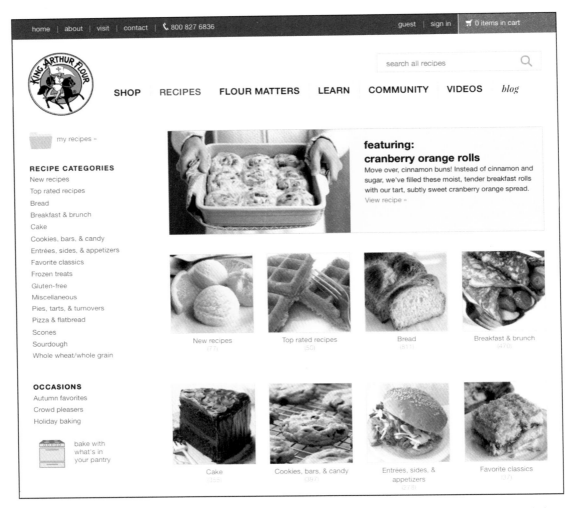

图 4-13 King Arthur 网站将所有的菜谱和商品组织得非常清晰易懂，在标题区放置了主要的分类导航，在左侧显示详细分类导航

网状结构

网状组织结构对于信息使用模式的限制很少。这种结构的目标通常是模仿联想思维和意识流，让用户以一种独特的、启发性的模式来追随他们的兴趣。这种组织模式与网站中其他地方的信息以及其他网站的信息有着密切的联系（如图 4-14 所示）。虽然这种组织的目标是充分利用网页的连接和关联能力，但网状结构很容易引起混乱。很讽刺的是，关联组织方案通常是最不切实际的网站结构，因为用户很难理解和预测它们。有两种情况适用于网状结构，一种是由很多组链接组成的网站，另一种是用户大多有高等教育或深度经验的网站，用户们大多想继续深入研究某个问题而不是止步于基本浏览。

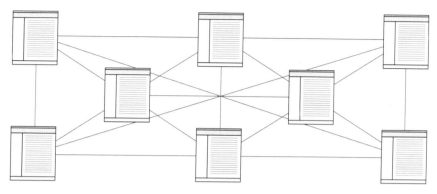

图 4-14　一个简单的网站页面关联网图

　　学术网站"Arts & Letters Daily"就是一个很好的（尽管复杂）网状结构例子（如图 4-15 所示）。这个网站是针对受过高等教育且不需要网站组织提供背景知识或结构的用户，因为用户之前就对这些内容有一个高度认识。用户只需要基于几个主要类别的简单列表就可以获知最近的有趣内容。

图 4-15　Arts & Letters Daily 是一个为学术人士设计的专业性网站，用户希望在该网站看到精心设计但又没有死板分类的每日新闻以及网站内容

　　很多复杂的网站都会同时使用以上这 3 种信息结构。网站内标准的导航链接为网站建

立了层次结构，但嵌在内容中的主题链接又形成了一个网状结构，它可能会超越通常的导航和网站结构。除非网站的页面导航强制限制用户顺序浏览，用户极有可能会通过一种自由的网状方式浏览你的网站，跨越信息架构中的某些区域，就像他们会跳过参考书中的某些章节。具有讽刺意味的是，你的网站组织越清晰、越具体，用户就越容易自由地从一个地方跳到另一个地方，而且不会感到迷失（如图 4-16 所示）。

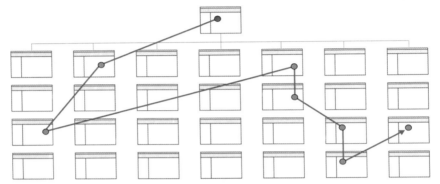

图 4.16   用户在网站中寻找信息时并不会在各个分类之间按线性浏览。一个设计良好的网站导
航可以帮助用户自由地在各个页面之间跳转而不会觉得迷失方向

　　网络用户的非线性使用模式值得你去仔细思考，并且其以一个清晰一致的结构呈现出来，补充你的整体设计目标。图 4-17 针对不同的叙事线性和内容复杂性，总结了三种基本组织模式在坐标中的位置。

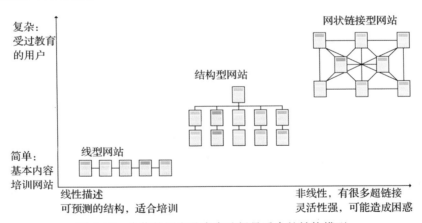

图 4-17   为你的用户及内容选择最适合的结构模型

4.3.3   设计网页架构

　　是什么主导着人们浏览页面信息的方式（在书上或屏幕上）呢？根据古典艺术构图理论，一个平面中的转角和中间点会最先引起观众的注意。在相关的构图实践中，"三分法则"提出

把画面分成 3×3 的网格，网格内线的交点即为主体内容的位置。然而，这些构图法则纯粹是关于图像的，对于几乎完全由图像构成的页面才最适用。事实上大多数的页面都是主要由文本构成的，在这些页面中我们的阅读习惯是影响我们浏览页面的主要因素（如图 4-18 所示）。在西方语言中，我们的阅读习惯是自上而下，从左到右，就像一个"Gutenberg Z 型"模式。这种自上而下的阅读偏好（而不是自下而上阅读）被称为"阅读重力（reading gravity）"，这也就解释了为什么要把主标题放在页面最上方而非其他地方。用户在浏览你的网站内容时不太可能会回到页面上方"重新开始"阅读。搜索引擎也会将相关程度最高的结果排放在前面。

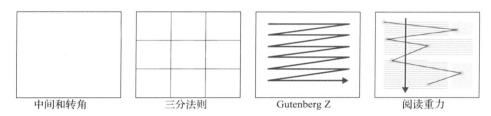

| 中间和转角 | 三分法则 | Gutenberg Z | 阅读重力 |

图 4-18　传统的构图原则以及我们的阅读习惯共同影响着我们浏览信息的方式

波因特学院研究了读者看网页时眼球追踪记录，发现读者总是从页面左上角开始阅读，然后以 Gutenberg Z 型模式进行阅读，只会轻微地扫描一下页面的右边区域。Jakob Nielsen 进行的眼球追踪研究表明，以文本信息为主的网页，用户的浏览模式为"F 型"模式，他们的眼球会固定到顶部的标题区域，然后再移向文本左边（如图 4-19 所示）。

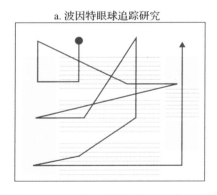

图 4-19　眼动追踪研究结果表示我们在浏览网页时会最先看页面的左上角，再移动寻找
　　　　　关键词以及页面的其他链接

当读者浏览网页时，他们显然既使用了经典的 Gutenberg Z 型阅读模式，也使用了从新兴标准和网页设计师实践中学到的东西。网络发展快有 25 年了，一些常见的模式已经成为网页结构的"最佳实践"基础。人机界面研究人员研究了用户期望在哪里找到标准网页内容，并发现了某些内容应该放在网页何处（如图 4-20 所示）。

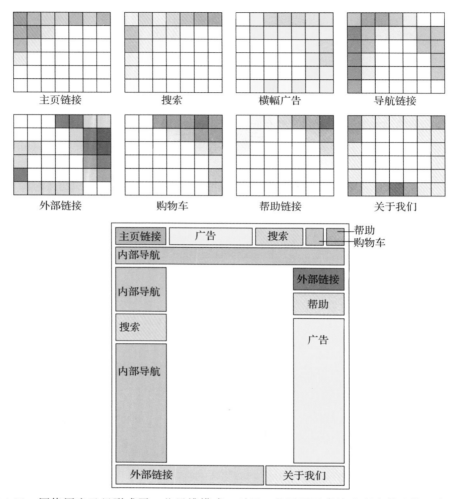

图 4-20　网络用户已经形成了一些思维模式，对于一些通用元素该出现在什么位置有一定
　　　　的预先期望。一旦在设计网页时违反这些期望，你可能会遇到不必要的麻烦

　　网络现在还是一个年轻的媒体，对于页面布局还没有一个统一的标准。等我们有了一本网络《Chicago Manual of Style》，我们才可以结合当前的主流网站设计、用户界面研究和经典页面结构来建议以文本信息为主的网站上内容、导航等其他标准元素应该如何布局。

4.3.4　展示信息架构

　　要让你们团队的网站结构规划变得容易，你最好使用一张所有团队成员都可以使用的网站组织总图。网站组织图或网站地图应该随着计划的发展而发展，当需要更改时，应将网站组织图作为核心规划文件。网站组织图非常有利于规划网站内容，确定每块内容、导航或交互功能的位置（如图 4-21 所示）。

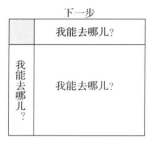

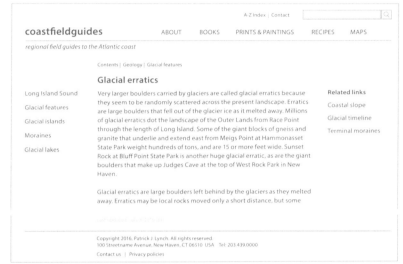

图 4-21 上图展示了一个典型的网页组织结构和一个典型的线框图

对于大型规划会议，至少要打印一张大的网站组织图用于会议讨论，以便每个人都能看到每次会议上这张大图的发展变化。网站组织图应放在会议桌上，让其成为一张可触的可锻造的规划展示图。每个人都可以在这张图上自由地做笔记，并提出改进的地方，修改后的组织图将会作为会议的总结成果。

网站组织图

当你的团队设计出信息架构和主要的内容类别时，网站组织图可以让人们看到发展的信息层次结构，帮助你将组织概念传达给团队成员、利益相关者以及项目发起人。这个概念传达作用在整个项目中是至关重要的，因为网站组织图是从头脑风暴和规划文件发展成为实际网站蓝图的最终成果。

网站组织图可以是一个简单分层的"组织结构图"，也可以是一个更复杂的含有丰富信息的地图，让用户看到主要的分支，对网站目录和文件结构有一个整体了解。著名信息架构师 Jesse James Garrett 开发了一种被广泛使用的视觉词典（visual vocabulary）用于网站组织图制作，事实上，该视觉词典已经成了一种标准，而且使用那些符号可以帮助描述网站结构、交互关系和用户决策点（如图 4-22 所示）。

图 4-22   Garrett 符号可以帮助你将网页设计图转换为网站使用模型，或者把复杂的页面抽
象成跳转逻辑图（wsg4.link/jjg- visualvocab）

一个成熟的网站组织图需要包含的的主要元素有：

❏ 内容结构和组织：网站内容主要分支和次要分支。

❏ 逻辑功能分组或结构关系。

❏ 网站每一层级的"点击深度"：到达一个给定页面需要点击多少次？

❏ 页面类型或模板（菜单页、内页、主要区域的进入点等）。

❏ 网站目录和文件结构。

❏ 动态数据元素，如数据库、RSS 或应用程序。

❏ 主要导航用语以及受控词汇表。

❏ 接关系，网站内部和外部链接。

❏ 用户访问程度、登录要求或其他限制区域。

网站组织图开始可能很简单，而后可以演变成两个截然不同的组织形式：一种是概念性网站组织图，它能够将网站发展结构大致地传达给客户和利益相关者；另一种是更复杂的组织蓝图，它可以作为技术、编辑、平面设计团队用来组织用户界面、目录和文件的指南。

图 4-23 是一张用于演示和概述的简单网站组织图，也是网站研发团队所用的详细图。你可以用 Adobe Illustrator 等绘图软件来制作这些网站组织图，但这些图通常都是用专业图形软件如 Microsoft Visio、ConceptDraw 或 OmniGraffle 制作出来的。

线框图

信息架构的形成过程从根本上来说是一个坚持总体性，避免过度关注细节的过程。在这个概念阶段的各个环节，利益相关者、客户甚至你的设计团队成员，可能总是忍不住提出一些具体的页面视觉设计建议。尤其在讨论主页的可能外观和感觉时总是会让规划过程偏离轨道，然后陷入具体讨论中，如主页应该是什么颜色、有什么图形、照片或特质，很久之后才会认真思考网站的策略目标、功能和结构。朴实无华的页面线框图可以让团队始终关注信息架构和导航词汇，不被视觉设计分心而偏离轨道。

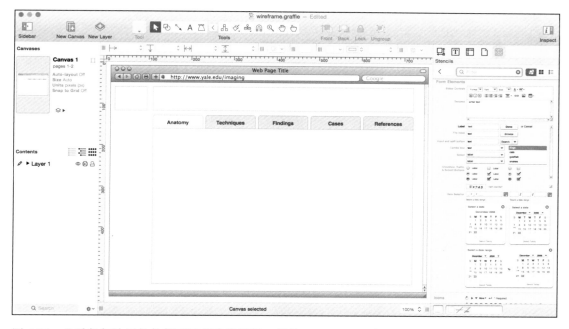

图 4-23　几乎任何绘图软件都可以创建线框图，但是 OmniGraffle（Mac OS）里面包含了很多为网页和软件绘图设计的模板

如果说网站组织图提供了网站发展总观，那么线框图就是图形界面设计师打造初步网站页面设计的"草图"。线框图是粗糙的二维引导图，可以指导你应该把主要导航和网站内容元素放在哪里。在经过一番精心设计后，这些图会为网站的各种页面形式带来一致的模块结构，并为最终的模板提供基本布局和导航结构。

网页线框图包含的标准要素有（如图 4-24 所示）：

❏ 组织 logo
❏ 网站标识（identity）或标题
❏ 页面标题
❏ 面包屑导航（breadcrumb trail navigation）
❏ 搜索表单
❏ 通向你网站所属的组织的链接
❏ 网站所有导航链接
❏ 本地内容导航
❏ 主要网页内容
❏ 邮寄地址和 email 信息
❏ 版权声明
❏ 联系信息

图 4-24   上图展示了一个完整的网站线框图。如今很多网页在设计时都要考虑适配不同尺寸的屏幕，因此在做草图时只要做到这种程度就够了。在之后的设计过程中，以及在做成可点击的 HTML/CSS 原型后都可以再做进一步调整，加入排版和其他图形元素

为了使讨论集中在信息架构和导航上，请让你的线框图保持朴实无华。避免独特的排版，并使用单一的通用字体，如果需要区分功能区域，请使用灰色调，要避免使用彩色或图片。通常成熟的线框图中只有组织 logo 是图片形式，但最好简单地表示一下 logo 大致位置就行了。随着你对整体和局部导航的想法越来越成熟，页面线框图也会变得越来越复杂，你对主要网站内容的性质和结构也就越来越确定了。

内容管理系统（CMS）（如 Drupal 和 WordPress）的页面展现功能是由一般的网站主题和页面模板构成的，懂得一些基本 HTML、CSS 和 PHP 语言的前端开发人员可以自定义这些网站主体和页面模板。例如，Drupal Zen 2 基于 HTML5 的"mobile first"是一个十分灵活的主题，你可以用它来设计出网站的线框图，然后将它作为下一步网站视觉发展的基础。不管你用的是哪个 CMS，在规划网站结构阶段，你都需要制作一些简单的"线框图"，先关注网站导航的交互质量，然后再在后面的阶段关注详细的视觉设计。Drupal 和 WordPress 也可以让你快速更改网站主题，在各种显示主题下检查和运用你的网站架构可以帮助你意识到一些导航或信息组织问题，或在你想要对最终的网站主题加入一些功能时，提供一些好的想法。

推荐阅读

Brown, D. *Communicating Design: Developing Web Site Documentation for Design and Planning.* Berkeley, CA: Peachpit/New Riders, 2007.

Covert, A. *How to Make Sense of Any Mess.* Seattle: CreateSpace, 2014.

Halvorson, K., and M. Rach. *Content Strategy for the Web.* Berkeley, CA: New Riders, 2012.

Morville, P., and L. Rosenfeld. *Information Architecture for the World Wide Web.* Sebastopol, CA: O'Reilly, 2006.

Norman, D. *The Design of Everyday Things.* New York: Doubleday, 1990.

Wurman, R. S., *Information Anxiety.* New York: Bantam, 1990.

第 5 章

网 站 结 构

正如混凝土和木桩打下的地基可以决定建筑物的稳定性和寿命，网站的结构基础也会对其成功造成深远影响，虽然表面上看不到，但它终究比颜色和排版这些表面因素更为关键。网站结构决定了一个网站在网络环境中，以及在我们今天使用的各种移动设备和电脑上的运行情况。用于标记页面的方法决定了它们是否可以被软件很好地读取，以及能否在搜索引擎中得到很好的索引。你的网站所依赖的底层文件和目录的逻辑和稳定性会影响整个网站的功能，以及其增长和扩展的潜力。

你所选择的内容管理系统会在未来很多年影响你的网站设计，但也可能会带来一些静态 HTML 方法无法实现的功能和灵活性。从一开始就注意这些幕后的结构组件能有助于搭建一个可持续的网站，使其在更大的网络环境中有效地工作，并且按需求发展。

5.1　网站组件

本文中我们描述了构成网站平台的主要技术。在后面的章节中，我们会详细介绍一些特定的网站组件，并提供最佳实践建议。

虽然大多数网站都是使用网站内容管理系统（CMS）搭建的，它可以让你摆脱构成站点的大部分代码，但对一些基本代码和规则有一定扎实的理解仍然很有必要。不识乐谱也有可能成为一名优秀的音乐家，但看不懂音乐排行榜则是成为一名伟大音乐家的终身障碍。Web技术也是如此：如果你不了解基本的 HTML，那么网站的大部分基本概念和能力对你来说仍然是个谜。

5.1.1　使用超文本标记语言（HTML）

以前搭建一个网站比现在更容易。你只要在电脑上用两三个主要的网页浏览器检查你的 HTML 代码就可以了。如今，除了主要的浏览器，我们还会用很多桌面应用来访问网页内容。各种各样的移动设备，例如屏幕阅读器、许多小型"可穿戴"设备（如健身手环、Apple Watch 和其他种种移动设备）都可以成为网页内容的载体。多种照相机、家用电器、电视、医疗设备和其他"智能"产品现在都依赖于网站内容和通信。搜索引擎和其他计算系统也可以读取网站内容。所有这些都使你不得不了解写好 HTML 的核心原则，而其中最重要的概念便是语义标记。

下面的部分介绍了 HTML 内容标记的一些核心原则，但是全面介绍 HTML 标记超出了本书的范围，我们强烈建议你考虑本章结尾部分推荐的基本 HTML 书籍。本文中最新版本的 HTML 是 HTML5，我们在这里给出的示例都是使用 HTML5 约定。

语义标记

正确使用 HTML 是获得网站内容最大灵活性和内容投资回报的关键。最初，HTML 是用来区分文档层次结构（标题 1、标题 2、段落、列表等）和文档的视觉呈现（粗体、斜体、字体、字体大小、颜色等）的。当标准 HTML 标记被用于传达意义和内容结构而不仅仅是使文本在浏览器中呈现出某个特定样子时，HTML 标记就会被认为是有语义的。

这种 Web 标记的语义方法是构成高效的网页编码、信息架构、通用性、搜索引擎可见度和最大显示灵活性的核心概念基础。例如这个简单的 HTML 编码：

```
<h1>This is the most important headline</h1>
<p>This is ordinary paragraph text within the body of
    the document, where certain words and phrases may be
    <em>emphasized</em> to mark them as <strong>particularly
    important</strong>.</p>
<h2>This is a headline of secondary importance to the headline
    above</h2>
<p>Any time you list related things, the items should be
    marked up in the form of a list:</p>
<ul>
<li>A list signals that a group of items are conceptually
    related to one another</li>
<li>Lists may be ordered (numbered or alphabetic) or unordered
    (bulleted items)</li>
<li>Lists may also be menus or lists of links for navigation</
    li>
<li>Cascading style sheets can make lists look many different
    ways</li>
</ul>
```

即使在上面的简单例子中，搜索引擎也能区分标题的重要性和优先权，发现哪些关键词比较突出，并且可以在列表中识别在概念上相关的项目。设计能够响应各种屏幕大小的层叠样式表（CSS），这样就可以在很小的移动设备屏幕上以合适的字体大小来显示标题和文本，屏幕阅读器知道在哪里以及如何暂停或更改声音音调，将内容结构传递给有视力障碍的听众。所有上述这些都来自于嵌入在 HTML 中的语义结构：标题的重要性排序，对某些关键字的强调，以及表示一组相关项目的列表标记。

文档结构

标准的一个结构化 HTML 文档可能包含以下元素：

- ❑ HTML 文档结构（<head>，<body>，<div>、<span>）
- ❑ 文本内容
- ❑ 语义标记，用来传达含义和内容结构（标题、段落文本、列表、引用）
- ❑ 用 CSS 使内容以某种方式呈现出来
- ❑ 视听内容链接（GIF、JPEG 或 PNG 图片，多媒体文件）
- ❑ 交互行为（JavaScript、PHP 或其他编程技术）

在一个正确组成的 HTML 文档内，所有页面的代码都包含在两个基本元素中：

- ❑ head（<head>…</ head>）
- ❑ body（<body>…</body>）

过去，页面代码结构中定义的这些基本划分主要是为了让 HTML 有一个良好的格式：格式严谨、正确，功能可配置，且对用户不可见。在当今更加复杂的互联网中，复杂的页面代码、更多不同显示的可能性、精心设计的样式表以及交互式脚本都已经十分普遍，因此正确组织各分区元素结构变得更加重要。

<head> 区域是 Web 页面声明其代码标准和文档类型的地方（声明至网页浏览器、手机和平板电脑等显示设备），同时所有重要页面的标题也都会在这个位置。页面 <head> 区域还可以包含一些链接，指向你站点中许多页面都含有的外部样式表和 JavaScript 代码。现在，JavaScript 代码和 CSS 样式代码都很复杂冗长，所以网站的设计师和 CMS 程序员通常将长长的代码放在链接到 HTML 文件的独立文件中。这种共享代码的方法简化了每个 HTML 文件所需的代码，并且最重要的是，它可以让你网站中的所有页面共享一个 CSS 或 JavaScript 文件。

<body> 区域包含了所有页面内容，对 CSS 控制视觉样式、编程以及语义内容标记非常重要。页面 <body> 区域通常用 division（<div>）或 span（<span>）标签进行功能分割。例如，大多数网页都有页眉、页脚、内容和导航区域，所有这些区域都是以指定的 <div> 标签标明的，这些标签的位置和可视化样式可以用 CSS 来调整。

HTML 文档类型声明 HTML 文档所遵循的版本和标准，对于评估 HTML 标记和 CSS 的质量以及技术的有效性都十分重要。你的网站开发技术团队应该能够告诉你页面编码会

用哪个版本的 HTML（例如 XHTML 或 HTML5），以及你的网站要使用哪种文档类型声明。HTML5 是当前网页标记的基本标准。较旧的 XHTML 标准类似于 HTML5，但 XHTML 具有更严格的标记要求。尽管 XHTML 在 Web 上仍然很常见，但是使用 HTML5 作为页面标记的标准具有其强大的优势，比如：

- 与当前文档结构技术和 HTML5 强大的新媒体功能相兼容。
- 最大兼容非 HTML Web 标记标准，如 MathML 和可缩放矢量图形（SVG）。
- 未来将与新的内容标记和编程技术、内容管理系统，以及其他即将受益于 HTML5 标记标准的发展中的 Web 技术相兼容。

内容结构

语义标记是使用 HTML 的一个高级说法：如果你想写一个标题，可以用标题标签（<h1>, <h2>）对其进行标记。如果你编写的是一个基本段落文本，请将文本放在段落标记之间（<p>, </p>）。如果你想强调一个重要的短语，则用（<strong>, </strong>）对其进行标记。如果你引用了另一位作家，则使用 <blockquote> 标签来表示该文本是引用的。千万不要根据 HTML 标签在某个特定浏览器中的样子来选择 HTML 标签。你稍后可以用 CSS 调整你网页内容的视觉呈现，获得你想要的标题、引用、强调文本和其他排版样式。

一些专门的可视化 HTML 标签如 <b>（粗体）和 <i>（斜体）一直都在 HTML 中，因为有时我们需要这些标签来支持纯视觉排版需求，比如把一个科学名称（例如，智人）设成斜体。如果你使用语义上没有意义的标签，比如 <b> 或 <i>，那么可以问问你自己，一个样式为强调（<em>）或着重强调（<strong>）的标签是否会传达更多的意思。

HTML 还包含对读者来说不可见，但在后台对网站开发人员来说非常有用的语义元素。class、ID、division、span 和 meta tag 等元素可以让团队成员更容易理解、使用、设计并以编程方式控制页面元素。许多样式表和编程技术需要仔细地对页面元素进行语义命名，以便使网页内容更易于访问和灵活使用。

网页文件不会直接包含图片或视听材料，而是使用图像或其他链接将图片和媒体结合到网页中来。网页文件包含的链接和 alternate text（"alt"文本）或长的描述（"longdesc"）链接对网页的通用性和搜索引擎可见度来说非常重要。网站用户想要搜索的可能不只是文本。搜索引擎可以使用 alt 文本描述中的关键字来标记图片，视觉障碍的用户可以靠 alt 文本来描述图像的内容。适当的语义标记可以确保你的视听媒体能最大限度地提供给你的每个观众和搜索引擎。

根据语义标记技术和标准 HTML 文档类型设置详细的标记和编辑标准，并在整个开发过程中遵守这些标准。今天的网络环境不仅仅是台式计算机上的 Google Chrome 或 Firefox——数百种移动计算设备已经开始被人们使用，每天都会产生新的浏览和使用网页内容的方式。在实践中遵循语义标记并使用经过仔细推敲的页面代码和样式表是确保你的网页内容可以具有广泛可用性和可见度的最佳策略。

5.1.2 使用层叠样式表

层叠样式表（CSS）可以让网站发布者使用语义 HTML 传达逻辑文档结构和含义，同时让平面设计师完全控制每个 HTML 元素的视觉显示细节（如图 5-1 所示）。CSS 就像文字处理程序（比如微软 Word）中的样式表一样。在 Word 中，你可以用分级标题和其他样式来组织文档结构，然后通过改变标题样式从整体上改变每个相应标题的视觉外观。CSS 的工作方式是一样的，尤其是当你使用你网站每个页面都共享的同一个链接外部样式表时。举例来说，如果你的所有页面都链接到同一个 master CSS 文件，那么只要在这个 master 样式表中更改 <h1> 样式，就可以改变你网站中每一个 <h1> 标题的字体、大小和颜色。

层叠样式表的使用者大部分都知道如何用 CSS 改变标准 HTML 组件的样式，但不太在意 CSS 强大的级联特性。CSS 是一个可扩展的系统，在这个系统中，跨越多个 CSS 文件的一组相关 CSS 指令可以从所有页面共享的普遍样式和布局指令级联到你站点中只有少数页面才有的特定样式。

图 5-1 样式表可以定义 HTML 在浏览器中的展示效果，图例展示了计算机和手机的不同浏览效果

CSS 级联分层

CSS 有多个按重要性和优先级级联起来的分层，从所有页面共享的通用 CSS 代码到特定页面文件中的代码，再到特定 HTML 标记中嵌入的代码。一般的页面代码会优先于共享的网站代码，而嵌入 HTML 标记的 CSS 代码优先于一般的页面代码。这种 CSS 优先级的分层级联可以让你为整个站点设置一般的样式，同时又可以在有需要的时候让你用特定的页面样式来覆盖一般样式（如图 5-2 所示）。

跨页面共享 CSS

多个 CSS 文件可以在一个站点上协同工作。这种 "以模块化方式协同工作的多个 CSS

文件"概念是页面级联系统的核心，所有页面都通过指向控制整个网站样式的 master CSS 文件的链接来共享代码。这个系统有它明显的优势：如果所有页面共享同一个 master CSS 文件，那么你可以通过更改 master CSS 文件中任何组件的样式，让你网站的每个页面都显示新的样式。例如，如果你调整 master 文件中 <h1> 标题的字体样式，则整个网站中每个 <h1> 标题都会变成新的样式。

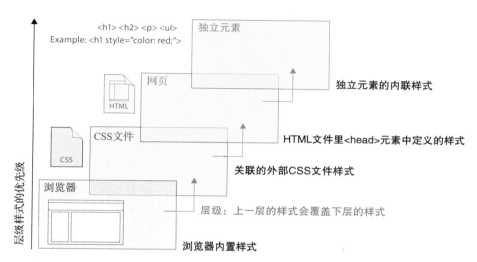

图 5-2　每一层样式列表都会通过级联复写下一层的样式。因此你可以在拥有一个通用样式的同时，为有需求的页面添加特殊样式

　　在一个复杂的网站中，页面设计师经常链接很多个 CSS 文件来设计网站样式。链接多个 CSS 文件有许多实用优点。在一个复杂的网站中，CSS 代码可以运行到数百行，因此从 master 排版样式中区分出基本页面布局的 CSS 会更为实用。链接到 CSS 文件并让 master CSS 布局和排版样式来控制你网站上的所有页面是很容易的。

　　CSS 中"级联"的强大优势可以体现在 CMS 应用中，如 WordPress 和 Drupal 所使用的主题，这两个应用都可以让你通过创建一个 master 样式表（可以调整你正在使用的特定的主题样式）来创建一个自定义主题样式。例如，你可能对你 WordPress 主题的整体外观很满意，但仍希望所有的标题都使用 Tahoma 字体，而不是主题内置的 Arial 字体。大多数 WordPress 主题可以让你添加自己的 CSS 来自定义主题的各个方面。例如，在 WordPress 的仪表盘中，点击"外观（Appearance）> 自定义（Customize）> CSS"就能够访问 CSS 自定义列表。将你网站内的所有标题改成 Tahoma 字体，只需要在自定义 CSS 列表中添加以下内容：

```
h1, h2, h3, h4, h5, h6 {
font-family: Tahoma, sans-serif;
}
```

有了"级联"样式表，你就不需要设置自定义样式表中每个标题的样式（字体大小、磅值、颜色、间距等），因为通过样式级联，你的自定义 Tahoma 标题将会承接 master 主题样式表中所有其他标题属性。所以你的所有标题都改为 Tahoma 字体，而主题标题大小和样式的其他方面则保持不变。Drupal CMS 有一个类似的系统，它可以让你通过 CSS" Injector"模块调整 Drupal 主题。

媒体样式表和响应式 CSS

CSS 的另一个优点是能够使用在显示屏上显示或在纸张上打印出来的某些特定媒体样式表，因此可以提供更适合网络环境的设计。有了媒体样式表，就可以调整页面布局，以便打印。打印样式表通常会删除页眉和边栏导航元素，去掉网页框架以强调页面内容。打印样式还可以让读者看到嵌入链接的完整 URL，因此想要跟踪链接的读者就可以用这个 URL 作为参考。

同样，"响应式"CSS 样式可以使用 CSS3 媒体查询来确定用户显示屏的最大或最小宽度，根据用户的屏幕大小来定义导航和内容的呈现样式。在这个简单的例子中，我们使用了媒体查询语句（@Media）将小移动设备屏幕上左侧导航边栏隐藏了起来：

```
<style>
@media (max-width: 600px) {
    .left_sidebar {
    display: none;
    }
}
</style>
```

有关响应式网页设计技巧的更多信息可参见第 6 章。

5.1.3　交互式脚本

JavaScript 是一种在网页上创建交互行为的常用语言。JavaScript 也是网页内容传递策略（如 ajax）中的一项关键技术，并广泛使用了 jQuery 等代码库。在大多数情况下，JavaScript 代码会放置在网页的" head"区域，但如果你的代码非常复杂且冗长，那么你的"真正"页面内容将被压缩到代码下面的数十行，且可能不易被搜索引擎发现。如果使用页面级 JavaScript 脚本（也称为客户端脚本），则应该将除最短代码外的所有代码放在一个 JavaScript 文件链接中。这样，你就可以在使用冗长复杂的 JavaScript 的同时，排除有降低搜索排名的风险。

5.1.4　其他文档格式

除 HTML 外，网站还可以支持很多其他文档格式。其中 PDF（便携式文档格式）是一种广泛用来提供基础 HTML 不能提供的功能和面向纸张文本的格式。源于 Word 处理和页面布局程序的文档通常会使用 PDF 文件格式，以便保留原始文档的外观。一般来说，最好的方法是将文档作为纯 HTML 进行提交，因为这样做可以让标记提供更大的灵活性，且标记的目的就是提供通用性。然而，有时这些其他格式提供的附加功能是必不可少的；在这种情况下，一定要使用软件的可访问性特性。其中 Adobe 在网页的可访问性方面做得尤其出色，它支持语义标记、等效文本和键盘可访问性。虽然像 Bing 和 Google 这样的主流搜索引擎都可以"读取"并索引 PDF 文件的内容，但是许多小屏幕移动设备不能很好地显示 PDF 文件。

5.1.5　搭建一个坚固的结构

设计良好的网站会包含一些模块化元素，这些模块化元素可以在几十或数百个网页中重复使用。这些元素包括全局导航、标题链接和页眉图片或企业的联系信息、邮寄地址。在每个文件中重复显示构成标准页面组件的文本和 HTML 代码是没有意义的。相反，我们应使用一个包含标准化元素并能运用到数百个页面中的单个文件：当你更改该文件时，网站中包含该组件的每个页面都会自动更新。HTML、CSS 和当前的 Web 服务器为这些可重复使用的模块化组件提供了强大的功能和灵活性，大多数大型且复杂的网站都是使用几十个可重用的组件构建的。

各种浏览器

网页浏览器随着演变的持续已经越来越贴合 HTML 和 CSS 所要求的 Web 标准了，但是排版、形式、位置和对齐这些属性有时在不同浏览器或不同系统版本的浏览器中表现得会略有不同，而且随着各种移动浏览器的出现，复杂性也随之增加了。浏览器之间的细微差别常常会被忽视，或者感觉上对网站的功能和美观影响不大，但在细节比较多且复杂的网页布局中，浏览器的差异会导致一些意想不到的情况。不要轻易相信 HTML5、CSS、JavaScript、java，或任何浏览器插件架构，如 Adobe Flash，直到你看到你的网页能够正常可靠地在大部分主流桌面和移动浏览器以及两个主流操作系统（Microsoft Windows、Apple Macintosh、Apple 的移动 iOS 和 Google 的 Android 移动操作系统）中显示。

> **原生、Web 或者二者混合**
>
> 随着手机使用量的增加，开发者们不得不思考一个问题，那就是怎样才能在手机端为用户提供一个更好的使用体验。如果人们主要通过手机来浏览你的网站，那么这个决定将会非常关键。目前有三种方式可以选择，原生、Web 或者二者混合：
> - ❑ 原生 App 是使用系统原生的平台和编程语言编写的。用这种方式可以访问设备自带的功能，例如地理位置以及照相机功能。它们运行很快、很流畅，而且使用起来很容易，尤其是那些设计完全符合平台自身设计规范的应用。

❑ Web App 是用 HTML、CSS 和 JavaScript 编写的。在构建过程中使用了响应式的设计技术，Web App 可以很好地跨设备工作。不过使用 Web App 的一大弊端是，它不能访问本地功能，包括离线存储。

❑ 混合式 App 可以理解为使用 HTML 和 JavaScript 编写好一个 Web App 然后打包放进一个原生 App 容器内，这样就能够访问设备本地的功能了。

❑ 无论用哪种方法，大多数公司都需要一个手机端体验良好的网站，哪怕只是在网页上摆个"门面"，让人们从这里能点击进 App store 下载手机客户端。在第 6 章我们会详细介绍如何用响应式设计技术来打造一个手机优先而且手机体验友好的网站。

检查你的网站日志或使用诸如 Google Analytics 之类的服务，以便能够了解你的特定目标用户最常用的浏览器、浏览器版本和操作系统（Mac、Windows、移动系统）是什么。如果你的网页在不同的浏览器中呈现出差异，那么你可以使用一个代码验证服务，例如 W3C 的那些服务，目的是为了确保你使用的是有效的 HTML 和 CSS 代码（验证 HTML 可以使用 validator.w3.org，验证 CSS 可以使用 jigsaw.w3.org/css-validator）。不是所有的浏览器都支持 CSS3（本书所讲的是其最新版本）的每个功能，特别是，如果该功能很少使用或最近才被添加到 CSS3 代码官方标准中。例如，尽管 dropshadow 文本是一个有效的 CSS3 选择，但不是所有的浏览器都能很好地支持。

文件名

网站页面是一组文件，它们通过浏览器输出并组装成我们在屏幕上所看到的连贯页面。要注意文件和目录名称，因为这对于跟踪网站的页面组织以及相关的支持文件至关重要。

尽可能用普通的语言名称，而不要使用技术或数字乱码命名一个组件。在个人计算机早期使用的那些笨拙系统，如 MS-DOS 和老版本的微软 Windows 确立了一个叫"8.3"的文件命名约定，该规定强迫用户用具有隐含意义的代码（或称神秘代码）来命名文件和目录（例如，"whtevr34 .htm"）。文件名中不能有空格或一些非字母数字字符，所以技术人员经常使用下划线等字符来增加文件名的易读性（例如，"cats_003 .htm"）。

过去几十年所养成的习惯很难被打破，因此，研究一个由其他团队建设的网站文件结构有时会像破解二战德国的恩尼格玛密码一样困难。但是现如今 Windows、Macintosh 和 Linux 系统中的文件命名约定要比之前灵活得多，因此你没有理由使用那些神秘文件名，导致那些可能某一天需要了解你是如何构建网站的团队成员、网站用户和同事一头雾水。

大多数 CMS 程序，如 WordPress 和 Drupal 可以支持你使用"友好的"URL 命名约定，这些约定有两个优点：人们更容易读懂，且有助于搜索引擎（如 Bing 和 Google）中的相关性排名。

搞清楚这些"友好的"WordPress URL 的页面内容非常容易：

patricklynch.net/recipes/beef/beef-tomato-chili-in-a-slow-cooker/
coastfieldguides.com/books/a-field-guide-to-north-atlantic-wildlife/

在编程中有一句老话，使用普通英文标签并给代码添加解释性注释其实是在帮助自己。比如说三年后，你还会记得一个网站目录中名为"x83_0002"的东西是什么吗？

因此，请使用通用的语言名称命名所有文件和目录，用"断开的"连字符分开单词。这样命名的系统是很易于阅读和理解的，由于文字间不能有空格，所以连字符就将文件名"断成"搜索引擎可以分析的单个单词或数字字符串，且有助于搜索排名与页面内容的相关性。我们也推荐用这个约定来命名目录，并且还应该尽量让你在 Web 服务器上设置的目录和文件结构反映出网站内容组织的视觉结构（如图 5-3 所示）。

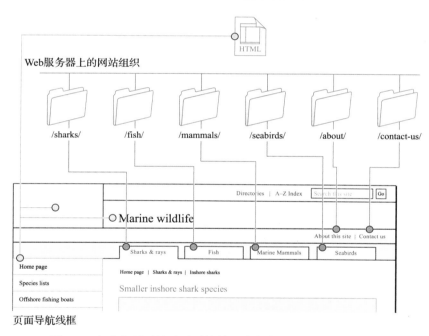

图 5-3　在建立页面目录时要能够反映出主要的界面和内容分布

5.2　内容管理系统

网站内容管理系统（CMS）是基于服务器的软件，可简化、构建和管理网站内容的创建和交付，其可以为用户提供一个图形界面，让用户在无须学习 HTML、CSS 或其他网络编码的前提下，能够创建网页和其他网页信息（如图 5-4 所示）。内容管理系统比老式手工编码的静态网页拥有更强大的优势。理解 CMS 的优点的关键是将内容和描述性代码分离。这种分离要比静态 HTML 网页灵活得多，在静态 HTML 网页中，网页内容是以 HTML 标记和 CSS 页面样式的固定格式被嵌入的。在 CMS 中，内容是从 Web 数据库提取的，可以在多种模板中以不同的排版显示，还适用于多种显示设备，包括台式计算机、手提电脑、平板电脑和其他移动设备。

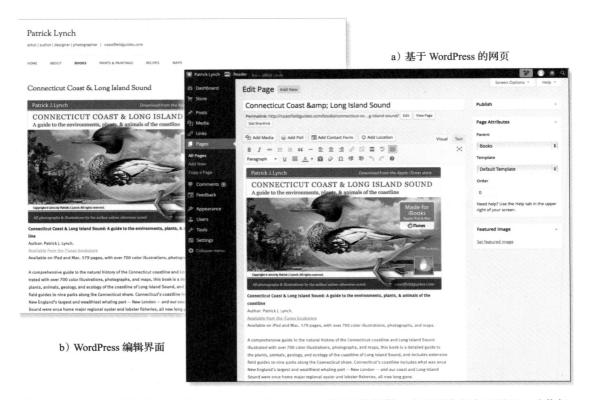

a）基于 WordPress 的网页

b）WordPress 编辑界面

图 5-4   网站内容管理系统（例如 WordPress 和 Drupal）可以为你提供一个图形化的交互界面，让你轻松地在网站中添加文本和图片，而不需要懂太多 HTML 标记语言

常用的内容管理系统

基本上所有的大型商业网站、电商平台以及企业网站都会用到 CMS。主流的开源内容管理系统如 WordPress、Drupal 和 Joomla，是目前使用最多的 CMS，用户从个人到小的政府部门、大学、中小型企业都有。大型企业，大的政府机关，新闻行业，以及电商平台通常会用更复杂的企业级 CMS，例如 OpenText CMS（前 Red Dot）、Ingeniux CMS 或者 Ektron CMS。企业版 CMS 通常可以负载更大量级的内容，并且可以提供一个更复杂的系统用以支持例如电商，大规模信用卡转账，以及其他类似几倍的商业和财务功能。

在本书中我们主要使用 WordPress 和 Drupal 有以下几点原因：

❏ 这两个网站内容管理系统都可以提供免费下载。只要具备一定的技术知识，你可以在半小时内下载任意一个程序并成功把它安装到你的电脑上，下载地址分别是 wordpress.org 和 drupal.org。

☐ 通过 WordPress.com (wordpress.com) 和 Drupal Gardens (drupalgordens.com)，Drupal 和 WordPress 都可以提供托管服务，而且所有的基础功能搭建都是免费的。

☐ WordPress 和 Drupal 可以分别针对两种不同的使用目的：Drupal 的功能更强大，扩展性更好，适用于内容复杂度高的网站。而 WordPress 的功能基本上都是打包好的，要比 Drupal 更容易上手，因此对于没有任何技术背景的设计师和撰稿人来说非常适用。

☐ 我们强烈建议你花一点时间，对两个平台的托管版本都做一些考察，这样可以让你更快速地了解内容管理系统。

CMS 用户通常不需要了解任何 HTML 或 CSS 代码知识，而且可以像使用 Word 处理程序一样使用 CMS。可以用它来编辑工作流、处理多人协作创建内容和发布内容的权限，并且利用 CMS 还能够促进网站内容的创建和维护工作。基于 CMS 的内容也比静态网页内容灵活得多，因为内容元素不是在一个固定的网站页面里，这些元素可以以多种方式、格式在不同页面组建起来，且不必重复编写相同的内容。CMS 还可以处理网站管理任务，例如将整个网站离线维护等。

5.2.1　建立编辑工作流程

内容管理系统的核心功能之一，是将编辑角色正式化（角色定位明确），并为内容创作和发布创建一个有组织的工作流程。如果你从未有过在编辑部门工作的经验，那么这些角色、职责、访问和发布权限等词语对你来说可能会有点陌生且过于复杂。在许多小企业里，网站管理员就像是餐厅里的主厨，他是汇集所有琐碎任务的全能经理。但是有了内容管理系统之后，即使你是一个网站的唯一管理员，内容管理系统的工作流程功能也依旧可以让你在发布前将网页内容草案交给同事和相关专家审核，还可以通过日程管理功能，选择一个特定时间让网站上的某个特定页面"上线"，帮助你更好地管理你的网站。

CMS 为协作式内容创作提供了强大的支持，你可以通过使用 CMS 搭建精细的编辑工作和发布过程，并做到流程化（如图 5-5 所示）。在企业和政府网站上发布内容往往更加复杂，你不仅仅需要满足质量标准和既定经营目标——待发布的网站内容还需要通过法律部门、产品经理或高级管理人员的正式评审。如果没有工作流程功能，这些多环节的批准流程会是一场噩梦：你会收到各种电子邮件、带有手写标记的传真以及大量的电话呼叫。好的工作流程功能需要从最初的编辑内容创作开始，然后提交给编辑审查，给公司其他高管审查，最后发布。其中每一步都会发送电子邮件或其他基于 CMS 的通知给相关的参与者，所以当新内容上线时就不会出现意外。

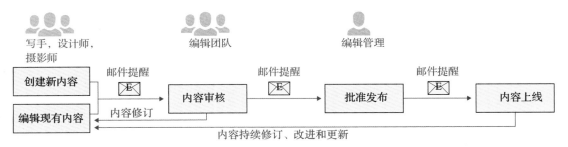

图 5-5   复杂的 CMS 软件能够提供对内容创建、审阅和批准的各种级别的编辑控制，同时还有助于改进编辑工作流程

有了 CMS 的帮助，撰稿人、设计师、摄影师和其他媒体专家可以与同事协作创建新内容，而不需要过多了解网站技术知识或 HTML 标记。主题专家可以审查材料并对内容进行评论，以避免不小心发布还未准备好公之于众的材料。编辑们可以验证内容的最终版本是否已经准备好公之于众，并可以选择立刻发布新内容，或在将来某一特定日期或时间发布该内容。

角色和职责

内容管理系统的一个重要功能是能够规定谁可以访问未发布的内容。一些组织结构比较简单的权限管理会包含撰稿人、编辑、检查内容准确性的审稿人，以及某个特定人员——可能有权在网站上发布新内容的高级编辑或部门经理。撰稿人通常可以将未发布的内容添加到 CMS 中。其他编辑团队成员可以看到该内容的草稿，但在确定发布之前公众们是看不到的。指定的审稿人或内容专家可以看到未发布的内容，但可能可以也可能不可以对内容进行注释或更改。编辑可以看到并更改撰稿人和审稿人的内容，但可能有权也可能无权将新内容发布到网站上。最后，发布者可以查看、更改所有未发布的内容，且可以发布新内容、删除旧内容和管理网站的其他方面，比如将整个网站进行离线维护或发布重大更改。

工作流程和通知功能可以帮助你避免一些过程中的"阻碍"，例如，由于某一个团队成员或审稿人不知道他或她应该在一个特定的时间做某事，或团队成员不知道一个内容块的具体状态是什么（编辑、审核、发布？）而导致内容发布停止。CMS 可以在流程的每个阶段向撰稿人和编辑发送通知，帮助管理工作流程中的流量问题，以便让每个人都能看到未发布内容的当前状态。工作流程还可以提醒团队中的每个成员向内容添加元数据，例如 SEO 关键字或图片 alt 文本（既可以帮助视障读者，也可以通过精确描述图像内容来改进 SEO）。

CMS 作为内容策略的一部分

使用一个先进的内容管理系统，例如 Drupal，可以为你搭建内容和显示内容的方式提供非常多的选择，所以你需要一份详细的策略规划来评估你现有和所需的新内容，并设计一个有效的系统，用以生成、构建和标记新内容。"内容策略"不同于传统的编辑过程，"内容策略"不仅仅是选择适当的文本、图片，更需要考虑如何最好地在信息块和 CMS 分类中组织内容，然后构建内容需求，这样撰稿人和编辑就知道他们的写作内容最终会出现在哪里，以及如何对内容进行分类和贴标签（"tag"）以便能高效地进入 CMS 数据库。

　　内容策略项目的主要"产出物"是一份内容制作模板，它不仅可以描述新内容的一般目的、受众以及用途，还可以指导撰稿人，为写作提供建议，产出最合适的类别、子类别和关键字，以便在 CMS 中使用。内容策略概述详见第 1 章。

5.2.2　选择一个 CMS

　　选择一个网站内容管理系统是一个十分重要的决定，只有在仔细研究各种 CMS 产品的功能和优势，你自己的业务目标以及当前和未来需求之后，才能做出决定。在 CMS 市场，看价格就可以区分出一系列 CMS 产品：开源的 CMS 产品如 WordPress、Drupal 和 Joomla 是可以免费下载的。商业专有内容管理产品仅软件注册码就需要数千美元。下面是选择 CMS 时需要考虑的一些实际情况。

　　对于 WordPress 和 Drupal 这样的"免费"系统，如果你想要通过它们来建立一个复杂的网站，那可能会非常烧钱。大多数 CMS 在安装时需要做大量的自定义工作，服务器硬件和软件配置，以及自定义编程和模板开发。即使选择一个托管式解决方案，例如 WordPress.com 或 Drupal Gardens，你依然有大量工作要做，包括设置你的网站、开发适合你需求的主题以及设置你的内容结构。如果你拥有的是一个小网站，内容有限，主题需求简单，还有一组有经验的编辑人员，那么用 WordPress 就可以在一两周内建起一个中等大小的网站，用 Drupal 也一样很快。由于这些工具已经被广泛使用，所以网络上相关教程和指南非常多。

　　但大多数企业、政府和教育网站都相对复杂得多，建立一个大的新企业网站需要长达数月的时间。与网站所需要的人员劳动时间、硬件和服务成本、自定义代码开发和内容创作相比，CMS 软件的初期费用可以说是微乎其微。

　　另一方面，昂贵的企业 CMS 产品也不见得比开源产品更好用。许多主流的企业和消费网站都使用了开源 CMS 软件。Drupal、WordPress 和 Joomla 在过去十年里有很大的进步，其功能和性能已经超过了大部分顶级企业 CMS 产品。毕竟开源技术人员数量要远多于为某一个特定企业 CMS 产品服务的技术人员和专家，我们可以很容易找到关于 Drupal、WordPress、PHP 和 Linux-Apache-MySQL-PHP（LAMP）服务器的专业知识。在排名前一千万个网站中有 23% 使用了 WordPress。与开源 CMS 产品相比，即使是最大的企业 CMS 厂商也只有很微小的安装基础（排名前一千万的网站中，其占比低于 0.5%），且用户也非常少，所以如果你选择企业 CMS 产品，那么你不得不培养并组建你自己的工作人员或专家，或高价聘请具有你所选的 CMS 使用经验的人。

　　企业 CMS 产品可以为你提供更好的工作流程设计、权限管理、电子商务功能，并整合到其他公司或企业系统中。企业 CMS 产品还可能拥有强大的数字资产管理系统（DAMS），这对于需要管理海量图片或其他媒体文件的组织机构来说非常重要。

WordPress

在所有主流的网站内容管理系统中，WordPress 拥有迄今为止最友好且最精美的用户界面。它也是目前网络上应用最广泛的 CMS，拥有超过 4600 万的软件下载量，约占所有使用 CMS 的网站的 46%。你可以从 WordPress.org 下载安装 WordPress 到你的服务器或个人计算机上，很多网络托管服务（如 Rackspace 和 Media Temple）都可以提供"一键"安装。入门 WordPress 最简单的方法是使用 WordPress.com 的托管版本，它可以管理所有服务器问题，你只需使用它的软件就行了。WordPress.com 域名的网站都是免费的，更复杂的带有自定义域名、高级主题和其他功能的网站也算价格适中。

WordPress 和 Drupal 最初是用来服务于网络博客的，WordPress 现在仍然保留着其做博客出身的根源，它在内容创作和工作流程的处理方面非常简单易用。WordPress 被公认具有很棒的易用性，许多小型开发团队根本不需要 Drupal 所提供的复杂的内容构建和工作流程功能。如果你的内容需求并不复杂，且你想快速运行一个含有少量页面的网站，那么 WordPress 可能是你最好的选择。

WordPress 可支持很多软件插件扩展，这些软件在 WordPress 的核心功能基础上扩充了很多新特性和功能，特别是添加了一些更高级的 CMS 功能。UltimateCMS 和 White Label CMS 就是两个这样的插件，但需要提醒一句：WordPress 的核心优点是"简单"。如果你已经用过 WordPress，并很快发现其内容组织功能有限，那么你可以考虑使用 Drupal。Drupal 很难上手，但如果你的内容需求非常复杂，你会发现它很好用。

Drupal

Drupal 是一款非常强大的网站内容管理框架，它可以支持各种网站，从简单的博客到拥有几千个网页和复杂信息架构的大型机构网站。众所周知，Drupal 的用户界面没有 WordPress 那么"友好"。然而，Drupal 的最新版本（本书中引用的是版本 7）已经取得了巨大的进步，它对于新用户来讲不那么"可怕"了，即将到来的 Drupal 8 也致力于使 Drupal 更容易使用。在使用 CMS 的网站中，约 7% ~ 8% 使用了 Drupal，但这可能低估了 Drupal 在中型机构和商业网站中的市场（这是 Drupal 的核心市场）。例如，Drupal 在高等教育网站中占据主导地位，约为市场的 27%。

Drupal 拥有构建内容和创建分类的强大工具（对内容进行分类和贴标签的受控词汇表），使用它在设计工作流程角色和编辑访问权限方面具有高度灵活性（如图 5-6 所示）；此外，Drupal 还拥有非常多的活跃用户和开发人员，远远超过任何同等企业级的 CMS 产品。Drupal 的模块化结构对经验丰富的 PHP 开发者来说非常具有吸引力，因为他们可以通过添加新功能的代码模块来很容易地扩展基础 Drupal 软件内核。

5.2.3　组织内容和功能

每个网站内容管理系统都有它自己独特的内部结构，许多复杂的企业版 CMS 产品也有严格的服务器硬件和操作系统需求。然而其中的共同点是，所有的 CMS 软件都有明确的功能结构层，从基本服务器操作系统和配置到用户可以实际看到的图形展示层。这里我们用开源产品 Drupal 作为一个例子，Drupal 是一个中等复杂且带有很多内置工具的 CMS，它可以组织内容结构，组织编辑工作流程和访问权限，还可以可视化显示你的内容和交互功能。但 CMS 的具体结构细节和组织细节因系统而异，Drupal 可以很好地让你免费了解 CMS 概念，方便你以后使用更为复杂的企业版 CMS 产品，以满足更多企业需求。

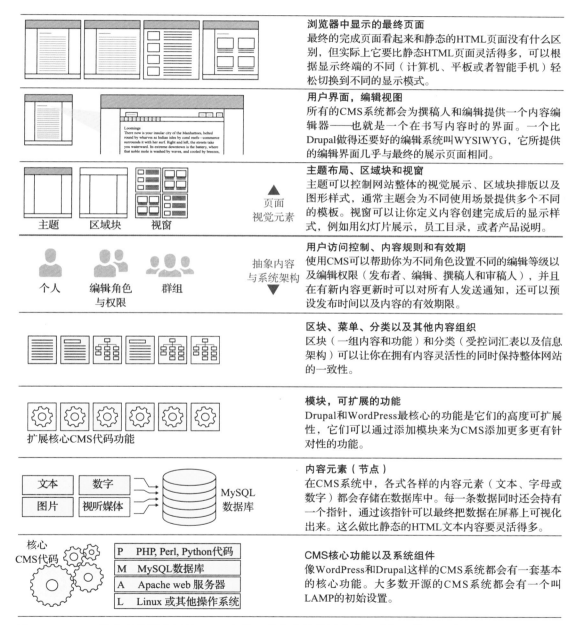

浏览器中显示的最终页面
最终的完成页面看起来和静态的HTML页面没有什么区别，但实际上它要比静态HTML页面灵活得多，可以根据显示终端的不同（计算机、平板或者智能手机）轻松切换到不同的显示模式。

用户界面，编辑视图
所有的CMS系统都会为撰稿人和编辑提供一个内容编辑器——也就是一个在书写内容时的界面。一个比Drupal做得还要好的编辑系统叫WYSIWYG，它所提供的编辑界面几乎与最终的展示页面相同。

▲ 页面视觉元素

主题 区域块 视窗

主题布局、区域块和视窗
主题可以控制网站整体的视觉展示、区域块排版以及图形样式，通常主题会为不同使用场景提供多个不同的模板。视窗可以让你定义内容创建完成后的显示样式，例如用幻灯片展示，员工目录，或者产品说明。

▼ 抽象内容与系统架构

个人 编辑角色与权限 群组

用户访问控制、内容规则和有效期
使用CMS可以帮助你为不同角色设置不同的编辑等级以及编辑权限（发布者、编辑、撰稿人和审稿人），并且在有新内容更新时可以对所有人发送通知，还可以预设发布时间以及内容的有效期限。

区块、菜单、分类以及其他内容组织
区块（一组内容和功能）和分类（受控词汇表以及信息架构）可以让你在拥有内容灵活性的同时保持整体网站的一致性。

扩展核心CMS代码功能

模块，可扩展的功能
Drupal和WordPress最核心的功能是它们的高度可扩展性，它们可以通过添加模块来为CMS添加更多更有针对性的功能。

文本 数字
图片 视听媒体 → MySQL 数据库

内容元素（节点）
在CMS系统中，各式各样的内容元素（文本、字母或数字）都会存储在数据库中。每一条数据同时还会持有一个指针，通过该指针可以最终把数据在屏幕上可视化出来。这么做比静态的HTML文本内容要灵活得多。

核心 CMS代码
P PHP, Perl, Python代码
M MySQL数据库
A Apache web 服务器
L Linux 或其他操作系统

CMS核心功能以及系统组件
像WordPress和Drupal这样的CMS系统都会有一套基本的核心功能。大多数开源的CMS系统都会有一个叫LAMP的初始设置。

图 5-6　Drupal 是典型的更高级的 CMS 产品，其内容结构层次多，编辑工作流程多，并且可以呈现内容的方式也具有很大的灵活性

block

"block"是页面布局区域中的内容区域或交互功能区域（如图 5-7 所示）。你可以将"block"认为是预先设计的模块单元或"砌块"（可以放入页面布局模板中，用以将功能块添加到页面中）。例如，用户登录区域可以是一个"block"，用户调查、搜索条目或特定类型的导航链接布局一样也可以是"block"。在 Drupal 中，block 通常是附加模块的可视化界面，可扩展 CMS 的基本功能。block 可以有不同的配置，为了方便用多种不同的方式显示，CMS 管理员可以决定 block 应该出现在一个页面区域内的哪个地方（页眉、左侧边栏、页脚）。

a）自定义区域块以及页面范围   b）页面上每一个区域块的展示

图   5-7

视图

视图（view）可以让你以多种不同的方式组织特定类型的文本和视觉内容。例如，Drupal 商业网站中的一个常见的"视图"是一个部门人员目录。该目录从 CMS 数据库中提取出特定的内容，组成每个人的简介，其中可能包括一张照片链接、此人的姓名和职位、联系信息、电子邮箱等。你也可以建立一个"视图"，为你部门内的每个人重复这个基本设置，为每个员工的页面生成一个部门目录。当你单击某个人的名字时，会出现相关的简介视图，其中会显示同一张照片的放大版、此人的基本联系信息或者其职位和当前项目。

这两个视图（目录、简介）都是从相同的数据库中获取信息，但以不同的方式显示信息：目录是紧凑的列表，而员工简介界面更大更松散（如图 5-8 所示）。通过这种方式，视图可以让你以多种方式灵活地重复使用内容。例如，公司服务视图列表可能包含与这些服务相关的联系人的照片。与公司目录和员工简介一样，服务视图中的联系人照片和信息也是从数据库列表中提取出来的，三种非常不同的页面视图都来源于同一信息源。

图 5-8　有统一数据库支持的内容管理系统可以让相同信息通过不同的方式展示出来

分类

　　CMS 的分类系统可以让你精确地构建和控制用于标记网站内容的元信息，例如内容的一般和特定类别、关键词以及描述。英语词汇非常丰富，往往不同的人可以用不同的词准确地描述一个相同的内容。要想组织复杂内容，没有统一的受控词汇是不可能的。例如，"心脏病发作"和"心肌梗死"都描述了相同的医疗事件，但除非对心脏病发作有统一的标签，否则你最后会有非常多的重复类别和冗余信息，更糟糕的是，有的信息可能会被贴错标签，从而不能被用户看到，即使这些信息在数据库中。

　　分类可以帮助你创建受控词汇表，这样你就可以知道你的内容是如何被标记和分类的，你还可以添加关键字，以便了解内容详情。你用分类系统创建的类别和子类别往往会成为你网站的导航基础（如图 5-9 所示）。

　　成功的分类都是很灵活的，既可以描述当前网站的内容，又能预测未来将要有的内容。当你为网站添加新内容时，重新查看一下你的分类，以确保它们包含所有必要的类别和标签。

5.2.4　创建主题和模板

　　主题能够控制 CMS 网站中的大部分视觉效果，包括整个页面布局、排版、配色方案、图形、其他页面和页眉的视觉细节，以及内容组织元素（如区域块和视图）的定位。大多数 WordPress 和 Drupal 主题会提供几个不同的"页面类型"或"网页模板"——不同的 CMS 有不同的叫法，但其基本概念是相同的。主页、基本内容网页、博客样式的发帖页面和图片库等页面类型是主题中常见的模板类型。

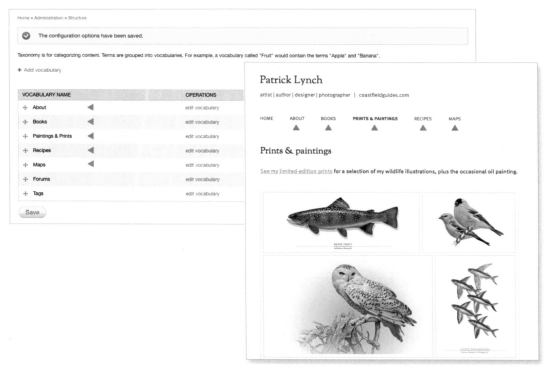

图 5-9　在 CMS 中创建的核心内容分类将会成为你网站的主要导航链接

　　主题区域会将页面划分为熟悉的布局模式，如页眉、页脚和列（见图 5-10 中的 a）。更复杂的主题可以提供更多细分的页面区域（见图 5-10 中的 b 和 c）。虽然你很少在单个页面上使用复杂主题中的所有区域和次区域，但这个潜在区域给了你极大的灵活性，你可以在其中放置页面内容、区域块和视图，所有这些都不需要你了解或编写任何 HTML 或 CSS 代码。

　　a）简单页面布局　　　　　　b）复杂页面布局　　　　　c）内容块和视图布局

图 5-10　像 Drupal 这样的内容管理系统可以将你的页面布局用区域块展示出来（每一个区域块都代表着特定的内容），同时也会用到视图来显示更多具体内容（例如包含照片的员工目录表）

你网站中的许多基本页面类型都是由你选择的主题半自动化创建的。在你输入内容的时候，你就可以决定你想要什么样的呈现类型（常规网页、博客文章等等）。如果之后你发现了更适合自己的主题，你也可以很容易地更换它。

更复杂的 CMS 程序，如 Drupal，可以为你提供更多的功能和选择。通过熟练使用内容区域、区域块和视图，你可以开发出各种各样的页面布局。想要获得这种灵活性，你必须非常了解你的 CMS 程序，但在 WordPress 和 Drupal 中，你通常无须深入了解 HTML/CSS 或编程技能就可以获得很好的网页布局灵活性。

自定义主题

大多数 WordPress 和 Drupal 主题都可以让你自己添加 CSS 代码，取代主题中内置的 CSS，从而自定义主题的视觉或排版样式（如图 5-11 所示）。例如，使用一段合适的 CSS 代码，你可以更改主题的背景图，修改主题的特定元素颜色，甚至更改主题中所有标题的排版。

图 5-11　WordPress 有一个强大的功能，那就是能够利用模板很好地分离文本和图片。例如上图中显示了相同内容在三种不同模板中的展示效果

如果你想要修改更多东西，或者对你的网站布局主题有一些严格的要求，那么你可以使用 Drupal 中的一些可编辑的主题，这些主题有很好的灵活性以方便自定义使用，因此不需要从零搭建。例如，Drupal 的"Zen"主题，它是一个可高度自定义的主题框架，可以为有 HTML 和 CSS 经验的 Drupal 用户提供丰富的视觉和布局工具。

在解决自定义 CMS 主题开发之前——或在聘用一个研发人员为你创建一个 CMS 主题之前——你要先深入探索一下 Drupal、WordPress、Joomla 和其他企业 CMS 主题。你可以用相对较低的费用购买几百个复杂的主题，刚开始你也可以免费使用一些开源主题，然后再做自定义。在探索主题时，不要过于关注色彩、图形和版式等表面内容。这些当然也重要，但（尤其）在专业的商业主题中，你应该更加关注主题的区域布局、建立菜单的预置选项、页面类型以及那些能够满足自定义主题的选项。你所选择的主题应该满足于你的内容分类、图形和多媒体需求，以及你为网站计划的电子商务功能。仔细检查专业开发的主题所附带的支持文档，如果可能的话，向开发人员咨询如何将主题成功地应用到现有的网站中。

5.3　SEO

　　20 世纪 90 年代，当互联网刚刚盛行起来的时候，人们只能通过雅虎和 Netscape 等网站之家上的链接来浏览网页或寻找有趣的网站。过去的十年中，由于互联网规模的激增（Google 的索引中有三十多万亿个网页），通过网站链接浏览网站或搜索某些特定信息已成为越来越低效的手段。你还是可以浏览 New York Times 或个人门户页面，如 MyYahoo！但如果你需要更具体的信息，那你可以直接用搜索引擎，如 Bing 或 Google（如图 5-12 所示）。

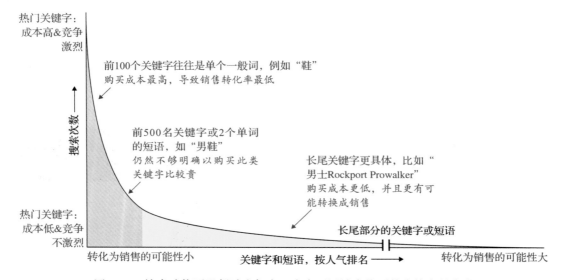

图 5-12　搜索功能可以帮助人们在一个大型网站中找到某个特定的内容

　　搜索引擎会使用自动化软件来"寻找"网页中的链接，并生成搜索索引，你网页的显示方式将决定用户能否在网上找到你发布的信息。搜索引擎优化（SEO）并不困难，它可以使你的网站结构更完善且更容易访问。你的网站尽可能地对搜索引擎"可见"，如果你的站点使用了正确的 HTML 结构标记，并且所有页面都已经很好地链接在了一起，那么你已经完成了至少 80% 的工作。

　　但是，搜索优化技术并不能自动将你的网站提升到 Google 页面排名的前面。SEO 也不是一个解救糟糕网站的灵丹妙药——它可以增加你网站的流量，让内容更容易被找到，但它不能提高网站内容的质量。SEO 技术可以确保你网站的结构良好，减少你在构建网站时无意中隐藏重要信息的可能性。不过，从长远来看，只有那些深受读者欢迎，且含有其他高排名网站引用链接的优质内容才能让你排在 Google 或 Bing 搜索结果的第一页。

　　请注意：在任何关于 SEO 的讨论中，你都会听到很多关于"关键字"的信息，用户都是通过在搜索引擎中输入关键字来寻找相关网站的。关键字可以是单个词（例如，"Honda"），但更通常是多字词组，如"2015 Honda Accord"，为了简洁起见，我们将关键字和关键词组统称为"关键字"。

5.3.1　了解搜索

长尾分布是一种很常见的网站内容分布模式。即一小部分内容是非常受欢迎的，而剩余的其他信息关注会相对较低。如果你对网站中每个网页的受欢迎程度进行排名，你通常会看到一条长尾曲线，其中主页和其他一些受欢迎的页面访问量较大，而大多数其他页面的流量会少得可怜。这种长尾分布模式也适用于商店里的产品、亚马逊的图书销量、iTunes 歌曲下载或者沃尔玛里 Blu-ray 唱片的销量。

Wired 杂志的主编 Chris Anderson 通过互联网上的许多案例为大众普及了"长尾"分布的概念，不过，界面专家 Jakob Nielsen 是用 Zipf 曲线（长尾现象的专业数学术语）描述网站内容分布模式的第一人。长尾模式是解释 Web 搜索之所以会成为最流行的网络信息查找工具的基础（无论你是进行一般的网络搜索，还是搜索你公司内部的网站）。一旦用户离开了大型网站的主页或主要分支，他们就不可能通过浏览到所有链接来寻找某一个特定页面，哪怕网站中的每个链接都组织得很好，标记直观，且运行良好。

搜索引擎组件

链接和网页是 Web 搜索的两个核心元素。搜索引擎是通过跟踪每个网页中的链接来找到其他相关网页的。搜索引擎公司使用自动化程序来查找和跟踪 Web 链接，并分析、索引网页内容，获得主题相关性。这些自动化搜索程序统称为网络爬虫。了解链接和网页可以帮助我们更好地理解网络搜索是如何工作的：爬虫是通过跟踪链接找到你的网页的，搜索引擎不对网站进行排名——它们只对单个网页的欢迎度和内容相关性进行排名。因为一个网站的主页几乎总是该网站上最受欢迎的页面，所以搜索引擎结果页（SERP）上通常显示的是主页。为了提高搜索排名并很好地与其他页面相链接，你网站的每一页都需要进行优化，因为从搜索引擎的角度来看，每个网页都是独立的。

搜索引擎爬虫

搜索引擎爬虫只能分析文本、网页链接和一些网页 HTML 标记代码，然后根据每个页面上的文字统计分析，推断出你网页的性质、质量和主题相关性。

以下内容是大多数搜索引擎看不见的：

❏ 图片、标题、标语和公司标志中的文本。

❏ Flash 或 GIF 动画内容、视频内容、音频内容。

❏ 文本内容非常少且未标记的图片非常多的网页。

❏ 网站导航中包含了滚动图片、老旧的图形链接或 HTML 语言。

❏ 基于 JavaScript 或其他动态代码生成的导航链接（Web 爬虫通常不会执行 JavaScript 代码）。

❏ 内容中含有 RSS feeds 和其他依赖于 JavaScript 的文本。

以下这些因素可能会导致搜索爬虫绕过网页：

- 页面结构非常复杂：表格深层嵌套，或 HTML 异常复杂。
- 页面 HTML 代码列表上面的 JavaScript 或 CSS 代码冗长：如果一个网页看起来没有内容，爬虫会放弃继续爬行这个网页。
- 页面中含有很多死链接：爬虫会放弃含有死链接的网页或降低其排名，因为爬虫无法通过死链接找到下一个新页面。
- 内容中关键字堆积（在隐藏文本、图片 alt 文本或元标签中重复关键字多次）：搜索引擎现在会无视这种过度强调相关性的行为，如果你使用此类伎俩，你的网页甚至可能会在搜索索引中被禁。
- URL 长、复杂且带有特殊字符（&、？、% 和 $），这些字符通常由动态编程或数据库生成。尽可能在网站目录中使用简单的文字，如果你使用了 CMS 来运行你的网站，那么你应该选用 "友好的" URL。搜索引擎会通过 URL 中的可识别文字来评估内容相关性。
- 页面加载缓慢，且连接到内容管理系统或数据库的动态链接效率低：如果页面没有在几秒内加载出来，许多爬虫就会放弃。你可以使用 Google 的 PageSpeed Insights（developers. google.com/speed/pagespeed/）来检查你页面的加载速度。
- 网页使用 frame 或 iframe：爬虫通常会忽略带有复杂 frame 方案的网页。
- 一些包含了 Web 应用程序和数据库请求的动态页面：在你的开发人员为你的动态网站选择一个开发技术或内容管理工具前，你需要确保他们知道你想怎么处理你的内容搜索可见度。这些应用程序组成的 URL 往往充满了程序乱码。一定要让你的开发人员为网站生成易读的英文 URL，以便获得更好的搜索引擎可见度。

除了会使页面不易搜索之外，以上这些糟糕的做法还会导致你的网站不易访问，尤其是对那些使用屏幕阅读器软件访问网络内容的人。我们的目标不仅仅是 SEO，还有有效的 HTML 内容标记，以及网站通用性：使用最好的 Web 实践来进行内容标记，认真组织好你的内容和链接，你的网站才会更容易被搜到，更能让所有用户访问。一些商业 SEO 产品，例如 Moz Pro Tools（moz.com/tools）可以帮你分析当前网站的 SEO 状态，并提供详细的建议，提高你的搜索排名。Moz Tools 的订阅费不便宜，但你可以考虑使用几个月，让它给你提供良好的数据，创建新的内容或修改优化现有的网站。Moz Tools 可以提供 30 天的免费试用。

搜索引擎排名

那么究竟需要遵循什么规则才能让网站获得一个好的搜索排名呢？很遗憾，我们无法告诉你一个肯定的答案，搜索引擎公司也给不了你任何搜索排名的公式。如果 Google 和雅虎等搜索引擎公开告诉大家他们如何对网页进行排名，以及他们如何检测和禁止搜索欺诈技术，那么不择手段的网站开发者肯定会立即开始排名竞赛，不久后，我们的网络也就会倒退到网页搜索几乎毫无用处的 20 世纪 90 年代——前 Google 时期了。我们可以说的只是搜索引擎自己愿意告诉网站开发人员的：包括用正确的结构标记来创建吸引人的页面内容，并能很好地链接到其他页面和网站，不要用糟糕的页面开发技术隐藏你的内容。只要能做到这些，你的页面在任何搜索引擎中都会有很好的排名表现。

目前的搜索引擎主要使用了两个信息源来排序网页的相关性：

❑ 内部因素：页面内的文本特征和链接——页面标题、内容标题、正文、图片 HTML 标签中的 alt 文本、连接到网站内部和外部的 Web 链接，以及主题关键字的频率和分布。组织的元信息，如关键字和 HTML 元标签也会影响网页的搜索排名，但其影响力远不及网页标题、内容标题和页面中的内容。你的域名、网页 URL 中的文件名和目录也会影响相关性排名，所以尽可能使用简单的英文文件名、网站目录以及 URL。

❑ 外部因素：你的网页与现有同一主题高排名网页之间的关系程度，人们在搜索结果中点击你的网页的频率，以及搜索引擎从它们自己的数据中搜集到的其他统计因素。受欢迎的网页中将读者带入你网页的链接可以证明你的网站是与搜索主题相关的。来自其他高排名网页的链接（即高排名网页上有你网站的链接）是决定排名的最重要因素之一，但是链接总量也能影响排名：也就是说，其他网页含有你的网页链接越多，在搜索引擎结果中点击你的网页链接的搜索用户就越多，你的网页排名就会越高。

在 20 世纪 90 年代网络搜索服务刚流行起来时，早期的搜索引擎几乎完全使用内部内容因素来对网页的相关性进行排名。因此，搜索排名非常容易操作。例如，在网页上插入几十个隐藏关键字就可以使一个页面的主题相关性看起来比其他网页更强。到了 20 世纪 90 年代末，即使是最大的搜索引擎在确定某个特定主题的最佳信息源方面做得也不是很好，排名最靠前的网站往往是那些使用最有效的操纵技术的网站，因此，内部因素很大程度上影响了早期的 Web 搜索引擎。

20 世纪 90 年代末，发生了一个改变网络搜索的重大创新：Google 开始大量使用外部页面因素来衡量网页的相关性和实用性。Google 算法平衡了外部排名因素和页面文本的统计分析，从而确定网页相关性和搜索排名。Google 的基本思想类似于同行在学术刊物中的引用。每年有数以千计的科学论文发表，所以你怎么确定哪些文章是最好的呢？当然是那些最常被引用的论文。重要的科学论文会被引用很多次。有用的网站也会被链接很多次，每个链接都有助于增加该网站的排名。

5.3.2　使用关键字和关键词组

人们通过输入关键字或关键词组到搜索引擎中（如 Google 或 Bing）来找到你的网站。关键字定位是 SEO 和在线搜索广告中的一个关键概念。搜索者想找到你的网站，而你想被搜索者找到，所以你可能会去 Google Adwords "购买"关键字，以便在搜索引擎结果页（SERP）上获得更好的排名。无论哪种情况，你都需要深入了解什么样的关键字或关键词组最适合描述你的网站、网站内容以及任何你想要销售的产品。

你可以列出最能描述你内容或产品的关键字或关键词组来开始优化你的网站。Google 关键字规划师（Google Adwords Keyword Planner，见 adwords.google.com/KeywordPlanner）是一个研究关键字和关键词组的理想工具。虽然该工具的目的是帮助企业购买关键字，但任何人都可以建立一个账户，免费使用该工具来分析某一区域、城市或城镇中与某一地点、业务或一般行业相关的搜索术语结果。最重要的是，该工具可以帮助你找到能将大量用户带至你网站的最常见的搜索术语。这些目标关键字可以优化你的页面内容。鉴于你时常需要评估一下你的搜索排名和关键字，所以建议你最好偶尔去 Google's Adwords 购买一些关键字，这么做可以带给你更多的详细数据，让你知道你原先使用的关键字是否真的促进了销售量或带来了流量。

当你评估某些可能的关键字时，记住你不是你的用户。针对一般公众的网站应避免使用"内部"行话和专业术语。例如，在医学上医生通常被称为"physician"，而在实际生活中人们常用"doctor"。如果条件允许的话，组织一些焦点小组或让你的用户代表成员做一些用户调研，看他们是如何搜索你网站上的信息的。此外，当列出每个页面的关键字时，请查找与原关键字意义相同的同义词或备用词。使用备用词可以帮助你猜测读者可能搜索的其他相关词汇或短语，也有助于避免在页面内容或标题中重复太多相同的单词或词组。

和网站的页面热度一样，特定主题的关键字也会遵循长尾分布模式。少数词会被搜索几千次，但大多数词的搜索次数似乎并没那么多。长尾关键字往往更为具体、相关性更强。例如，如果你在网上搜索"汽车销售"（auto sales），你所得到的结果可能非常泛泛。"汽车销售"热度高且被广泛使用，但如果你已经知道你对本田车型感兴趣，那这个词就没什么用处了。所以你的关键字应该更具体，如"新本田雅阁康涅狄格"。如果你的网站是卖本田车的，那用泛泛但常用的关键字（如"汽车销售"）来优化你的网站根本没有意义。最好用更具体的关键字或词组，如某种本田汽车的具体型号，这样可以更好地突出你的网站、地址和其他联系信息。

总体考虑

当你列出了所有目标关键字或词组之后，你需要查看你现有网站的每一个页面，看看这些页面是否能很好地支持你的关键字策略，还是需要插入更多关键字到页面中：

- ❏ URL：搜索引擎会在 URL 中寻找可识别的词。尽可能在 URL 中使用关键字。
- ❏ 页面标题：HTML <title> 是页面 SEO 中最关键的元素。确保你的主要关键字出现在页面标题标签中。在搜索引擎结果页中，页面标题也会作为链接的一部分。
- ❏ 描述：HTML 元描述标签。此标签在页面上不可见，但会出现在 HTML 标题代码中。元标签对搜索排名没有太大的作用，但你主页上的"描述"元标签文本非常重要，因为像 Google 这样的搜索引擎经常会使用这部分文本。
- ❏ 标题：你的第一个 <h1> 标题应该位于你内容区域的顶部，并且必须包含你的主要关键字或词组。在其他标题中也可以适当地使用关键字。
- ❏ 正文文本：这里也应该出现关键字和词组，但不要过度。关键字重复太多，可能会导致搜索引擎降低你的页面排名。
- ❏ 图片、嵌入的视频：始终确保使用"alt"和"title"属性来准确描述网站中出现的图片或视频内容。不要用不相关或重复的关键字作为标签。
- ❏ 其他 Web 链接上的标题标签：大多数网站创作程序，如 Dreamweaver 或 CMS，会提示你为图片提供 alt 文本，或为链接"标题"标签提供描述性文本。请使用准确的词语描述有链接的文本内容。不要偷懒用相同的标题文本来描述很多不同的链接或图片，因为搜索引擎一旦看到同一词语重复多次便会产生戒备，甚至可能会降低你网页的排名。

Google 和 Bing 采用的语言分析软件非常复杂，它们会利用详细的统计分析来查看页面中语言的模式，并筛选出在统计检查时受大众欢迎的页面（流量大，搜索结果页面上点击量高的页面）。如果页面因为与关键字相关的语言问题而达不到常规统计参数，那也就意味着你的内容可能会因与用户搜索关键字无关而被降低排名。如果你的内容含有过多重复的关键字，也会导致排名降低。因此，关键字密度要适中，大概每 1000 字中插入 5 ～ 7 个关键字即可。可适当插入相同的关键字，但不能重复过多，因为过多重复会产生不良的语言统计结果，被人认为你在滥用关键字。

链接

选择一段网页上的文本并将该文本链接到其他相关网页是一种强大的语义声明：它表明所链接的文本非常重要，且与页面上的内容高度相关，因此通过链接将页面与其他相关内容连在一起。一个典型的网页中通常有两种基本链接类型：

- ❏ 导航链接：通常在页面的页眉或侧栏中，并重复出现在网站内的大多数页面上。
- ❏ 上下文链接：将内容相关的页面绑在一起的链接。

网络爬虫会使用导航链接来评估你网站的总体结构和主要内容主题。当一个爬虫遇到一个链接时，它会查看链接文本中是否有相关关键字，同时它也会评估链接所指向的页面是否具有相关性。理想情况下，这两个页面都应该有类似的关键字，从而可以增强该网站的相关性排名，尤其是如果你链接到了一个已经在 Google 或 Bing 上有很好排名且有类似关键字的网页。这样的链接会为搜索爬虫提供一个信号，让它知道你的内容与页面标题、页眉和其他页面元素中的关键字匹配得很好。这也说明，你在设计网页链接时应该避免链接到不太相关的外部网站。

Google 和手机端体验友好的网站

Google 从 2015 年四月起开始在搜索排名上为那些关注手机端体验的网站加分，其目的是为了让用户可以更容易找到那些做了移动端优化的网站。算法方面对用户设备上安装的 App 内容也做了覆盖，目的是为了给所有 Google 搜索的用户提供更相关的信息和操作。Google 为手机体验友好提供的指南（developers.google.com/webmasters/mobile-sites/）以及 App 索引介绍（developers.google.com/app-indexing/）提供了帮助开发者确保他们的网站和 App 可以被恰当索引的工具和最佳实践，而且可以作为相关内容出现在用户的搜索结果页面中。

事实上，当你选择并对一个单词或短语插入链接时，就已经对搜索爬虫发出了信号，

向它声明链接的文本很重要。这就是为什么一定要避免在页面链接上使用无意义的短语，比如"点击这里"或"链接"。"点击这里"无法向读者或搜索爬虫传达关于页面的内容或指向的内容。你应该始终在链接文本中使用描述性关键字和词组，并使用链接的"标题"属性进一步告知读者链接将把他带到何处。

Schemas

网站搜索引擎非常擅于查找和解析地址等信息，但也有一些方法可以在网页中添加额外的标记信息，从而使搜索引擎更容易理解你的关键业务信息。"Schemas"（见 schema.org）是一组额外的标记，你可以将其添加到页面的 HTML 标记中。Schemas 信息对网站访问者不可见，但可以被搜索引擎和其他类型的 Internet 目录读取。Schemas 可以提供远超出基本以外的信息（姓名、地址、电话），现有的 Schemas 可用于地点、餐馆、菜单、本地企业、活动、学校和其他组织等等。

本地搜索

你可能已经注意到了，搜索引擎结果页（SERP）已经含有很多关于本地企业的信息了。现在你可以输入"全食时间"（Whole Foods hours），结果显示的不仅是时间，而且还有离你最近的餐厅的位置。对于本地"实体"商店，搜索引擎优化可以归结为四个主要因素：相关性、距离、声誉和移动搜索。

- ❑ **相关性**：你的网站组织是否贴合你的服务和产品，有没有包含所有可能的搜索关键字和词组？理想情况下，你应该优化每一个主要的服务或产品页，并使用上述 SEO 技巧。
- ❑ **距离**：你的业务所处的地理区域在哪？你主页和主要产品服务页面上的地理位置信息是否突出？搜索引擎会使用这些基本信息来确定你与你所在城市或地区的顾客有多大的关系。因此，一定要把你的联系信息放在主页及其他所有页面的页脚上，并且经常在你的页面内容中引用你业务所覆盖的区域。仔细想想你的客户可能使用哪些地理关键字，以及这些关键字具体会怎样组织在一起（例如：纽约市，布鲁克林区，海湾大桥，第四大道八十六号）。
- ❑ **声誉**：你的业务在当地表现如何？当地新闻网站、博客、客户评论网站如 Yelp、Four-Square 或 Facebook 等社交网站上是否有你业务相关的正面评价？在其他网站上，你的业务越频繁地被正面提及，它在搜索结果中的排名就会越高。也就是说，你需要经常搜索你的业务在其他网站中的引用情况，时刻关注其在 Yelp 和其他评论网站上的评价，并迅速回应出现的任何负面评论。
- ❑ **移动搜索日益流行**：越来越多的网络搜索现在都发生在移动设备（智能手机和平板电脑）上。你的企业网站是否能很好地在移动设备上显示？许多小型的本地企业在搭建网站时使用的还是旧的 Web 技术，而且没有很好地维护和更新。如今，你必须调整你的网站，使其能很好地在手机上显示，因为如果你的网站在小屏幕上难以查看的话，那么用户很快就会离开你的网站。

代码优化

除了内容和关键字之外，你还要关注一下网站页面和服务器上的一些技术问题，以确保你的网站能够经常被搜索引擎的爬虫找到，并且确保代码或服务器硬件技术问题不会影响到你的搜索结果排名。

搜索引擎会惩罚那些 HTML 代码写得不好、含有死链接或者链接模式设计糟糕的网站。修复死链接非常重要，因为网络爬虫只能通过链接发现页面。确保你的每一个链接都是有用的，并使用 Google 和 Bing 的网站管理员工具看看搜索引擎爬虫是否因为死链接或不好的 HTML 代码而给你的网站做上了标记。

❑ Googel 网站管理员工具：www.google.com/webmasters/tools
❑ Bing 网站管理员工具：www.bing.com/toolbox/webmaster

网站管理员工具会帮助你评估整个网站是如何被爬行的。如果你的某些网页需要修复或改善，那么你也可以在完成后使用 W3C 的 HTML 代码验证器做校验，确保你已经发现并修复了所有代码问题：

❑ W3C 验证器：validator.w3.org

服务器优化

网站反应慢会让用户和网络搜索爬虫都感到非常沮丧。Google 的爬虫每个月可以索引 30 多万亿网页，爬行次数大约为 1000 亿。如果你的网页看起来加载很慢，可以使用 Google 的 PageSpeed Insights（developers.google.com/speed/pagespeed/insights）检查其加载速度。对于一些支持 CMS（如 Drupal 或 WordPress）的，性能不那么强大的服务器，网页加载会是个大问题。每次服务器请求一个页面时，大多数 CMS 程序都会使用动态组装来创建页面。每一步组装都需要时间和服务器周期，如果你的服务器不在状态，就有可能导致你的页面加载很慢。

在更换新服务器的情况下也是有方法修复网页加载速度慢这一问题的。许多基于 CMS 的网站都通过使用服务器缓存来帮助减少 CMS 上的负载。每次服务器请求一个页面时，都会将组装页面的一个副本保存到浏览器缓存中，如果该页面再次被请求，服务器就会发送缓存版本，从而减少 CMS 本身的负载。对热门页面的缓存可以大大提高主页等高流量页面的加载速度。大多数缓存软件都有发送缓存页面的时间限制，通常是几分钟，有时甚至更长。时限过期后，服务器会检索请求页面的新版本，并将更新后的版本放入缓存中。你可以用网站管理员或 Web 服务器管理员查看你是否使用了缓存方案。

服务器的整体可靠性也会影响网站的搜索引擎排名。如果一个爬虫以前索引过你的网站，然后它再次来的时候发现你的服务器关闭了，且网站没有一丝"生机"，那么你的搜索排名就会降低，因为这些现象让你的网站看起来不可靠。一个专业的 Web 服务器应该可以保证 99.5% 的正常运作时间。虽然这听起来几乎完美，99.5% 的可用率意味着你的服务器一年会关闭 44 次——这对于电子商务或其他高流量网站来说会是个大问题。若想了解详情，你需要从 IT 部门或网站托管服务中获取过去一年中关于服务器关闭次数的统计数据。

5.3.3   提交一个网站索引

到目前为止，想要让新网站出现在主流搜索引擎上的最好办法，是请求其他网站插入链接，从而通过该链接跳转到你的新网站，你可以尝试的手段有：通过新闻发布，联系当地的商业目录网站，或请其他相关但非竞争性的组织将你的新网站列在一个简短新闻区域，或者利用其他"资源"或"相关网站"。大型搜索引擎可以提供一些页面让你提交新网站的 URL，但不保证搜索爬虫会立即找到你的网站。可能需要几个星期或更长时间搜索引擎爬虫才会第一次访问并索引你的新网站，不过大多数情况下只需要一到两天。

网站地图

在搜索优化中，"网站地图"有几个含义，这取决于它的使用场景：

❑ 网站地图页面：大多数网站地图都是一个普通的网页，列出了网站所有主要元素的链接。你网站中的这些主要页面列表非常有利于搜索引擎爬虫的爬行，而且网站地图页面可以确保这种链接方式能让搜索爬虫和用户很容易地找到你网站的所有核心页面。网站地图或"索引"页面是网站的常见元素，而且喜欢浏览链接列表的用户也知道要在组织良好的网站中查找网站地图或索引页。在网络早期，你会看到网站地图的布局一般是图表或网站视觉地图，但是更高效的链接列表出现后，上述布局方式就被淘汰了。

❑ XML 网站地图：第二种"网站地图"是一个 XML 格式的文本文件，该文件位于主页上，它会告诉搜索爬虫你网站的主要页面在哪儿，如何找到那些页面，以及这些页面的更新频率（每天、每周、每月）。这些基于 XML 的网站地图对你的网站用户来说是不可见的，但它们提供了一种有效的方法，将网站的结构传递给 Google 和 Bing 等搜索引擎。具体如何构建 XML 网站地图文件，请参见 sitemaps.org。

创建一个 XML 网站地图需要一些技术支持，但如果你有一点 HTML 的经验，这个过程就会非常简单，且 sitemaps.org 的说明非常详尽。XML 网站地图只是一个精心构造的纯文本文件，你可以将其提交到 Google 或 Bing 的网站管理员工具网站上。

推荐阅读

Byron, A., A. Berry, and B. Bondt. *Using Drupal,* 2nd ed. Sebastopol, CA: O'Reilly, 2012.

Cederholm, D. *css3 for Web Designers*. New York: A Book Apart, 2015.

Clifton, B. *Advanced Web Metrics with Google Analytics,* 3rd ed. Hoboken, NJ: Wiley-Sybex, 2012.

Enge, E., S. Spencer, J. Stricchiola, and R. Fishkin. *The Art of SEO: Managing Search Engine Optimization,* 2nd ed. Sebastopol, CA: O'Reilly, 2012.

Keith, J. *HTML5 for Web Designers*. New York: A Book Apart, 2010.

MacDonald, M. *HTML5: The Missing Manual,* 2nd ed. Sebastopol, CA: O'Reilly, 2013.

———. *WordPress: The Missing Manual*. Sebastopol, CA: O'Reilly, 2014.

McFarland, D. *css3: The Missing Manual,* 3rd ed. Sebastopol, CA: O'Reilly, 2013.

第 6 章

页 面 结 构

　　在过去的十年里，两个重要变革影响了整个网页设计行业的发展，其中一个让网站技术更进了一步，另一个则深刻地影响了网页设计思维。首先，最新版网页标记和样式语言——尤其是 HTML5 和 CSS3——的发布给"基于标准的"网页设计带来了很多全新的功能。这些页面标记的变化反映了真实用户和网络从业人员的需求，也就是通过在 W3C 标准中加入了更多的代码，使网页变成了一个体验更友好、功能更强大的地方，让基于互联网的应用和其交互方式变得更容易。一方面这些新的标记语言本身很有趣，另一方面它们的出现实际上反映出了网站开发技术和工具的稳步演进和日益成熟。

　　大量新硬件的出现以及随之而来的使用场景转变，为网站的信息传递方式带来了巨大的挑战。今天的移动硬件，例如智能手机和平板电脑，为网络市场带来了不可小视的变化，移动硬件种类繁多，而且屏幕尺寸也不统一，这意味着一个更大的转变才刚刚开始。智能设备的价格越来越低，无线网络也越来越普及，甚至很多更小和更大的屏幕尺寸已经出现，这让今天的"移动优先"网页设计看起来不过是家常便饭。当你周围的一切事物（从墙壁大的环境监测器到智能手表和其他可穿戴设备）都是一个连接网络的计算机时，你就不会感觉你需要去使用网络——因为你已经生活在网络之中了。

6.1　页面结构的基础

6.1.1　标记页面结构

　　让我们回顾一下标记语言在 21 世纪中期的发展趋势，当时最流行的标记语言是经过反复验证的 XHTML，并用 CSS 进行页面布局、排版和基本图形嵌入。为了使用 CSS 进行页面布局，设计师们在其 HTML 代码中加入了几十个区块容器标签 <div>（和 <span>），将 CSS 标记放在其中，div 容器标签的爆发有时候会让基本页面布局变得异常复杂（如图 6-1 所示）。

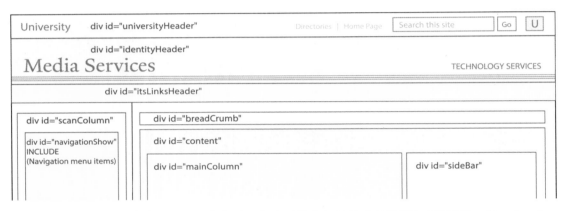

图 6-1　HTML 页面中复杂的 <div> 嵌套可以为编写样式和视觉元素提供更多灵活性，每一个 <div> 都可以添加专属的 CSS 属性，随之而来的代价是代码复杂度变高，同时页面加载速度会变慢

　　随着这些新的页面设计实践的普及，许多设计师都注意到了新编码实践带来的复杂性和冗余性，具有讽刺意义的是：CSS 页面设计应该帮助简化页面标记。但由于 CSS 的新功能促使设计者增加了图形复杂度，标记代码也变得比以前更复杂了。2005 年，Google 做了一项研究，分析了十亿多个已发布页面的代码，特别研究了设计者使用 HTML class、<div> 和 ID 名的方式，并发现了页面代码中共有的语义模式。其中占主导地位的命名模式都是非常合乎逻辑的，通常集中在常见的页面区域，如"页眉""页脚""导航""内容"或"主要内容"等区域。

　　div 容器标签代码的爆发并不仅仅和 CSS 样式相关：因为如果将 HTML 视作一种标记语言，那么它必须包含更丰富的语义集，用以描述所有常见的内容容器，例如 section、article、aside 或 pull-quote。设计师们越来越多地使用 div 容器来设置内容块的样式，这也让某些内容块更适合于内容整合方案，比如 RSS，这么做可以弥补 21 世纪早期 HTML 4.0 和 XHTML 标记的不足。因此，设计师在试图克服 XHTML 语义限制时，常常会使用 <div class="article">，<div class="section">，<div class="pullquote"> 等标记。

　　21 世纪后期逐渐显露头角的 HTML5，是专为解决现实世界网页设计需求而设计的，HTML5 的网页结构标记更符合逻辑，内容语义标记更为丰富，而且有更多基于网络的应用程序开发工具。HTML5 中很多新出现的标记标签是用来为当代网络实践铺路的，它将很多非正式但符合逻辑的闲散代码纳入了 HTML5 的正式规范。现在的 HTML5 有很多新的语义标记标签来描述页面结构，内容语义标签集也更加丰富了。

页面结构语义

使用页面结构语义标签可以命名常见的页面区域，如页眉、页脚和导航区。程序员可以直接使用新的元素和样式，而无须创建许多独特的 <div>ID 来包含这些常见的页面元素。这种长期有效的页面结构标签可以让搜索引擎更容易找到页面，也能够帮助盲人在浏览页面时跳过页面上的结构元素。

除了长期的 <head> 和 <body> 等 HTML 页面结构标签外，在 HTML5 中，我们还有以下这些新标签来丰富页面元素的描述：

- ❑ 页眉（header）：定义一个页面的 header，或者一个区域或文章的 header。网页 header 通常会包含导航元素（<nav>）。article、section 和 aside 都可以有自己的 header 区域。
- ❑ 导航（navigation）：用来包含主要导航元素。这里通常放置的是全局导航链接，可以连接到网站的主要区域，或到本地的子区域主题。
- ❑ 主要内容（main）：用来包含一个页面的所有主要内容元素。这个标签在使用屏幕阅读器访问页面时很有用，因为它可以让读者直接跳转到页面的核心内容。它也可以让搜索引擎标记出网页的核心内容。
- ❑ 侧边栏（aside）：<aside> 元素有两个主要用途：首先是作为一个页面布局容器，如导航侧边栏，或者用于主要页面内容之外的其他内容。另外，<aside> 元素也可以用来命名主要内容附加的相关内容，如"侧边栏"文章或注释。
- ❑ 页脚（footer）：<footer> 元素一般是用来标记页面的结尾部分，通常会包含"关于网站"、版权或其他日期信息和联系方式。<footer> 元素也可以用在文章的最后，包含脚注、参考书目或其他一般列在文章最后的信息。

HTML5 中的新内容语义元素

以下将要介绍的是一部分 HTML5 新内容语义元素。新元素为我们提供了更为详细的方法来标记内容块和内容成分，以便让搜索引擎和其他自动页面扫描系统能够更智能地"阅读"页面（如图 6-2 所示）。详细的内容标记系统还可以让你更容易地去重复使用已经定义好的内容块。

- ❑ 文章（article）：一个独立的内容块。用来定义可以在不同页面或网站上重复使用的内容块，并且这些内容块在其原始语境外还是独立、可理解的。请注意，不要仅仅为了一个页面的样式和内容布局而使用 <section> 或 <article> 元素。如果你只是需要一个容器来对一个页面区域应用 CSS 样式，那么你可以直接使用 <div> 元素。
- ❑ 侧边栏（aside）：与主要内容有附带关系但放在主要内容旁边的附加内容。在印刷刊物中，aside 内容通常位于文章的侧边。<aside> 元素也可以用来定义侧边栏的页面布局。
- ❑ 详细内容（detail）：一种新的元素，用来定义可公开或隐藏的解释性内容，如 JavaScript 驱动的弹出式注释。点击一次显示注释；再次点击隐藏注释。后面会介绍

与之相关的 <summary> 元素。

❏ 图片（figure）：包含了一组独立或密切相关的图形（如插图、照片、图表等）的容器。

❏ 图片标题（figcaption）：用来定义图片标题。该元素必须嵌套在相关元素中。

❏ 标记（mark）：定义标记文本、高亮文本或用于其他语义目的的重要文本。

❏ 区域块（section）：定义一篇文档的某一个部分。这个定义非常宽泛，具体效果主要还是由使用者来决定。一个部分可以只是一段或两段，也可以是一整章。

❏ 总结（summary）：与弹出式 <detail> 元素相关的可见文本。<summary> 和 <detail> 元素都可以用于弹出式注释，通常通过 JavaScript 来控制。用户点击 summary 时，就会出现 <detail> 元素注释，用户再次点击时，detail 文本就会消失。

❏ 时间（time）：定义一个日期（通常为年 – 月 – 日格式）或时间（24 小时）。例如：

```
<p>Curtain time for the play is <time>20:00</time>.</p>
<p>The first performance of the play is on <time>2016-05-15,
   20:00</time>.</p>
```

❏ 画布（canvas）：<canvas> 元素允许你在网页上设定一个矩形区域，在这个区域内你可以通过 JavaScript 或其他代码来创建可高度交互的图形和动画，未来还可能创建可交互的 3D 图形。到目前为止，<canvas> 还是一个充满未知可能性的元素，在实际应用中出现得很少，如有使用也就是放一些简单的图形或粗糙的动画。最近，Adobe Flash Professional CC 开始支持 canvas 的交互属性了，因此我们在未来可能会看到更多利用了 canvas 交互特性的内容。但是，<canvas> 元素的内容目前缺少 alt 方法，无法进行访问，这是推广 canvas 的另一大难题。

❏ 视频（video）和音频（audio）：通过 HTML5 可以在网页中直接嵌入音频和视频文件，而不需要专门的浏览器插件，例如 Adobe Flash。然而不幸的是，HTML5 视频还在探索阶段中，支持各类视频格式（.mov、.ogv、.m4v 等）的浏览器参差不齐，目前你可能不得不将每个视频编码为 3 种不同的文件格式，以确保它能在所有主流浏览器（Chrome、Firefox 和 Internet Explorer）上播放，你可能还需要在页面上加入 JavaScript 进行测试，以防有的浏览器不支持该视频的播放。我们目前的建议是，坚持在你的网站中嵌入 Vimeo 和 Youtube 视频，直到更多浏览器可以支持 HTML5 视频。

❏ SVG：SVG 是由几何形状组成的可缩放矢量图形，你可以使用 XML 文本来定义它的 X-Y 坐标和曲线。因为是矢量图形，不同于 Adobe PhotoShop 或由像素组成的 JPEG 位图，SVG 可以缩放到很小，试想一下 Adobe Illustrator 的文件（一个矢量图形的专用格式）。SVG 通常会用到 JavaScript 来实现动画和交互效果。SVG 是 HTML5 的标准组件之一，因此主流浏览器对它的支持都很不错，但与 JPEG 和 PNG 格式的图形相比，SVG 的使用率偏低。关于更多网页图像格式内容，我们会在第 8 章中进行详细介绍。

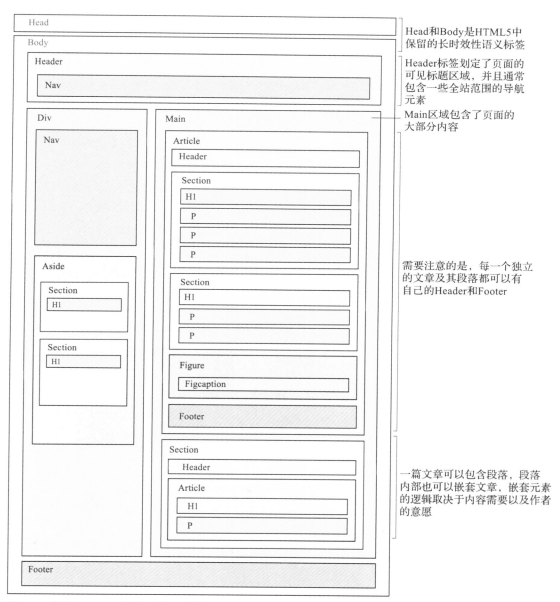

图 6-2　新的 HTML5 语义元素，例如"header""nav"和"main"可以提高网站的可访问性，更利于搜索引擎优化，并且可以方便在内容管理系统中复用

HTML5 和 CMS，如 Drupal 和 WordPress

　　大部分由多页面组成的网站都会用 CMS 系统，如 Drupal、WordPress 或其他企业 CMS 软件，但这些系统又因为自身的复杂性而对编码标准的变化采用得比较慢。然而，与 CMS 提供的显著优势相比，这种滞后性相对而言是次要的。WordPress 和 Drupal 都会在其核心版本中

不断加入 HTML5 和 CSS3 元素。现在，这两个主流 CMS 都不是一个完全基于 HTML5 的系统，但它们的下一个主要版本将会以 HTML5 和 CSS3 为基础。在此期间，WordPress 已经有许多可以完全响应 HTML5 的主题，Drupal 提供了响应式主题和基于模块的方法，把 HTML5 和 CSS3 元素加入到了 Drupal 7 中。2016 年发布的 Drupal 8 允诺将完全兼容 HTML5。

6.1.2　使用 CSS 设计页面布局

层叠样式表（CSS）作为控制网页布局和视觉样式的主流方法已经有十多年了，现在的 CSS 已经可以处理非常复杂的排版，并能够为响应式网页设计提供基础（如图 6-3 所示）。由于我们越来越依赖 CSS，几乎每一个页面设计细节都用 CSS，以至于 CSS 逐渐变得越来越复杂。CSS 的第二个版本的描述是最初版 CSS 规范长度的五倍还多。CSS 的最新版本是 CSS3，虽然仍在发展阶段，但是目前它的规范手册已经远远超过 CSS 2.1。CSS3 项目过于庞大，以至于 W3C 工作组将 CSS3 规范分成了 50 多个模块，其中一些在多年前就已被广泛应用于浏览器中。但依然有许多 CSS3 模块和规范还没有得以实施，或只得到部分桌面和移动浏览器的支持。

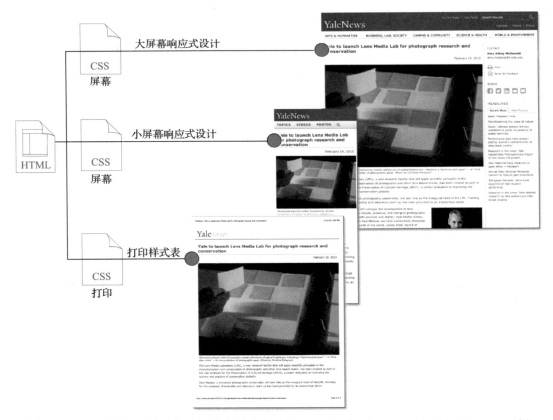

图 6-3　CSS 不仅仅能够让你的网站自适应多种不同尺寸的屏幕，还能让你的网站看起来更专业，并且对用户的体验更友好

幸运的是，互联网本身可以作为浏览器对 HTML5 和 CSS3 支持情况的度量衡，所有网页浏览器的品牌、版本，以及它对 HTML5 和 CSS3 新元素和新功能的支持情况一目了然。以下这几个网站值得你收藏，以便获知浏览器对网站内使用到的 HTML5 和 CSS3 元素是否支持：

- ❏ Can I Use？: caniuse.com
- ❏ CSS3test.com: css3test.com
- ❏ CSS3 Click Chart: css3clickchart.com

当前浏览器的相关数据统计：

- ❏ W3Schools，网页浏览器：www.w3schools.com/browsers/browsers_stats.asp
- ❏ W3Counter，浏览器市场份额：www.w3counter.com/globalstats.php
- ❏ Statcounter 上的全球排名：gs.statcounter.com

CSS 一直在持续更新，CSS3 中出现了几十种新的图形、动画、过渡和页面布局特性，但其中有两个新特性非常突出，它们的出现让互联网技术得到了显著提升：第一个是 @media 查询，它是响应式网站设计的基础；另一个是 @font-face 元素，它让网站排版终于摆脱了"安全的"操作系统字体或字体替代方案的限制。大量涌现的小却实用的 CSS3 排版元素也为网站页面带来了更多的排版选项。我们将在第 9 章中详细讨论网页字体和 CSS3 的强大之处。

6.1.3 编码网页，使其具有最佳可访问性和可读性

在 HTML 的资源中，网站 ID、导航、核心内容、相关内容和页脚信息会按一定的顺序出现在文档的源代码里。通常，用户在浏览网页时不会看到原始的 HTML 代码；他只能在网页浏览器窗口中看到有样式的网页。通常网站会有一套自定义的 CSS 代码，也就是这些代码让网站展示出我们最终所期望的页面布局和排版样式。

在编码时保持良好的 HTML 源码顺序非常重要，原因有以下几点：

1. 有些时候，由于网站技术故障，浏览器不能显示出正常的 CSS 样式，或有时在移动和无线网络环境下，带宽有限，导致浏览器中出现没有样式的 HTML。如果你的 HTML 源码具有逻辑顺序（如图 6-4 所示），那用户仍然能够访问你的网站内容和链接，尽管它们的样式看起来非常简单。

2. 资源顺序对网站的可访问性起着重要作用，因为对于盲人用户，当代码有一定的逻辑顺序时，他就能够快速跳过页眉和导航区域，直达页面的主要内容。

3. 确保你网站的主导航链接和主要网页内容在资源排序中排在最前面，这样可以帮助搜索引擎优化。如果页面的页眉中含有太多 CSS 或 JavaScript，那么可能会把主要页面内容埋藏在 HTML 文件中，以至于搜索引擎爬虫看不到，或者由于代码过多而降低页面排名。

如今的网站页面都会使用样式表来对网页上的内容、图形和导航元素进行布局，将 HTML 内容和视觉样式分离开来。

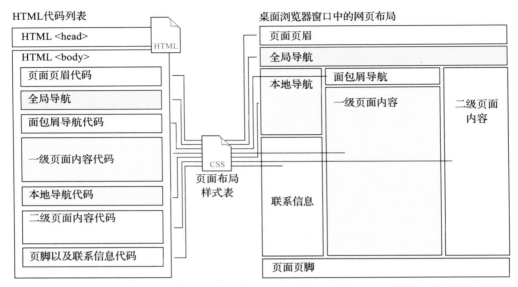

图 6-4   CSS 可以让你的页面布局拥有最大程度的灵活性，但是 HTML 源码的排序逻辑依然很
　　　　重要，因为有时候网页的 CSS 可能会遇到加载不出来的情况，另外 CSS 对于盲人用户
　　　　来说并没有什么作用

页面元素的选择性显示

在设计代码时需要考虑的另一个方面是在不同情境里显示或隐藏相关的元素。例如，尽管导航链接是所有屏幕设计的基础，但是当打印在纸上时，导航链接就没有什么作用了。而有了选择性显示，你就可以使用 CSS 控制打印样式，让页眉或侧栏导航链接不被打印出来。

在打印预览中，当你需要返回上一页面或引用的文章时看到完整的链接 URL 可能会有帮助，这一点用 CSS 的打印样式就可以很容易做到。CSS 的打印样式表通常会自动隐藏导航链接、页面页眉和页脚信息等 HTML 元素。这样做能够让打印版页面更加干净，但有时也会让用户感到困惑，因为他们打印机打出来的东西和在电脑屏幕上看到的不太一样。

关于 HTML5、CSS3 和响应式网页设计技术的参考书籍，请见本章末尾的"推荐阅读"。

6.2   响应式设计

2010 年 5 月 25 日，设计师 Ethan Marcotte 在 A List Apart 杂志上发布了"响应式网页设计"，这篇文章以及随后的同标题书籍彻底改变了网页设计行业。Marcotte 的响应式网页设计概念带来了 CSS3 媒体查询新功能，这使得移动计算硬件的使用量快速扩大，同时让每个网站研发人员都意识到，移动端用户在所有互联网使用者中的比例已经迅速增加，并且移动用户对他们在手机或平板上的使用体验有着很高的期待。在这样的背景下，响应式网页设计（RWD）的出现让网站在当下各类计算机设备中的可用性得到提升，同时它与"移动优先"
设计以及内容策略能够非常好地融合在一起。

响应式网页设计是围绕着以下 3 个概念建立的：

❑ "流畅"或灵活的页面布局，根据浏览器窗口大小成比例缩放。

❑ 灵活、比例适中的图像和视听媒体。

❑ 使用 CSS3 媒体查询（media query），确定浏览器屏幕的宽度并做出相应的调整。

6.2.1　流式布局和比例度量

许多网页设计师很早就开始提倡"流式"布局（如图 6-5 所示）了，也就是说不给网页
设定为一个固定宽度，而是根据浏览器窗口宽度来扩大或收缩网页。页面固定宽度布局是几
年前最流行的网页设计形式，它有许多优点，尤其是在复杂的页面布局中，格式塔视觉原理
（见第 8 章）可以有助于用户更好地了解页面上的信息。但固定页面布局也有很多缺点：无
论大屏幕的设计（比如用于桌面屏幕）还是小屏幕的设计（比如用于手机屏幕），尺寸都是固
定的，这样设计出的页面不能适应当今屏幕大小各异的（从手表到大会议室的巨大显示屏）
互联网世界。响应式设计为此提供了一种能适应任何尺寸屏幕的方法，且可以让我们在抛弃
固定布局的同时还保持对设计的整体控制。

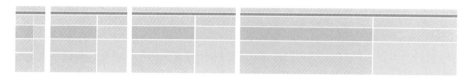

图 6-5　"流体"布局总是能够扩展到最大屏幕宽度，这解决了各种移动和桌面屏幕的一些问题，
但流体布局本身不足以完成真正的"响应式"网页设计

要讨论响应式布局设计，必须从基于成比例度量（而不是基于固定的像素宽度）的流式
布局网格开始说起。为了能"流动地"适应可用空间，所有纵列、边界以及其他空间（在多
栏布局中）都需要设定为与浏览器窗口成比例，整个设计可以根据不同大小需要进行调整。
然而，如图 6-3 所示，单纯成比例的流式布局并不能完全解决屏幕尺寸问题，因为在小屏幕
上页面布局可能会被压扁，而在大屏幕上会被拉伸变形。

因此，使用 em 排版尺寸（如图 6-6 所示）就非常重要了，原因有两点：

❑ 当设备屏幕上的排版太大或太小时，用户都可以很容易地进行调整，这个功能对有
视力障碍的用户十分重要。

❑ 通常，在 CSS 的控制下，在 <html> 或 <body> 标签中使用 font-size 元素，就可以很
容易地对整个页面排版尺寸进行缩放。通过调整 em 值，你可以立刻放大或收缩页面
上所有排版，这是响应性设计中一个非常有用的功能，这个功能可以让你快速缩放
页面排版，从而轻松适应屏幕尺寸和分辨率。

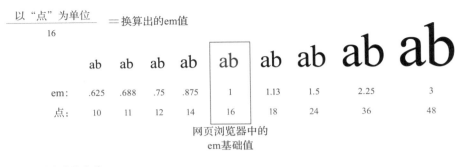

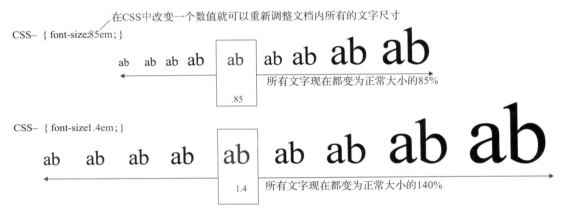

图 6-6　使用 em 尺寸可以让开发人员和设计师在网站中创建复杂的字体系统，页面字体会根据不同的
　　　　屏幕尺寸和分辨率自动地放大或缩小

比例图像和媒体

图片和嵌入式视频的尺寸也可以通过使用 em 单位，或者利用屏幕宽度百分比按比例进行调整。只需要一点点 CSS 代码就可以帮助你完成这件事（如图 6-7 所示）。具体操作是在 CSS 中为图像或视频设定其容器的样式（max-width：100%），这样你就可以按比例调整容器的尺寸，确保容器内的图像总是充满整个容器（100% 最大宽度），但绝不能超过容器尺寸。因此，不仅页面布局可以灵活地适应浏览器窗口，而且所有图像也可以灵活地根据周围空间调整大小。

鉴于目前屏幕尺寸非常之多，那么当你将适用于桌面大小的图像发送到手机、平板等小屏幕上时，如何才能避免图像发生变形呢？你可以使用图像元素的 HTML5 srcset 属性，或者更好的办法是使用新的 <picture> 元素，它可以为一副图像提供多种尺寸，因此能够在手机上显示小版本图像，在桌面屏幕上显示大版本图像。

流式布局到目前为止表现都还不错，但是纯粹的流式布局并不能完全解决屏幕尺寸多样化的问题，因为当在智能手机上按比例缩小布局时，其字体也会变小，因此你需要放大文字，让它们达到可读大小。

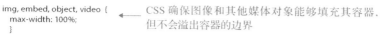

```
img, embed, object, video {
    max-width: 100%;
}
```
← CSS 确保图像和其他媒体对象能够填充其容器，
但不会溢出容器的边界

Phone　　　　　　Tablet

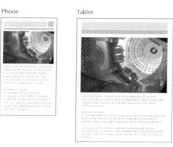

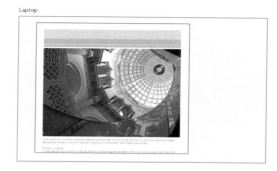
Laptop

流体布局会填满可用的屏幕宽度

```
<img
    srcset="Tate-Britain-Lynch-S.jpg 310w, Tate-Britain-Lynch-M.jpg 620, Tate-Britain-Lynch-L.jpg 1000w"
    src="Tate-Britain-Lynch-M.jpg"
    alt="The HTML5 srcset tag allows the browser to pick the appropriate-sized image, to speed page loading."
/>
```

Small version for phones

Tate-Britain-Lynch-S.jpg

Medium version for tablets

Tate-Britain-Lynch-M.jpg

Large version for laptops & desktops

Tate-Britain-Lynch-L.jpg

图 6-7　通过使用 CSS 可以让你网站上的图片根据用户的屏幕尺寸缩放，永远不超出设定的范围。你还可以用 CSS 为图像定义不同尺寸，以便在手机屏幕上显示相应的小尺寸而不是适用于计算机桌面的大尺寸

媒体查询

CSS3 的媒体查询是响应式设计的第三大核心。媒体查询可以让你定制自己的布局、排版和嵌入式媒体，以便最好地适应用户浏览器窗口中的可用空间。

虽然媒体查询主要用于检查网页浏览器的显示宽度，但其实它也可以为你提供更多关于用户显示设备性质的信息，包括：

❑ 方向

❑ 宽高比

❑ 彩色或黑白显示

❑ DPI 分辨率

❑ 扫描（用于电视显示器，逐行或隔行扫描）

　　媒体查询可以有条件地检测用户显示屏的各个方面，然后根据这些条件有选择地加载出样式表，并提供最合适的布局、排版和图形。这些适合某些特定屏幕尺寸的样式表通常是由 CSS3 媒体查询触发的，当达到一定的最小尺寸或"断点"时就会激活。打开 Guardian newspaper（theguardian. Com）或 Boston Globe（bostonglobe.com）等响应式网站，你可以很容易地看到样式断点。在桌面或手提电脑上逐步缩小网页浏览器窗口的宽度，刚开始你会看到布局被挤压到适合浏览器边框的大小，当达到断点（设置的浏览器窗口最小宽度）时，就会突然出现一个新的布局样式。

　　例如，当视口宽度大于 1200 像素时，下面的媒体查询案例展示了如何将主要内容区域（容器）的宽度设置为 970 像素。

```
@media (min-width: 1200px) {
    .container {
    width: 970px;
    }
}
```

响应式设计不仅仅是拉伸或缩小页面布局，而是要将内容和导航的独特布局以最好的方式显示到各种尺寸的屏幕上（如图 6-8 所示）。大部分响应式设计会使用至少 3 种不同的布局样式表，用于智能手机、平板电脑和更大的台式机或笔记本电脑屏幕上的视口宽度断点。我们已经在这里展示了断点测量示例（如图 6-9 所示），但是没有通用公式来设定断点。最重要的一点是，你的布局、内容和功能在用户的各种设备上看起来怎么样。根据具体情况和需求，相应地设置断点。

图 6-8　响应式设计不仅仅能够让页面根据不同屏幕进行缩放调整：观察上图同一个网页在不同显示器中导航位置的变化，从计算机显示器上的导航条，到平板上的缩小版，再到手机上隐藏的一个菜单图标（rosenfeldmedia. com）

　　响应式设计通常会在每个响应样式表中对网站的主要导航链接进行不同的样式设计。例如，在手机上用紧凑的弹出式菜单，在平板上用紧凑的链接布局，在桌面屏幕上用更大的常规布局。

　　响应式设计很少会扩展到适合大型桌面显示器和笔记本电脑的整个屏幕。宽得过分的网页设计会破坏大多数布局方案，而过长的文本会使内容不那么清晰。

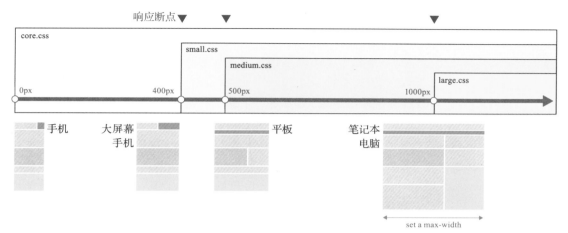

图 6-9　为了覆盖从智能手机到桌面屏幕尺寸设计的响应断点。在每个最小屏幕宽度或"断点"
　　　　处，其布局、排版以及基本网站导航都会进行调整，以便针对该屏幕尺寸范围进行优化。
　　　　一旦屏幕宽度超过 1000 像素的最小宽度，设计就会设置最大宽度，以保持布局的一致性，
　　　　以及文本行长度的合理性

6.2.2　响应式设计和移动优先设计

响应式设计要从"参考分辨率"版本开始做起，然后利用媒体查询和自定义样式表来
适应其他所有屏幕大小（如图 6-10 所示）。现在，这个参考分辨率就是网站在移动版（智能
手机）上的分辨率，然后再对设计进行放大，以适应较大的屏幕。

图 6-10　上图显示了响应式网站设计在三个断点处的不同表现，在笔记本电脑和台式机显示器中设置
　　　　　了最大宽度为 960 像素

设计师 Luke Wroblewski 首先倡导了"移动优先"的设计理念，这主要是因为移动计算
和移动网络使用量的暴增。移动网络用户量现在已经超过了桌面用户量，将一个网站设计成
多个版本以分别适应移动用户和桌面用户的需求已经不切实际了。移动用户想要一个完整的
网络体验，而不是一个只有基本信息的精简的"移动版网站"。

响应式设计技术资源

　　响应式设计的编码细节超出了本书的范围，但是如果你想学习 HTML5 和 CSS3 响应式技术，我们推荐以下参考资料：Matthew MacDonald 的《HTML5：The Missing Manual》，这本书可以让你了解基础的响应式设计；Ethan Marcotte 的《Responsive Web Design》，是一本更进阶的书，书中介绍了响应式编码技术，但由于 Marcotte 非常擅于解释其中的逻辑和理念，即使你不打算亲自编码出自己的响应式页面或主题，他的书也是必读的；另外还有 Stephen Hay 的《Responsive Design Workflow》，这本书可以让你了解怎么将响应式设计理念和技术整合到一个全面规划、设计和研发的项目中。详情请参见本章结尾部分的"推荐阅读"。

优先内容和功能

　　由于手机上的布局和带宽有限，移动优先的设计方案迫使研发团队必须更加关注所有用户的核心需求，去除那些桌面端网站上的冗余图像和文本。毕竟移动设备的屏幕空间有限，你不能放一些"可有可无"的东西，而只能放"必须有"的东西。

　　移动优先方案并不是默认显示桌面版网站，然后再试图把所有内容和导航塞进一个缩小的排版当中，而是应该优先显示最重要的内容和功能，如果空间允许，再逐步加入次要内容和功能。响应式设计技术强调的是始终关注优先目标和功能，因此敏捷项目管理方法在移动优先的项目中非常好用。

　　通常在移动布局中，侧边栏内容一般会放在"主要"内容的下面，这导致移动屏幕上的显示内容会越堆越高。但是，CSS 布局可以让你完全控制屏幕上各种 HTML 语义容器（<header>、<main>、<article>、<section>、<aside>）或其他 <div> 容器的位置。在移动端进行布局前，你需要仔细考虑哪些页面元素是最重要的，哪些是次要的，不要将重要的内容放得太后了。例如，侧边栏顶部的内容或导航可能在手机上也需要放在顶部。你需要根据内容和导航的优先级来决定它在手机上的布局，而不能只套用简单的布局公式（如图 6-11 所示）。

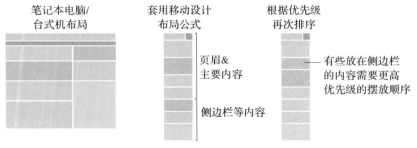

图 6-11   要避免使用公式化的移动设计方法，将侧边栏中的所有内容简单地移动到主要内容
　　　　　 列的下方。有时，侧边栏顶部的内容需要特殊处理一下才能尽可能保持其可见性

通用访问

移动优先设计方案的最重要的好处是：只要移动端做得好，即使用户使用的是旧版本浏览器、没有 JavaScript 或关闭了 JavaScript 的浏览器或为视力障碍人士设计的读屏浏览器，他们也能看到一个拥有基本功能的网站，并且网站上所有内容和链接都会显示在上面。移动优先是渐进增强理念的良好范例，在移动优先设计中，所有用户——即使是使用旧浏览器或其他受限浏览器的用户——都可以访问网站的核心内容和功能。对于使用更新的浏览器、更好的硬件和更大屏幕的用户，他们的体验会更好更丰富，但不存在不能访问的情况。

6.2.3　从内容和功能开始

试想一下就会发现，在处理复杂、高度响应式的网站设计时，用静态图像处理的工具 Photoshop 进行响应式网页的设计很可能会限制设计师在为不同屏幕（手机、平板和计算机）做体验设计时的思维交流。过去那些追求像素级完美的 PS 图像处理方式往往把会研发过程推向一个完全错误的方向，也就是过去的桌面优先、大屏幕优先的思维方式，而不注重交互的重要性，以及响应式设计中布局的多样性。

我们的建议是在开始下一步设计前，先在最小的移动屏幕上列出你网站所需要的、简短的“必要”条目。在纸上或白板上画出你大屏幕上的核心功能和内容，然后将这些草图转变成简单的线框图，网页程序员可以使用这些线框图创建出可交互的 HTML 和 CSS 模型。建立了响应式设计后，平面设计师就可以开始创建色彩搭配、网站 Logo、示例照片等设计稿了，另外还有适合各种屏幕的排版样式表。这个过程的每一步都需要平面设计师的参与，并由他指导网页上图形和排版的演变，逐步增加视觉细节，逐渐增强原型和早期功能版本。始终坚持移动优先、浏览器优先的开发理念，Photoshop 是最后而不是最先使用的工具。

尽可能多地用 HTML 和 CSS 来做设计，移动端优先，并随着空间和浏览器功能的扩展而逐步增强设计。只有完成了所有重要策略、内容、功能和代码决定后，你才可以开始进行详细的 Photoshop 图像处理工作，给图形元素提供最后的润色。

6.2.4　最佳实践总结

响应式网页设计不仅仅是在页面代码中添加媒体查询和一些样式表，它是一种新的设计理念，为所有用户提供了更丰富且更易访问的体验，无论其使用的是什么设备。

❑ 在搭建网站时使用有效且被浏览器广泛支持的 HTML5 和 CSS3。
❑ 利用 HTML5 新语义元素和 ARIA 来为你的内容添加意义、可访问性和搜索可见度。
❑ 给整个布局和排版使用百分比和 em 比例度量。
❑ 根据用户需求、可能有的屏幕尺寸以及内容性质来计算响应式断点并使用媒体查询。
❑ 使用基于最小基础体验的移动优先方案。
❑ 根据屏幕空间、带宽和浏览器功能，逐步提升移动优先的体验。

❑ 在研发周期中优先考虑浏览器因素，尽量避免使用复杂的以桌面应用为主导的 Photo-shop 图像处理软件做静态平面设计。使用花哨的静态设计模型是一种陈旧的思维方式，已经无法适用于现代网络世界。

6.3   页面结构组件

网站是一个完全抽象的概念，它们只存在于我们的脑海中。当我们识别一个网站时，我们真正描述的是一系列相连页面的集合，这些相连页面都有共同的图形和导航设计。这些页面之间共享的特点，例如它们的 CSS 结构以及图形，可以让网站感觉上是一个连续性的整体。每一个页面，包括其中的设计和链接，组成了网站中的一个个原子单位，每一个能够表现网站特征的单位都应该出现在页面模板中。

6.3.1   构建一个页面

在过去十年中，随着互联网发展逐渐走向成熟，以文本信息为核心的网站页面结构已经变得越来越统一，可预测性更强。虽然并不是所有的网站页面都使用同样的文本描述、布局和特性，但是大多数网站页面都会在用户熟悉的位置加入相应的基本组件（如图 6-12 所示）。最近流行的响应式设计系统倾向于简化页眉和导航框架，尤其是为了页面能够在较小的移动屏幕上很好地显示。

如果你在一个大型企业中工作，那么你的网站设计就需要清晰地展示出你所在企业的特征。如果你的机构已经有一套标准的视觉识别系统，那么一定要在设计中使用它。直接采用大型企业的设计标准可以为你节省大量时间和金钱。大学、政府机构、大型非营利机构的网站通常会非常混乱。大公司有时也有同样的问题，但商业界有固定的企业视觉识别系统标准和规范，大多数企业会期望每个用户都看到同样的网站外观和用户界面，且每个分公司网站看起来都应和母公司的网站有明显的相关性。

页面页眉和网站视觉识别系统

页面的页眉就像一个迷你版的主页，它虽然位于每个页面上方的有限空间内，但是却能够完成许多用户需要在主页所做的事情。页眉能够为网站提供视觉标识、全局导航、搜索和其他工具。这些组件的具体位置和布局会因网站不同而有差异，但它们的总体设计模式是相似的。

页眉是网站中最显眼的部分。一组含有相同页眉的页面就形成了一个"网站"，即使每个页面所使用的技术源不同（博客软件、门户系统、SharePoint、Web 应用程序、CMS 等）。用户在浏览复杂的企业网站时，感到混乱和困惑的一个原因是：制作过程中使用的企业软件供应商比较多，每个供应商都不愿意做太多改变去适配网站的基本设计规范。不过这主要是软件采购问题，而并非设计问题：

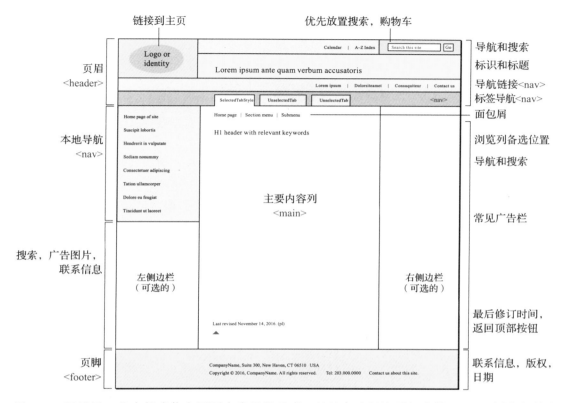

图 6-12　展示了一些内部或信息网页中常见的元素，并且旁边标注了相应的 HTML5 语义标签和
ARIA 规范。一般网站中不会包含以上所有元素。大部分网站的结果要简单得多，只会包含
一些页眉元素以及单一侧边栏菜单

- □ 为你的内部和外部网络系统开发一致的企业视觉识别系统。
- □ 让你的软件采购团队参与到项目中来，以确保他们也了解网站界面和企业视觉
  规范。
- □ 让每个软件供应商坚持遵循你企业网站的视觉规范、可访问性、图形以及用户界面
  交互作性标准，这样软件设计出的产品就能够符合企业网站体验标准。

如果你在签订合同之前和软件供应商协商好，并遵守企业设计标准，那么在功能开发时，你会惊喜地发现，往往那些"我们的软件不允许这样的自定义"就会变成了"我们当然可以做到"。

主页链接

将组织或网站的商标放在网页的左上角，并给商标插入主页链接，这可能是网站设计中最普遍使用的设计惯例，因此你也需要这么做，除非是遇到了某些特殊情况，比如"购物车"的结账界面，或者你希望用户不要离开的某个界面。如果你不打算在页眉中使用商标或

图片，那么至少在页面左上角放置一个"主页"文字链接，因为 99.9% 的用户都希望在这个位置可以找到返回主页的链接。

全局导航

网站的全局导航链接通常会放置在页眉处。最好的设计是使用响应式页面设计，用一个 HTML 链接列表和适当的 CSS 样式，以适用于各种视图大小。这样做可以让你收获以下几点：

- □ **可用性**：用户最期待在页眉中看到全局链接。
- □ **语义逻辑**：所有全局链接都应该作为一个列表进行标记，因为这些链接本质上就是一个列表。
- □ **可访问性**：链接列表格式在代码清单中出现得比较靠前，应该将其包含在一个 HTML5 的 <nav> 元素中。
- □ **搜索可见度**：收集你网站的主要导航关键词并插入链接，将它们放在代码的顶部，这么做最有利于搜索引擎的优化。

标签（tab）是另一种被广泛使用且容易被大众理解的全局导航方式，特别是在桌面页面设计中。在大屏幕上，实施基于标签的导航链接可以采用的方法是用 CSS 为普通的 HTML 列表添加样式，围绕每个链接形成"tab"图样。你需要注意确保标签图形细节的正确无误：所选中的标签图形应该是凸显的，其余的标签应该清晰地放置在所选中标签之后。这种"你在这里"的标记效果，可以在网站中起到指引用户的作用。标签也可以用来执行一个双层导航方案，在这种情况下，次要的横向链接列表在选定的标签下面，同样作为含有 CSS 样式的 HTML 列表，以保持内容的语义、可访问性和搜索可见度（见图 6-2）。

在较小的移动视口中，通常的做法是将页面页眉部分的主要导航列表收起来，放到较小的"导航图标"或"三横线图标"里面（HTML 编码 ☰），以节省空间。当星巴克和 Twitter Bootstrap 在小屏幕上成功采用三横线图标来隐藏导航后，三横线图标就成了一种主流的网站导航模式。三横线图标设计现在已经随处可见了，Guardian 和 Slate 杂志等响应式网站甚至在它们的桌面网页布局上也使用了三横线图标来标记导航。

面包屑导航

面包屑导航是一种被广泛使用且易于理解的导航形式，尤其对内容组织层次较深的大型网站特别适用。面包屑最好放在页眉的顶部，就如美国国会图书馆网站那样（参见图 6-13 中黑色的页眉栏）。另一个较常作为放置面包屑导航的位置是在页眉导航与主要页面 <h1> 标题和内容之间。

搜索

所有大型网站——含有超过几十页的网站——都应为用户提供本地搜索功能。搜索框的标准位置应位于页眉的右上方（如图 6-13 所示）。设计中要注意确保你的搜索框足够长，足以容纳较长关键词的查询。一项研究表明，一个 27 字符长的搜索框可以支持 90% 的搜索查询。亚马逊的搜索框是这个长度的两倍以上（57 个字符）。

图 6-13　美国国会图书馆网站是一个使用面包屑导航的优秀案例（请看上图中页眉的黑色区域），面包屑的应用让这个庞大、层级多、内容丰富的网站使用起来非常容易

购物车

亚马逊在很久以前就把它的"购物车"链接放在了页眉的右上角，这一设计对行业的影响很大，现在所有的购物网站都把购物车放在其网站的右上角。不要试图违背这个趋势，因为它已经是网站设计中固定的惯例之一。

广告

所有支持植入广告的网站通常会在页眉组件的上方留出一大块区域用于放置横幅广告，有研究结果也验证了这么做的有效性，用户通常希望在页面的这一区域看到广告。即使你的网站没有用到横幅广告，也需要意识到这种布局惯例背后的重要意义，也就是所谓的"广告盲区"现象。"广告盲区"现象是指用户通常会忽视含有广告的区域，页面上的某些图形内容可能会看起来很像横幅广告。所以请确保你在设计页面页眉以及其他页面图形时不要使用横幅广告所用的那种被框起来且看着非常花哨的视觉词汇，否则用户可能会因此忽视你界面上的某些重要元素。

侧边栏

现代平面设计的一个基本特征是将页面细分为各种功能区域。在早期网站中，设计师们就开始在页面边缘使用狭窄的边栏来组织导航链接和其他外围页面元素。用户行为研究表明，用户更期望在左侧边栏中找到导航链接。很多网站会在右侧边栏放置广告，所以要注意当你在右侧边栏里放置图形内容时，不要让其看起来像广告，不然你的用户可能忽略这个区域。

侧边栏里也可放置搜索框、邮寄地址、联系信息和其他更多不怎么重要但却不能没有的页面元素。研究表明，用户寻找搜索功能时会先浏览页眉的右边区域，其次会去本地导航链接下的左侧边栏寻找。

> **导航放在左侧边栏好还是右侧边栏好呢？**
>
> 　　一些眼球追踪和用户研究认为，左侧边栏还是右侧边栏导航没有太大影响，虽然左侧边栏导航更常见，但很多研究发现，之所以人们偏向于使用左侧边栏导航，是因为其他人都这样做。用户似乎两者都能够接受，只要你摆放内容的位置是一致的。偏向于使用左侧边栏导航的设计师通常是依据英语阅读习惯以及 Gutenberg diagram（古腾堡图表）设计法则，不过该法则也提出，虽然用户大部分注意力会放在左上角，但右上角也并没有被忽略。只不过通常广告都会被放在网页的右侧边栏，所以用户习惯忽视那块区域。总体来说，我们还是更偏向于用使用左侧边栏导航，因为这是最普遍的做法，遵循惯例而做设计并不是件坏事儿。

　　用户在使用一个设计欠佳的网站时可能会遇到这样的问题，即很难在网站上找到的"公司基本"信息，比如负责这个网站的是什么公司，公司在哪里，以及如何联系该公司。这样的体验对于用户很不友好，你如果想要销售一种产品或服务，请不要向客户隐瞒你的信息，而是要在显眼的位置展示出你的联系信息，比如放在网站每一页的侧边栏上。

　　主要内容

　　网站内容可以是五花八门的，很难找到一个通用规则，不过以下列出的几种常见方法可以帮助你让网站内容区域更易于使用：

- ❑ **为网页添加内容标题**：每一页在靠近顶部的地方都需要有一个显眼的名字，通常会标记为一个 <h1>heading。出于各种逻辑、编辑、可访问性、搜索可见度和常识等原因，请在页面顶部使用 <h1>heading，让用户知道该页面是关于什么的。另外，注意在第一个 <h1>heading 里面加入重要的内容关键词。
- ❑ **使用面包屑导航**：最常见的放置面包屑导航的地方，是内容区域的上方。
- ❑ **快速跳到顶部链接**：跳到顶部链接是一个很好用的功能，尤其是对于那些长页面。这些链接不需要设计得多复杂，只需一个回到页面顶部的链接和一个小的向上箭头图标就可以了。
- ❑ **使用分隔线**：水平分隔线很容易被滥用，导致页面看起来混乱。使用 CSS 让页面分隔线尽可能不那么明显，要非常纤细，并且颜色要比周围的字体浅得多。更好的做法是不使用页面分隔线，而使用少量空白空间来区分内容边界。
- ❑ **使用分页导航**：在含有多个页面的网站中，在每个页面的顶部和底部放置文本链接可以方便读者快速查看上一页或下一页。在较长的页面中，显示位置信息能够帮助读者知道他们现在所在的位置，例如，"第 5/8 页"。
- ❑ **日期**：发布和更新日期通常是评估内容的现状和相关性的重要因素。在新闻和杂志网站上，发布日期应该出现在页面的顶部。其他网站应该在内容的底部显示最近更新日期（如图 6-12 所示）。

页脚

页面页脚通常会放置关于公司内部和法律事务的相关信息，有时也可以在这里放置不那么重要的导航链接。例如以下元素，它们有必要出现在页面上，但是又不能被放在很突出的位置：

❑ 网页作者或大型企业网站负责人
❑ 版权声明
❑ 联系详情，特别是邮件地址
❑ 通向相关网站或大型企业的外部链接
❑ 冗余的导航链接，适用于长页面或作为附加导航

页面页脚也可以用于复述全局网站链接（如图 6-14 所示）。在页面底部摆放一块由文本链接组成的页脚并不会让页面变得臃肿，可是却能够提供一个不显眼的位置以摆放很多有必要的链接。IBM 官网的设计师为每一个页面底部都精心设计了页脚，看起来几乎就像是一个网站地图。

图 6-14　展开的导航页脚是提供全站导航链接的绝佳方式——基本上是每个页面底部的网站地图——同时也不会占用页面顶部的大量空间。在这里的例子中，IBM 网站提供了六个以 HTML 列表样式排列的导航分类，用正确的 HTML 语义标记展示一组相关链接，并且页面加载速度的成本很低。这对于用户导航以及搜索引擎优化的关键字都非常友好

6.3.2　优化页面，提升加载速度

大约从 2007 年到 2010 年，网页设计师拥有过一段开心的日子，因为在这个时期，各大网页浏览器的标准终于得到了统一，要考虑的只剩下桌面视图了，而且大部分用户在家里和办公室都有足够的带宽，可以尽情浏览有很多图片甚至视频的网站。尽管桌面端的网页图片处理技术每年都在不断改善，但移动网络的兴起使网络媒体的带宽限制再次成为一个问题。虽然移动网络和无线速度仍在继续提高，但移动网络计算依然很受限制。移动设备上网络慢这一问题，导致 iOS 和 Android 上的应用都纷纷努力提升其在移动设备上运行时的网络服务性能。

网站开发和设计行业早就开始着手解决移动端用户的需求，我们对大尺寸高清图像的痴迷、大量 CSS 和 JavaScript 以及视听媒体的使用，使得网页页面整体大小不断地在增长。

从 2010 年至 2013 年中期网页的页面平均大小、网页上的相关媒体和 CSS 文件数量都翻了一番（如图 6-15 所示）。

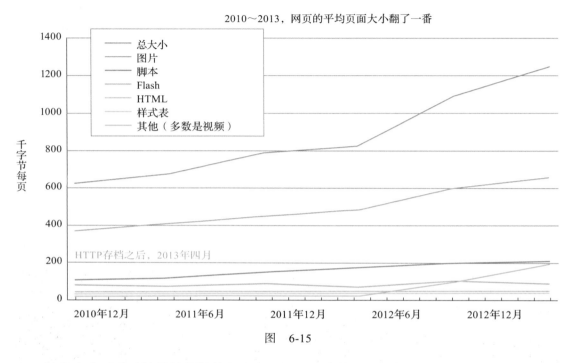

图　6-15

随着大家对移动端的性能挑战越来越了解，网页体量的增长速度已经开始放缓，但是网络性能仍然是平衡"人们对丰富媒体内容的渴望"和"对网页加载速度的追求"之间的支点。页面性能对于一个产品的成功有着直接且重要的影响，尤其是对于电商平台。沃尔玛发现，如果一个页面的加载时间超过 4s，那么其转换率（购物者成为活跃买家的比率）就会急剧下降（如图 6-16 所示）。

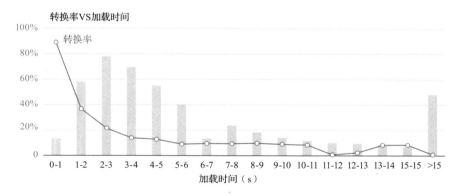

图 6-16　在电商平台中，页面加载速度至关重要

当然，这并不意味着你必须从页面中删掉所有的媒体内容，而是要求开发人员和设计师能够优化到页面上的每一个字节，尤其是对于那些拥有大量移动端用户的页面。优化图片，去除冗余字节的一般做法有：使用 HTML5 的 srcset 标签或 <picture> 元素为一个图像设定多种尺寸（小、中、大）以便在不同尺寸屏幕上显示大小适合的图像，减少每一个图像的压缩比，对于小的几何图形和图标可以使用 GIF 格式（JPEG 格式会比较大），避免使用大量 24 位的透明背景的 PNG 图像，尽可能使用 SVG 图像，以及尽可能使用图标字体来更高效地绘制图标图形。更多有关网络图片的信息请见第 11 章。

6.3.3　围绕"折叠线"进行设计

1994 年，万维网发展早期，人机界面研究员 Jakob Nielsen 发现，使用第一代网页浏览器浏览页面的用户似乎不愿意滚动页面以查看隐藏在第一屏下方的部分，并指出了网页顶部内容的重要性。然而 3 年后，Nielsen 撤回了他曾经说的"互联网用户不喜欢使用滚动"，因为他在后来的研究中发现，当用户适应了网络这一新媒体后，他们已经学会了通过滚动页面来查看页面下方的内容。不幸的是，"用户不会使用滚动"这句话已深入人心，并持续错误地影响着网站设计。

在标准桌面显示器上，网站主页顶部大约 115 平方英寸的这一区域是整个网站中最易受到关注的区域。大多数台式机或笔记本电脑用户在浏览你的网页时，使用的是 19 ～ 22 英寸显示器或笔记本屏幕，用户肯定能注意到的区域是在页面上方的 8 ～ 9 英寸（垂直距离，约 900 ～ 1000 像素），在宽屏笔记本上，这个区域会更小一些。当然，移动端设备的屏幕各不相同，但其基本效果是一样的：网页的首屏是直接可见的，而其余部分是不可见的，需要用户滚动页面才能看到。"折叠线以上"原本是指宽幅报纸，如《纽约时报》或《华尔街日报》等中间的折叠线。"折叠线以上"的头版故事是报纸和网页中最重要并且能被用户一眼看到的。

虽然互联网用户在使用网站时了解如何通过使用滚动来浏览更多页面内容，但一些研究表明，那些强制用户必须通过滚动才能浏览到重要信息的页面，其浏览量会比较低。Nielsen-Norman 小组在一项眼球追踪研究中发现，网页折叠线上方的内容获得了 80% 的关注（严格来说，是人眼球在页面上的注视时间），而"折叠线以下"那些用户必须滚动才能看到的内容只获得了 20% 的关注。Google 对网页广告放置在不同页面位置时观看量的变化进行了研究，发现折叠线下方的广告观看量会急剧下降，Chartbeat 也做过一项类似的研究（如图 6-17 所示），结果也是如此。Google 的研究还表示，在手机设备上"折叠线以下"内容的观看量也会下降，但差别不太明显，特别是对于小屏幕手机的用户，可能他们已经习惯了通过滑动屏幕来查看网页上的更多内容。

Google 和 Chartbeat 的研究都表明，关注量和观看量在折叠线处会出现下降，但是依然有大约一半的用户会浏览折叠线以下的内容（大约到页面下方 900 像素处）。这些研究还发现了一件听起来有悖常理的事：页面顶部不一定是页面中最受关注的区域。根据页面设计复杂程度不同，有的页面加载速度会很慢，因此缺乏耐心的用户通常会在页面顶部完全加载出来之前就开始向下滚动页面。另外，用户还清楚地知道，页面顶部通常会出现广告，因此在那里不太可能找到自己想要的信息。向下走到页面 500 到 800 像素之间的区域，在这里用户关注度和广告观看量达到了顶峰，这个位置相当于桌面和笔记本电脑屏幕上大约 900 像素的"折叠"区域。Chartbeat 还发现，选择向下滚动页面的网页读者在折叠线以下的内容上花费的时间往往要比折叠线以上多得多，这说明，当读者发现网页内容很有吸引力时，他们会选择继续阅读页面下方。总之，这些研究表明，"折叠线"并不是"完全关注"和"完全不关注"之间的绝对分界线，折叠线上方，屏幕底部的可见区域能够获得更多的关注，然而令人害怕的"折叠线"对于如今的网页设计而言，可能没有以前那么重要了。我们自己得出的结论是，折叠线附近区域仍然是一个重要的过渡区，在设计页面时，重要内容的位置最好不要低于 600 ～ 700 像素，这样能够保证在台式机和笔记本电脑屏幕上都能被用户第一眼看到。

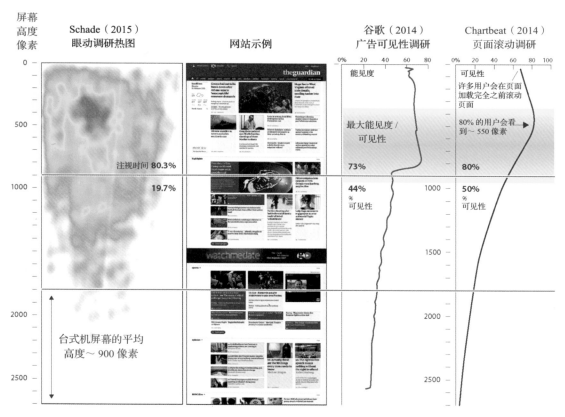

图 6-17   用户行为研究通过使用眼球追踪以及其他一些技术方法来探究用户在浏览网页时，分别对折叠线上方、附近和下方的关注度。结果显示，那些折叠线下方的，需要用户不得不使用滚动的内容获得的关注要远远低于"折叠线上方"的内容

6.3.4　信息屏设计

根据不同的功能、图像层次和文本复杂度，大多数网页设计可以垂直地划分为若干个区域。垂直下拉逐步显示页面，上面的内容就会逐渐消失，同时下面的新内容会逐渐显现。读者每次下拉页面就会看到新的图文信息。因此，我们不应该把整个页面看作一个整体来评判它的页面布局，而是应该将页面划分为若干个视觉和功能区域，然后再评判每屏信息布局的适用性。你可以参考 Guardian 主页的垂直结构，它在第一屏展示的信息比较密集，含有很多链接，因为这里是所有用户进入网站第一眼就能看到的区域（如图 6-18 所示）。

当然，在响应式网页设计中，屏幕上显示的信息一般取决于所用屏幕的宽度和 CSS 断点的使用。在进行响应式设计时，HTML 和 CSS 设计工作变得繁重的一个重要原因是，我们需要经常去评估各种屏幕尺寸会对网站造成的影响。

6.4 · 页面模板

从内层页面（而不是一级页面）开始你的页面模板或 CMS 主题设计工作，因为内层页面模板将贯穿整个网站设计。一级页面（即主页）很重要，但一级页面本身是独一无二的，且具备一些独特的功能。相反，你的内层页面模板会在网站中广泛应用，内层页面的导航、用户界面、移动响应和平面设计将影响用户在网站中的整体体验。因此，应该先做好内层页面的设计和导航，然后再根据内层页面模板进行一级页面和二级页面的设计（如图 6-19 所示）。

内层页面模板必须具备以下这些重要功能：

- ❑ 提供全局和本地导航：无论是在桌面还是移动设备上，都需要确保网站的信息架构和结构组织逻辑保持一致。
- ❑ 建立一个稳定、可复用的设计框架：这么做可以使整个网站上的内容组织保持一致。
- ❑ 设定一个图形基调：主要是为了确立网站的外观和风格，最好能有一个视觉元素控制系统，但又需要保持一定的灵活性，以便在网站中创建一些别具特色的区域。

6.4.1　创建内层页面模板

在一个内容丰富的大型网站中，内层页面模板可能会有很多

图　6-18

个，每一个模板都会有一些细节上的不同（比如分栏数），这些模板可以用来承载网页内容，以同时满足不同用户界面的需求（如图 6-19 所示）。

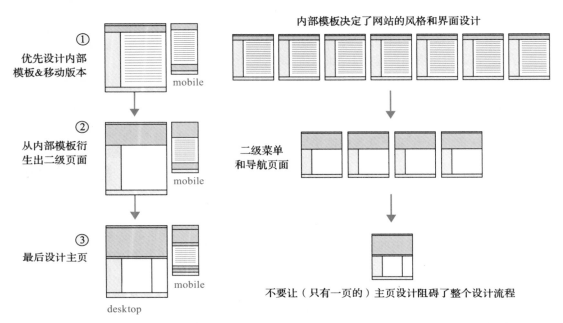

图 6-19   Web 网站开发团队很容易陷入一级页面的设计中。但是构成网站最主要的页面其实是
内层页面。我们建议你先从设计内层页面开始，之后再去开始有趣（但是仅为此一页）
的主页设计

如果你需要在网站中加入 Web 应用程序、博客或者复杂表格，那么你可能需要一个简单的模板，精简掉一些常用的网址导航元素。应用程序、复杂表格、大数据表等各种高度图形化的内容（艺术作品、工程图和维修手册图等）通常会需要尽可能多的屏幕空间。

二级页面模板

大部分网站的组织结构都是多层次的，垂直维度（一级页面、二级页面和内联页面）和水平维度都有不同的内容区域帮助读者浏览。二级页面模板应与内层页面模板紧密相连，同时必须要具备以下两个附加功能：

❑ 建立一个分层的页眉标签，在标签中设置二级页面和一级页面之间的关系，以及与
内层页面的关系。

❑ 为二级页面提供一个独特的外观，能够表示它是一级页面下一层的页面，并为它确
立一个明确的主题。

二级页面模板可以帮助网站建立了一个具体清晰的垂直维度，为一级页面和内层页面之间搭起一座桥梁，例如通过点击广告宣传图片链接到与宣传活动相关的特殊"着陆页"，

在这里你希望读者在到达网站后立即收到与该广告链接相关的信息。

导航和子菜单页面

复杂的多层次网站通常需要拥有子菜单页面，以便为网站的主要分部或区域提供与主导航之间的联络点。这些子菜单页面也可以看作是某个内容块的一级页面。

"一级页面"或"着陆页"

很多以营销和广告为主的网站都会有一个集中的、识别度高的页面来吸引访客（如图 6-20 所示）。这些入口处的图片和主题必须足够清晰，而且要与营销图片、特色产品或活动主题保持明确的关联性，但由于它们只是一个一级页面的替代品，所以需要能够将访问者指引到更核心的网站导航。

图 6-20　上图左侧是 IBM 网站的一级页面，右侧是一个特别项目（Wild Ducks）的"着陆页"，对于那些通过广告链接进入"Wild Ducks"页面的用户来说，该页面可以当作是 IBM 网站的另一个一级页面

部门或项目的一级页面

大型企业网站需要一些二级页面甚至三级页面来作为当地部门或项目的一级页面。在一个多层次的网站中，你的模板系统应该建立一个层次清晰的页面页眉和标题标签，以便让读者能够看到这个部门页面与企业主页面之间的关系。

6.4.2   设计一级页面模板

设计一个高效的一级页面可能会让人望而生畏，但是如果你已经考虑清楚了网站导航的基本要素，并且已经完成了内层页面和二级页面模板，那么你已经有了一个很好的开端。最后设计一级页面布局可以让你更加了解一级页面所起到的核心引导作用，让你专注于主导航界面和图形的设计。

一级页面有 4 个主要元素：

❏ 视觉标识

❏ 导航

❏ 及时性或内容焦点

❏ 工具（搜索、目录）

一个好的一级页面设计一定包含了以上这 4 个元素。如何加入这些元素取决于网站的总体目标，而一个优秀的一级页面并不会平均展示上述所有元素。一级页面往往有一个鲜明的主题，一个占主导地位的元素。亚马逊的一级页面都是产品导航。耶鲁大学的一级页面突出了它的视觉标识。Atlantic 网站突出的是及时性和内容。Google 的一级页面非常精简，全部都是关于工具的内容。一个有效的一级页面不能向所有人显示所有东西。决定好你最重要的东西是什么，然后再创建一级页面，让用户清楚知道你的主题和重点。

下拉菜单

当一级页面上有大量内容或许多商品类别时，可以考虑使用下拉菜单方式为用户提供更多选择。空间节省虽然很好，但这是以可见度和可用性为代价的，因为大多数选择都会被默认隐藏，需要用户点击菜单后才能显示出来。优秀的导航设计会使用一种更有效的混合策略，这种策略可以让你不依赖下拉菜单，而是将下拉菜单作为一个加强功能。

你可以使用 HTML、CSS 和一点 JavaScript 来做下拉菜单。虽然那些使用标准 HTML/CSS 制作的下拉菜单具备足够的搜索引擎可见度，但仅使用网站开发工具制作的菜单功能是不可能像 Mac 和 Windows 系统的一样好用的。相对于 Mac 和 Windows 系统的下拉菜单，网页下拉菜单往往反应会更慢，且对于鼠标点击位置要求很高。老年用户和手眼协调能力差的用户通常不喜欢下拉菜单，尤其是那些使用了小号字体并且有效点击范围很小的菜单。

关注点导航与路径分离

用户通常是带着特定的关注点、产品兴趣或功能目标来到一个网站的一级页面的。因此，大多数一级页面都会提供一个突出的导航列表或主题、产品和服务菜单。然而，有时用户会通过网站提供的身份或角色来确定自己的兴趣。例如，我们常常见到大学网站一级页面上会分出若干条"路径"：新生、老生、家长、师资队伍和其他群体，然后再呈现包含每个群体的兴趣和需求的各种子菜单页面（如图 6-21 所示）。

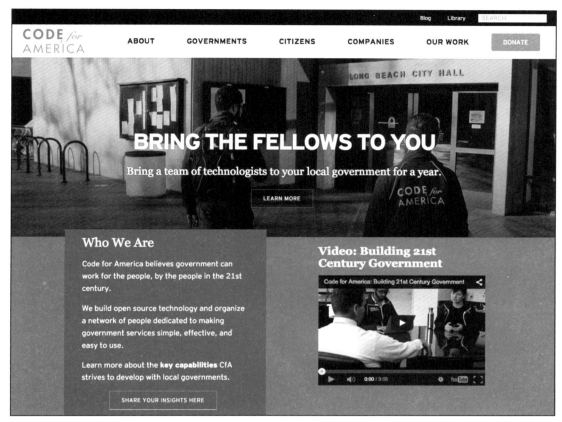

图 6-21　"路径分离"是适用于面对不同受众群体的网站的常见主页导航策略。一旦"政府""公司"
　　　　　或"公民"选择了某个导航路径，页面上就会出现与该特定用户相关的导航选项

推荐阅读

Cederholm, D. *css3 for Web Designers*. New York: A Book Apart, 2010.

Hay, S. *Responsive Web Design Workflow*. Berkeley, CA: New Riders, 2013.

Keith, J. *html5 for Web Designers*. New York: A Book Apart, 2010.

MacDonald, M. *html5: The Missing Manual*, 2nd ed. Sebastopol, CA: O'Reilly, 2013.

McFarland, D. *css3: The Missing Manual*, 3rd ed. Sebastopol, CA: O'Reilly, 2013.

Marcotte, E. *Responsive Web Design*, 2nd ed. New York: A Book Apart, 2014.

Wroblewski, L. *Mobile-First*. New York: A Book Apart, 2011.

第 7 章

界 面 设 计

现如今的网站开发技术框架为更高级的（远超于基本链接形式的）交互提供了一个良好的平台。原本属于本地应用程序的复杂功能，如文字处理器、图像和视频编辑等，现在可以直接在浏览器中实现了。随着界面功能复杂程度的增加，网站开发团队就需要具备另一项关键技能－交互设计。很多网站开发团队里有视觉设计师和信息架构师，但缺乏设计用户界面的经验。高质量的用户体验在很大程度上取决于网站的易用性、导向性和网站功能的易用性。

7.1 媒介设计

网站的读者需要在信息组织中了解他们所在的位置。在纸质文档中，你可以通过图书设计提供的图形和编辑的组织线索来找到自己的位置。电子文档不会提供给我们在分析信息时想要的物理线索。当我们在页面上看到一个网页超文本链接时，我们不知道自己将被引导到什么地方，链接的另一端有多少信息，以及链接信息与当前页面有什么关系。

甚至个别网页的视图显示对很多用户来说都是有限的。大多数网页不完全适合标准的办公显示器，这也就导致用户不能看到页面的较低部分。小屏幕移动设备用户的视口更有限，而对于屏幕阅读器用户来说，更不可以使用大图片视图的网页。因此，网页需要给用户提供明确的上下文和网站组织线索，因为任何网站在第一次被访问时，用户只能看到其中的一小部分网页。

7.1.1　无止境的页面

网页通常没有前导序言：用户可以点击链接直接到埋藏在网站内的更深层页面。他们可能永远不会去看你的主页或其他网站介绍信息。如果你的次级页面没有被放入主页或本地菜单页的链接，那么用户可能就看不到你网站的其他页面了（如图 7-1 所示）。

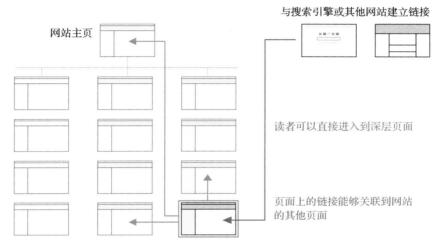

图 7-1　用户需要能够从任意页面回到主页，并且需要一个明确的线索告诉他目前所在的位置

所以，一定要确保网站中的所有页面都至少有一个回到主页的链接，或者最好是，一个主页链接以及一些通向其他主要站点区域的链接。除了考虑到用户界面友好之外，这些链接对于搜索引擎的可见度也至关重要。

7.1.2　直接访问

用户希望以尽可能少的步骤获得信息。这意味着我们必须为用户设计一个高效的信息层次结构，以最小化菜单页中的点击步骤。有研究表明，用户喜欢看到至少有 5 到 7 个链接，且每一个选项都是经过精心设计的菜单页面，而不是那些层级过于简单的菜单页面。所以，请设计好网站的层次结构，这样用户在访问所需内容时，只需点击一下或两下网站的主菜单页面即可。

7.1.3　简单性与一致性

用户不喜欢那些看似不必要的复杂操作，特别是那些对网站信息的时效性和准确性十分看重的用户。界面上出现的隐喻应该简单、常见且有逻辑，例如需要一个隐喻来表示信息集合，那么请选择一个大众熟悉的类型，如文件夹。使用奇特的"创造性"导航和主页隐喻一般是行不通的，因为它们会让用户感觉进入了一个不熟悉且无法预知的界面。奇怪的主页会让用户很快点击"后退"按钮，然后转到谷歌结果页面的下一条链接，这样一来你就失去了一个潜在的读者或客户。因此在设计页面时，注意突显你的内容，而不要突显你的界面。

最好的信息设计从来都不会去试图夺人眼球。一旦你知道了所有链接的位置，界面对你来说就变得几乎是隐形的。好的导航是很容易使用的，而且它从不会与内容争抢用户的注意力（如图 7-2 所示）。

图 7-2　《Lapham's Quarterly》杂志使用了很传统的艺术表现方式，在页眉放置核心导航栏，让界面展现出安静而又功能性很强的页面风格。有趣的是，他们将网站中风格保守的字体和图片适配到了移动端，并于 2014 年底发布了

为了获得最大的功能性和易读性，你的网页设计应该建立在一致的模块化单元模式上，所有页面都应该有着同样的基本布局网格、图形主题、编辑规则和组织层次结构。这么做的目的是为了网站的一致性和可预测性；当用户在浏览你的网站时应该感到舒适，且确信能找到他们需要的东西。网站中一系列页面的图形标识能够为信息的连续性提供视觉线索。例如 Code for America 网站每个页面的页眉部分都有一个菜单，这样既确保了一致的用户界面同时也为网站塑造了强大的标识性（如图 7-3 所示）。

即使你的网站设计中没有使用导航图，一致的标题、次标题、页脚和导航链接（链接到主页或相关网页）布局也可以让用户知道他还在你的网站里面。为了保持页面的"无缝"效果，你可能希望在站点中引入某些重要信息，并将其应用到你的页面布局方案中，而不是使用链接把读者带出你的网站（这么做时请确保复制到网站中的信息不会涉及版权问题）。

图 7-3　简单大气的页眉设计为这个网站建立了一个强大的标识性，以及一个直观好用的导航系统。
完全响应式的设计在手机屏幕上表现得也非常不错

7.1.4　完整性与稳定性

为了让用户相信你所提供的信息是准确可靠的，你需要精心设计你的网站，在编辑和
设计时都使用高标准严要求。一个看起来草率、视觉设计简陋、编辑标准低的网站是无法激
发用户信心的。

在任何网页设计中，功能稳定性也就意味着要保持页面上所有交互元素的可靠运行。
功能稳定性可以分成两个部分：首先在第一次设计网站时把所有事情做好，然后在后期维护
中保持所有功能良好运行。好的网站一定是可交互的，有着许多通向网站其他页面的链接和
通向其他外部网站的链接。在初始设计时，你需要经常检查你所有的链接是否正常有效。网
络信息变化是非常迅速的，无论是对于你的网站还是其他人的网站。当网站发布之后，你依
然需要持续检查你的链接是否能够正常工作，并且链向的内容是否与你的网站相关。

7.1.5　反馈和对话

网页设计需要通过平面设计、导航链接和统一的超文本链接，为用户提供持续的位置
和功能线索，让用户明确其所在位置以及所点击的选项是什么。提供意见反馈选项，也就是
说时刻准备回复用户的询问和评论。一个精心设计过的网站会提供链接让用户直接联系到负
责运行该网站的网站编辑或网站管理员。与用户保持良好的关系对于一个企业的长期成功至
关重要。

7.1.6　带宽与交互

用户通常无法容忍一个加载时间过长的网页。研究表明，用户对大多数计算任务的等待极限是 10s 左右。网页设计倘若没有配合一般用户的网络访问速度就会让用户感到沮丧。因此，请检查你的网站日志，以确保了解一般用户所在的位置和他的网络连接速度。例如，如果你有很多国际用户，那么网页上就不要或少放大尺寸图（如图 7-4 所示）。

统计显示，2013 年全球共有 21 亿多个活跃的移动端宽带用户，约占全球人口的 29.5%。仅在中国就有大约 4.2 亿的移动端宽带用户，其中 2/3 的人用的是各种智能手机。对于很多国际用户（约 1/3 美国用户），智能手机是他们的主要计算设备（如图 7-5 所示）。所有这一切都表明，尽管发达国家的家庭和办公室高速互联网接入已经成为标准，但对于绝大多数全球网络用户来说，带宽仍然是一个问题。

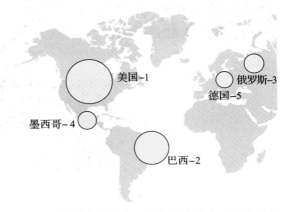

图 7-4　国际用户是很大一部分潜在用户，但是其中大多数用户使用的是带宽有限的移动设备

图 7-5　移动端互联网用户在发展中国家快速增长

注意网站中潜在的会减慢页面加载速度的动态内容，例如冗余的 CSS 或 JavaScript 代码库、RSS 提要、内容管理系统中的文本或其他会减缓网站页面加载速度的数据源。

尽可能避免在网站的主要页面添加带宽密集型视频，特别是那些被设置为"自动播放"的视频。从交互的角度看，自动加载和自动播放视频除了会占用带宽之外，还有几个缺点。例如，使用屏幕阅读器软件的人需花费额外操作，才能找到视频控件并停止视频以浏览页面。不要自认为人们想要加载或观看视频。相反，播放视频时一定要依据明确的用户行为，如按下"播放"按钮。

理想情况下，你的公司网站管理员应该能够提供关于一般用户及其设备的报告和数据。如果很难从组织机构的服务器日志中获得这些信息的话，那么你可以使用一些免费服务（例如 Google Analytics）来更好地了解用户的地理位置信息。

7.1.7　显示

现代计算设备屏幕或"视口"的数量、大小和方向给网页设计师带来了严峻的挑战。为了应对挑战，响应式网页设计方法和 CSS3 @media 代码查询应运而生，其目标是试图在各种视口（从小的智能手机到巨大的 4K 桌面显示器）上提供舒适的用户体验。

三个密切相关（有时相互抵触）的因素支配着移动和桌面端的屏幕图形和用户界面设计（如图 7-6 所示）：

❑ 屏幕尺寸：屏幕的整体物理尺寸，以英寸（或厘米）为单位。屏幕大小会影响显示器的视觉特性，但由于移动屏幕几乎都是触摸屏，所以显示内容的物理尺寸也会影响用户控制屏幕的难易度，决定其是否能轻松点击到目标。在小屏幕上运行良好的触摸界面到了大的平板电脑或手机上可能会很尴尬，反之亦然。

❑ 屏幕像素维度：显示的水平和垂直像素数。一般来说，较大的视口中水平和垂直像素数更多，但显示的视觉效果也依赖于屏幕分辨率。

❑ 屏幕分辨率：像素网格每条线上每英寸（每厘米）的像素数，这个因素是物理屏幕尺寸和屏幕像素尺寸的结合。分辨率对图像的大小和视觉细节以及屏幕上的字体有很大的影响，近年来，手机屏幕分辨率迅猛增长。台式机和笔记本电脑显示器的分辨率同样得到了飞速增长：经过近二十年的平均 72 ～ 110ppi 的计算机屏幕分辨率后，我们即将迅速进入所有计算设备显示器都超过 400ppi 的真正的"Retina"分辨率世界。

屏幕的物理尺寸：3.5英寸 × 2英寸　　　　横向&纵向像素尺寸：640 × 136像素

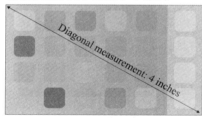 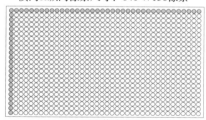

　　　　a）屏幕尺寸　　　　　　　　　　　　b）屏幕像素维度

每英寸像素数（ppi）　　　　　　　　每英寸像素数超过300ppi

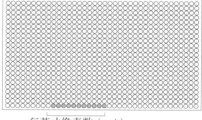 

　　每英寸像素数（ppi）　　　　　　　　每英寸像素数（ppi）
c）屏幕分辨率，中等（200～300ppi）　　d）高分辨率"视网膜"屏幕

图　7-6

为了让硬件适应这种巨大变化，苹果、三星等制造商纷纷推出了使用"像素渲染"（有时称为"CSS 像素"或"虚拟像素"）的方案，一个屏幕像素实际上是由四个硬件像素组成的。因此，iPhone 6 屏幕的物理像素分辨率为 1080×1920，但用户看到的字体和布局大小与原来的 540×960 分辨率显示屏相同。不然，智能手机 Retina 屏幕上的所有网页和排版看起来都会很小。

如何平衡移动设备屏幕的物理尺寸与日益提升的显示分辨率对于网页设计师来说是一个持续的挑战。总的来说这是好消息：新的显示屏上图像和字体看起来都非常清晰，效果非常好，并且易读性的提升同时也为显示屏上的排版带来了更多新的可能。

7.2　导航和寻路

Kevin Lynch 在其《The Image of the City》一书中发明了"寻路"一词来描述他的环境可读性概念——即那些在城市和城镇等复杂空间中可以为我们提供导航帮助的建筑环境元素。万维网中最基本的隐喻是在网站营造的空间中导航，所以寻路隐喻非常适合网络导航思维（如图 7-7 所示）。

图 7-7　威尼斯是个美丽的城市，但是城市中道路狭窄，而且路标指引不足，导致人们很容易迷路。因此，人们只能靠教堂和钟楼等路标性建筑，来指引方向

寻路有四个核心组成部分：

1. 定位：我现在在哪里？
2. 路线决定：我能找到通向我想去的地方的路吗？
3. 心理地图：我的经历是否始终如一，是否足以让人了解我曾去过哪里，并预测下一步该去哪里？我能为我所看到的空间绘制一张连贯的心理图，然后用它来预测下一步该去哪里吗？
4. 终点：我能认出我已经到达了正确的地方吗？

在各个城市进行的采访中，Lynch 让当地居民根据记忆画出了他们城市的地图。居民画出的心理地图对他们在环境中的导向至关重要。每个人描绘的当地地图都是独一无二的，但是 Lynch 发现大多数人的地图都包含了以下五种元素：

1. 路径：熟悉的街道、人行道、地铁线路、公交线路。
2. 边界：墙、栅栏、河流或海岸线等物理障碍。
3. 区域：中等或较大的地段，例如纽约的唐人街、华尔街和格林尼治村。
4. 节点：主要交叉口或汇合点，例如纽约大中央车站的时钟，能够为人们提供许多路径选择。
5. 标志：高大或与众不同的建筑物，它们可以帮助你在很远的地方定位。

虽然从上面的描述中你可以很容易看到网站导航与现实中导航的相似之处，但是，网站是一个特殊的空间，通常不能提供具体的空间和导航线索。

❑ 网站空间中没有尺度感或运动感。网站导航与物理运动有许多相似之处，但网络上的实际旅行是不可思议的：你从一个页面进入另一个页面就是进入了下一个旅程，在这个过程中你眼前不会出现任何图景地标。

❑ 没有指南针。没有方向，也没有方向感。这种空间方向的缺失也就解释了，为什么在网站导航中一定要有链接能回到主页是如此重要：网站上唯一能够帮助用户定位的是主页方向，你是否正在离开主页，或正在走向主页是许多网站中唯一的"方向"感。

❑ 你在这里。所有一切都说明了网页上一定要有具体、可见且易于理解的导航提示。设计师经常对着沉重的网页界面框架发怒——我们真的需要这么多页眉、页脚、标签和链接吗？是的，我们需要。如果没有导航界面和那些"你在这里"标记，用户就会迷失在网络空间中。

7.2.1　支持搜索和浏览导航

用户界面研究表明，大约三分之二的网站用户是以浏览为主的，也就是说，他们更喜欢（至少刚开始是）通过浏览菜单列表来查找信息。而其他三分之一的用户是以搜索为主，即直接在搜索框中输入关键字进行搜索。然而，这种搜索与浏览之间的二分法看似过于简单，研究也表明大多数用户会结合使用浏览和搜索，92% 的用户上网时偶尔使用搜索，甚至几乎只使用搜索功能的用户也会去浏览网站主要分类的导航界面以查询信息。

Jakob Nielsen 指出，具有讽刺意味的是，不怎么懂得高效使用搜索引擎的用户，使用网站搜索框的频率比其他用户要多很多。可用性专家研究一致发现，大多数读者对于搜索框的工作机制只有一个模糊的概念，但是并不了解如何建立高效的查询，而且很少使用更先进的查询功能，如限定范围的搜索或"高级搜索"页面。这似乎也证明了 Google 和 Bing 的设计非常好，可见对于一般用户来说一个简单的搜索框就已经够了。但是不要被这样的事实所误导：现在用户正变得越来越以搜索为主。即使非常了解搜索的用户也能从一个构建良好的浏览界面中获益。

　　用户通常会从点击浏览界面上的导航链接开始浏览一个不熟悉的网站，当他们不能通过点击链接找到他们所需要的东西时，他们就会转向搜索。在一个复杂网站中，所有读者都会在某个时候既要使用浏览又要使用搜索功能，因此支持两种导航模式对于交互设计来说非常重要。随着网络变得越来越大、越来越复杂，无论是寻找信息的用户，还是希望用户能够找到他们内容的网站发布者，他们对搜索技术的依赖性会越来越大。

　　然而，即使是习惯使用搜索功能的用户也会在意网站导航界面的一致性，一致的导航界面可以让用户知道其所在的位置，以及网站信息的结构。即使搜索用户从不点击页眉里的导航链接，但主要内容分类体系仍然会是重要的地标。一个设计良好的浏览界面还能有助于网站内的可寻性和可发现性：

- ❑ **可寻性**：即用户可以很容易地找到他们知道或他们认为存在于该网站中的信息或网站功能，例如，在 Zappos 网站寻找一款特定的耐克鞋。
- ❑ **可发现性**：是指用户经常能发现他们不曾知道的新内容或功能。例如：亚马逊产品页面上的"经常购买的"和"购买此商品的顾客还购买了"。

　　搜索功能对于那些已经对信息空间和所需搜索词汇有透彻了解的用户来说是最有效的。但是，当你需要通过文字来搜索一些你甚至不知道名字的小发明时，你就会发现问题所在了。网站的浏览导航可以一直告诉搜索用户如何描述信息，以及如何对信息进行分类。在亚马逊这样的大网站上使用搜索和导航浏览混合方法通常更快且更容易，在那里你可以从浏览主要产品类别开始，一旦确信你已经到达了所要寻找信息的区域，你就可以在其中使用搜索功能进一步寻找。

　　搜索不能代替浏览导航的另一个原因是：许多本地搜索工具都不太好用，搜出不相关的结果，或者搜出的结果太少或太多。例如，在许多本地搜索系统（如那些内置 CMS 产品的系统）中，查询"儿童研究中心"，搜出的结果都是"儿童"、"研究"、"中心"，没有一个是真正相关的。在一个设计得非常差的搜索引擎中，甚至不支持给多字词组打引号。一个好的浏览界面可以帮助弥补本地搜索结果的不足（如图 7-8 所示）。

图 7-8　通常大学的校园网站都会有明确的目标用户——学生。在康奈尔大学官网的弹窗菜单中提供了分别指向本科生和继续教育学生的入口，这样不同类型的学生在访问网站时就可以轻松找到最相关的信息和功能

7.2.2　设计导航

大多数网站都是由多个页面组成的，每个页面都有一个唯一的 URL。导航设计就是提供一张描述网站地形的地图，以及从一个位置移动到另一个位置的运输系统。

菜单可以帮助突出热门目的地

我们倾向于将导航理解为帮助用户从这里到达那里的一种手段。导航的另一个关键功能是向用户展示你所能提供的，以及他们可选择的。这样，你的导航系统就像一个功能列表，如果你不能清楚地显示可能会吸引用户的选项，那他们可能连主页都不会看一眼。（ Alan Cooper 及其团队将菜单描述为"学习的路径"，它可以告诉用户应用程序能做什么，不能做什么。）

将导航看作一张网站特性和功能的地图。你需要什么样的热点才能让用户停留在你的网站中？他们最感兴趣的是什么？如何描述和显示这些特征，使它们立即显示出来且有意义？以用户为中心的方法可以帮助开发团队注意从用户的角度考虑网站最核心的方面，有时还可以解决一些内部冲突，如主菜单中必须包含什么。确保菜单能够准确反映出你的产品范围和主要焦点，以便符合用户期望。

路径导航

在网站中，路径应该是一致且可预测的，在整个网站中以导航和链接的形式引导用户。路径可以只存在于用户头脑中，就像在你最喜欢的新闻网站上的常用导航中一样。路径也可以是明确的站点网站导航元素，例如表明你所在位置的面包屑路径（如图 7-9 所示）。

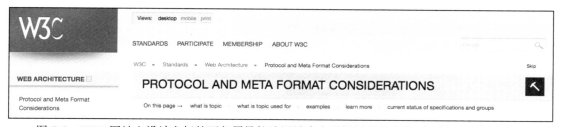

图 7-9　W3C 网站上设计良好的面包屑导航让网站中大量深层的信息都可以被很容易地发现

在每个页面中都建立固定导航，创建一致且标记良好的导航路径。使用固定导航元素，如页眉链接、"你在这里"标记和面包屑路径，以帮助建立和增强用户位置感（如图 7-10 所示）。清晰且一致的图标、图形识别方案、页面标题，以及基于图形或文本的概述和总结可以让用户确信他们可以找到自己想要的东西，而不是在浪费时间。

用户应该总是能够轻松返回到主页和网站中的其他主要导航点。这些基本链接出现在每个页面上的位置应该是一致的。页眉位置可以提供基本的导航链接，并创建一个标识，告诉用户他们在网站内的位置（如图 7-11 所示）。例如，在 King Arthur Flour 网站中，每一页上都有页眉。网站中页眉应该是有效的（在一个小空间中提供多个选择）、可预测的（总是在每个页面的顶部），并且在整个网站中提供一致的标识。

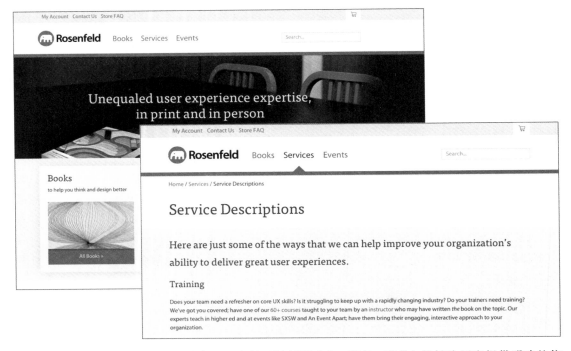

图 7-10   在 Rosenfeld Media 网站中，固定的区域标识（书、服务、事件）能够为用户提供明确的信息，让他们知道自己在哪儿，并且知道如何更深入地探索网站或者去到另一个不同的区域

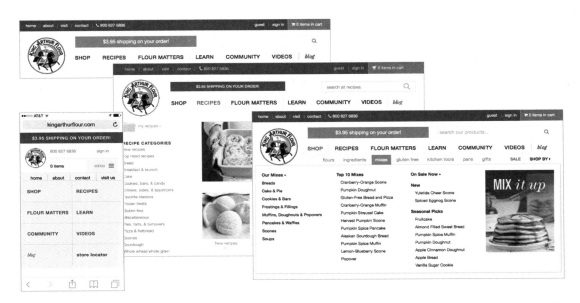

图 7-11   上图展示了一个简单、干净的页眉设计，它很好地铺展在页面中最复杂的区域（"购买"，如图右显示）。注意其移动版本，在触摸屏上，网站依然与桌面版保持了统一的图形标识

链接能够帮助用户发现和探索

超链接在网站导航和寻路过程中会起到重要作用。与页眉、菜单和面包屑导航系统不同，链接通常是嵌在网页的内容中的。它们可以让你更详细深入地探索与页面内容不同的方面。

最有效的链接具有以下特点：

❑ 可区别：许多设计师反对使用默认的网站链接下划线，他们更倾向于去除下划线，改变链接颜色。但其实下划线是非常重要的，特别是对于内联链接（文本块中的链接），因为有颜色感知问题的人是区分不了颜色差异的。

❑ 不解自明：模糊或措辞效果差的链接或"点击这里"、"更多信息"等链接对用户没什么用。链接应该是能够自解释的，不能要求用户点击了链接后才知道其目的地在哪儿。

❑ 相关：用户会通过浏览页面查找需要的内容，如果他们发现了相关关键字，则更有可能进入页面并阅读页面。突出关键字对于搜索引擎优化（SEO）也是至关重要的，因为主要搜索引擎会给链接中的关键字额外的权重。

❑ 简洁：长词组链接文本会降低文本的易读性，过分强调该词组在页面内容中的重要性。

链接是如此常见，我们现在认为它们的出现是理所当然的，但其实超链接是用户界面中一个很重要的部分，它可以定义一个网站的本质。眼球追踪研究表明，读者通常以标准的"F模式"开始浏览页面，主要看网页的左上部，但随后迅速转移到浏览页面的主要页眉部分以及页面上的链接。因此，很多平面设计实践，例如使用 CSS 来减少（或消除）网站链接对比度，其实会破坏页面内容浏览体验。注意确保链接的清晰可辨和易于理解是交互设计的关键部分。

明确的"气味"使选择更加容易

过去的咖啡很简单：普通咖啡或不加糖咖啡。而现在，摩卡拿铁咖啡便有六种可供选择，咖啡已成为你一天当中的又一个选择压力。在西方社会，我们把自由等同于更多的选择，但是正如心理学家 Barry Schwartz 在其《The Paradox of Choice》一书中指出的，过多的选择会导致压力，其减慢我们的决策速度，使我们普遍感到不太满意（我是否从 89 个选择中做出了正确的选择？），而且甚至可能会做不出任何选择。"给用户选择"是用户界面设计中一个永恒的口号，但是同时给予的选择太多，会使得大多数用户感到不堪重负，最终选择完全放弃这条路（如图 7-12 所示）。

太多的链接和菜单选项为用户提供了太多的选择，这样反倒会阻碍用户继续探索。你需要努力只留下一组有限的主要导航类别（最多 7 到 10 个），并在网站的每个次级区域逐步展示更多的详细信息。在许多网站中，这些导航节点被放到了网站的固定浏览层次结构中，通过下拉菜单或弹出菜单，可以发现每个主要网站导航类别中的次级选项。

你可能会感到很难说服其他人（研发团队的同事和用户）相信，在设计链接和菜单选项时少即是多。相反，他们可能会叫你提供大量选项，以尽量减少用户的点击次数。可用性专家 Steve Krug 在他的《Don't Make Me Think》一书中探讨了这个概念。他的第二条可用性法则是"只要每次点击都是一个无意识的、明确的选择，那要我点多少下都没关系"。关键是要用自解释的标签提供一条清晰的路径，不要让用户做太多解析工作。

图 7-12   当页面变得越来越复杂，太多的视觉刺激会导致"时代广场效应"，也就是说让用户感到太多信息带来的压力

信息的气味

"信息的气味"理论起源于施乐帕洛阿尔托研究中心（Xerox PARC），那里的研究人员认为，当面对一个庞大而复杂的信息空间时，人就会成为"informavore"（猎食信息的人），就如动物猎杀猎物。用户会选择似乎能够找到他们想要的结果的气味路径。他们沿着这条路径走，如果气味变得更浓，则他们会变得更加自信且更加充满渴望。如果气味消失了，那他们就会返回，然后再重新尝试。

具有强大气味线索的网站通常会对网站的目标受众做深入了解。通过用户调研和以目标用户为中心的设计过程，研发团队能够制作出一份可以满足用户目标的用户界面设计。这样，用户就能够更有信心地使用网站，失败的次数也会更少，进而用户就会对网站整体感到满意，并在使用网站时感到开心。

怎样才能让一个网站有很强的气味线索呢？在这里，我们总结了 Jared Spool、Shristine Perfetti 和 David Brittan（用户界面设计网站，www.uie.com）在"Designing for the Scent of Information"概念报告的"the Tao of Scent"部分列出的一些主要原则。

☐ 最有效的链接是可以很容易地区分于其他元素的链接（例如，蓝色和下划线链接）。

☐ 开头包含关键字（"触发词"）的链接气味最大，且链接最好具有明确的描述性，可以做到准确描述其链接到的网页。当看到链接的单词在目标页面上突出显示时，用户的信心就会增长。

☐ 只要每次点击后气味越来越强，那么用户就会觉得他们正在朝着正确的目标前进，于是他们就不介意多点击几个页面。

边界和地标可以提供方向

　　一致性是界面设计和寻路的黄金法则，但关于一致性有一个悖论：如果一切看起来都一样，就没有特点了。那样的话你怎么知道你在哪里，或者何时从一个空间移动到了另一个空间呢？一个设计良好的网站导航系统是建立在一致的页面网格、术语和导航链接的基础上的，但它也拥有其灵活性，可以在较大的空间中创建可辨认的区域和边缘。在公司网站上，如果你从一个区域转移到另一个区域——例如，从营销区到人力资源区——你应该能注意到你刚刚越过了一个重要区域边界（如图 7-13 所示），但这两个区域应该有足够的相似度，以保证让你知道你仍然在同一个公司的网站上。

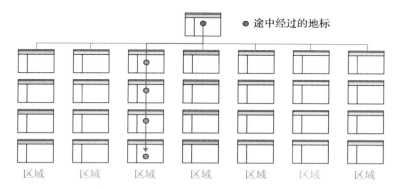

　　图 7-13　在一个大型网站中，用户需要能够清晰地感知到自己跨越了组织区域的
　　　　　　　边界。如果每一个页面都长得一模一样，则会让用户在网站中迷失方向

　　"你在这里"的方向提示在网站界面中尤其重要，因为用户通常不会有意地重复相同路径进入一个页面。例如，网站中的寻路与物理空间中的导航有一点非常不同，那就是"搜索"，搜索可以跨越所有正常的寻路边界，提供网站中出现关键字或关键词组的所有页面。搜索可以让你从网站的一个地方直接进入另一个地方，这种直接的连接使用户更依赖于网站界面上的"你在这里"提示。

　　无论是网站导航的浏览还是搜索功能设计，都要做到能够帮助用户围绕网站的主要地标建立位置感和方向感。网站的核心页面组件和界面元素与浏览和搜索这两种操作息息相关；它们能够让网站看起来是一个可导航的空间，并为用户提供一种"你在这里"的位置感。可以通过使用面包屑路径、标签页或改变颜色来显示当前位置的链接以及章节标题，以便帮助用户确定他在网站中的位置（如图 7-14 所示）。

　　这些地标和寻路元素对于使用搜索导航的用户尤其重要。界面浏览方式可以让用户逐步浏览整个网站，在通过网站的层次结构时会看到各种地标（如图 7-13 所示）。网站搜索方式可以让用户直接进入一个网站的层次结构。那些从 Yahoo! 或 Google 等互联网搜索引擎进入你网站的用户可以直接到达位于你网站组织深层的页面。当大部分用户都是通过搜索进入你的网站时，进入你网站主页的用户数量就会表现出下降趋势。

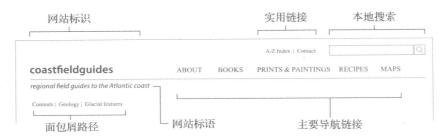

图 7-14   上图展示了网站页眉的重要组成部分。网站中的每一个页面都应该有固定
且一致的标识、导航以及搜索功能。只有拥有了这些元素，才能够保证网
站的辨识度

在一个大的设计系统中为网站的每个区域创建一个唯一又保持相关性的标识，可以让
整个企业网站保持一致性。这些"附属设计系统"在多部门企业中非常普遍，可以在加强企
业整体标识的同时，提供独特的分部标识（如图 7-15 所示）。

图 7-15   MIT 网站的主页和新闻页面在界面风格和功能设计上非常相似。主要的附属页面也可以作为
网站的导航地标，你能够同时感受到页面的独特性（你所在的位置）以及相关性（你在 MIT
网站中）

一致性会让导航更加容易

为导航创建地标，并保持一致性对于帮助用户寻路成功而言至关重要，无论是在大型
网站的虚拟"空间"还是在大城市交通枢纽的实际空间中。纽约宾州车站的标识系统是设计
糟糕、混乱的典型案例。宾州车站是美国最繁忙的火车站，是四个轨道系统的交汇点：美国

铁路、新泽西公交、长岛铁路和纽约地铁。每一个轨道系统都在车站树立了自己的一套标识，而宾州车站本身又增加了一套标识牌，总共有五套不相关且相互冲突的标志，没有共用任何设计或颜色规范（如图 7-16 所示）。每一个轨道系统都试图在车站内为乘客导航，太多竞争重叠的标志对使用者来说简直是视觉"噪声"。

图 7-16　五种风格迥异的标识系统让纽约宾州火车站成了最容易迷路的地方。一个设计糟糕的企业或大学网站就如同火车站。如果每一个部门都坚持用自己的设计，你的用户会抓狂，而且也会有损企业的形象

　　有些设计不当的大型网站就像宾州车站一样。公司、政府机构和（特别是）大学的网站就像杂乱的宾州车站，到处都是不协调的用户界面和视觉设计。大型网站的每个区域都试图用本地独特的设计和界面让它自己的一小块看起来很"完美"，结果往往会让用户感到非常困惑。

　　相比之下，大部分现代机场通过使用精心设计的寻路指示牌系统，解决了用户在寻路时的问题。因为有了清晰易懂且一致的设计语言——到达、出发、闸机口标识系统、通用的图标和符号系统——即使不说当地语言的游客也能在适当的时间找到正确的飞机（如图 7-17 所示）。

　　一个设计得很糟糕的导航（无论是火车站还是网站中）会造成很严重的后果。当用户感到困惑时，他们就没有信心找到正确的下一步，对网站的信任度也会降低，这可能会使他们停止浏览当前的网站，或者放弃购买他们正在寻找的产品，甚至即使他们找到了也不会购买，因为他们已经不再信任这个网站。

　　大多数以文本形式为主的信息网站都会有相对一致的页眉、页脚、本地导航和内容元素布局，这些布局为网页界面设计提供了一个常规且实用的起点。一般来说，人们对于熟悉的常规事物更容易使用和记住，当你的网站遵循了这些常规的模式时，用户就能够快速适应浏览环境，进而关注你网站中的具体内容、功能或产品（如图 7-18 所示）。

图 7-17   大部分机场都深知保持一致设计的重要性，并且其设计的寻路标识能够让上千人在复杂的空间中导航到正确的位置，并按时坐上飞机

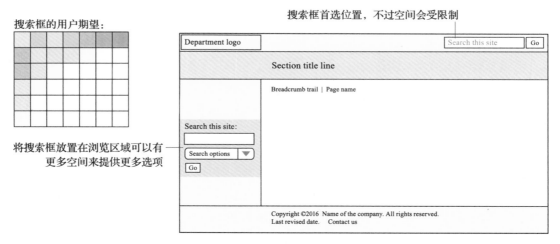

图 7-18   标准才是王道。永远要把搜索框放在用户期待它出现的位置

当你设计网站界面时，请记住完美的界面设计决不能和页面内容争抢用户的注意力。界面是画框，而不是绘画内容。

搜索也需要寻路指示

对于那些喜欢使用搜索功能的用户来说，对网站最基本的期望就是在每一个页面上都能提供一个搜索框。研究表明，大部分用户希望在页面的某个特定区域看到搜索框（如图 7-19 所示），并且大多数用户期望的搜索功能十分简单，他们并理解也并不使用"高级搜索"选项。

a）标签选项控制了搜索的范围

b）选项菜单能够让用户完善搜索范围

图 7-19　搜索框的选项决定了它应该摆放的位置。顶部搜索框基本可以适用于各种情况，但是
如果你需要提供搜索范围或更多选项，你可能需要一个更大的空间来展示弹出式菜单

　　尽量让用户知道他们能够搜索的范围，而让搜索范围控件尽量保持简单低调，因为即使使用控制范围会产生更好的结果，许多用户也不使用范围控制。当用户输入一个关键字时，他认为系统只会搜索当前的页面，可是结果却得到整个公司或整个互联网的搜索结果，这会让用户感到非常困惑。在简单的搜索栏中，你可以在字段标签或者在搜索框旁边的一个小的下拉菜单中设定清晰的搜索范围。如果页面上有更多的空间，在搜索栏中可以提供更多的选项来控制搜索范围（如图 7-20 所示），但一定要保持简单。

图　7-20

　　为了给用户提供站内的位置感，用户搜索查询的结果也应与网站其他页面一样。对于大型机构来说，只要其网站组织良好且平面设计风格一致，小的子网站就不需要专门设计自定义的搜索页面。

　　"搜索"功能虽然很强大，但并不意味着有了网站搜索便可以忽略网站体系架构设计了。具有讽刺意味的是，搜索导航很大程度上依赖于那些被认为属于标准浏览界面的页面元素和设计特性。通过切除浏览信息层级的中间步骤搜索会直接带用户进入网站深层页面，只有网站图形、网页标题、面包屑路径和导航链接等"浏览"界面元素能够让用户感知到自己处于网站的哪个位置（如图 7-21 所示）。

图   7-21

7.2.3 提供导航系统

为了能够帮助用户在寻找信息和功能时沿着正确的路径前进，在做网站设计时可以遵循几种现有的交互设计约定。这些约定有助于界面与用户更好地互动，因为他们利用的是用户现有的知识——Donald Norman 称之为"头脑中已存在的知识"。例如，在这本书中，我们使用标准页码和标题来提供定位，我们还提供了目录和索引来帮助寻路。读者一般不需要学习如何与书互动就能够阅读。同理，当你遵循网站导航系统的设计约定时，用户就能够运用已知的网站探索技巧来浏览你的网站了。

方便全站导航的页眉

网页的页眉可以向用户传达网站形象，提供主要的导航链接，并且通常会提供搜索功能。人们通常希望能在页眉中看到一致的组织形象声明，而页眉的图形和文本可能是使多个网页看起来像具有同一身份的"网站"，而不是一堆随机组合页面的最主要元素。用户研究表明，用户期望在页面页眉的左上角有一个图形化的网站身份标识，以及一个能通向网站主页的链接。

用户还希望页眉能够在网站内的全局导航中发挥重要作用。主要的导航链接通常会在页面页眉中横向排列，常用形式是链接和带有下拉菜单的菜单栏。对于响应式设计的网站，菜单项会折叠成一个下拉菜单或者类似智能手机上的侧滑"抽屉"式菜单。

本地寻路菜单

大多数网站的内容和功能都会分为很多层，无法在主导航中显示所有内容，因此有些网站尝试使用"超级菜单"（或多列菜单导航）为用户提供网站的二级菜单项目。这种菜单的确可以有效地为用户提供直接的目标路径。但是，超级菜单很难实现，这使得它们只可借助键盘在小型设备上工作。当用户放大屏幕后（一次只能看到屏幕上的一小部分），这些菜单会变形。用户可能不知道菜单被拉大了，因为看不到能够定义边界的边框和阴影。过于复杂的菜单也会给响应式设计带来更大挑战，因为有太多的选项要折叠成一个菜单。

通常区块导航（section navigation）会显示在内层页面上，在屏幕左边或右边侧栏中（如图 7-22 所示）。大量的用户界面和眼球追踪研究发现，只要所有页面上的导航布局是一致的，用户便可以很快地适应网站页面左栏或右栏中放置的内容导航。当然，左侧导航栏更为常见，因此在可用性方面有一定优势，因为所有网站用户都已经熟悉这种使用方式了，但随着"移动优先"概念的出现，只有两栏布局的响应式网页设计中，导航栏通常位于右侧。不过，右边栏有时会被用于插入"相关链接"或广告。考虑到用户可能会认为右边栏包含广告信息，所以你在设计右边栏菜单时千万不要让它看起来像广告，不然，许多用户可能就会忽略你的区块导航。

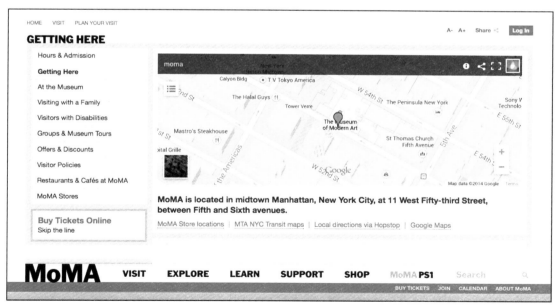

图　7-22

面包屑路径导航和定位

面包屑路径是一个功能强大且易于理解的网页导航模式。这个名字来源于：在路上扔一些面包屑，以便找到回去的路。在网页设计中，面包屑导航可以看作是一个简单的网页链接分级表，它能够展示一个网站的结构，通常包含从主页到你当前位置之间的所有主要导航页面。面包屑的每一步都是一个可点击的链接，这么做不仅能够让用户知道自己当前的位置，还可以让用户通过点击网站的主要导航部分进入相应的核心页面。除了在用户界面方面的优势之外，面包屑路径也非常有利于给每个页面添加主要链接关键词，以便增加页面搜索可见度和关键字相关性。

7.3　交互

在基本的网站交互行为中，用户可以通过点击链接和提交表单的方式与网页进行交互。这种交互启动了客户端（通常是网页浏览器）和服务器之间的对话：浏览器向服务器发送数据和页面请求，服务器收集数据并将其返回到页面。当服务器给出页面后，所有对话都会暂停，直到浏览器做出另一个请求。用户对页面的操作大多是无关紧要的，除非用户主动点击另一个链接或提交另一个表单。这种客户端—服务器模型不是我们操作计算机界面时所期望的交互类型。以必填字段为例，在基本的网页环境中，一旦用户提交了表单，服务器就会检查数据，如果缺少某个必要字段，则会将表单返回给用户继续填写。如果用户在提交之前没有填写所有必填字段，则以上互动会重复发生。

另一种更有效的方法是客户端交互，也就是说系统可以持续提供反馈来帮助避免发生错误，而不是让用户完成之后再纠正错误（如图 7-23 所示）。在动态表单中，完成字段后进行验证，只有当所有字段都完成时，"提交"按钮才会有效。在网站开发中，可以通过各种技术组合——包括 HTML、JavaScript、CSS 和文档对象模型（简称 DOM）——来实现客户端交互。以上元素构成的动态 HTML（DHTML），可以在页面加载出来后动态地更新网页内容、结构和样式。

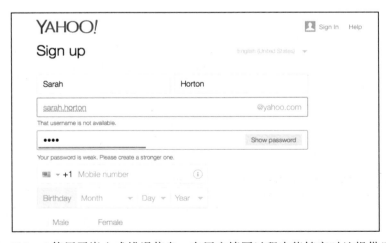

图 7-23　Yahoo! 使用了嵌入式错误信息，在用户填写过程中能够实时地提供反馈和建议，以帮助用户在注册表中填写所有正确的信息

Ajax，即异步 JavaScript 和 XML，是一种提供动态界面元素和动态页面内容的技术，

它经常用于构建网络应用程序。使用 Ajax，页面响应用户操作时只需要发送少量数据请求——例如，在地图上缩放——数据显示在页面的一个区域，而不需要重新加载整个页面。Ajax 具有性能优势，因为单个用户操作不需要重新加载整个页面（如图 7-24 所示）。Ajax 还可以通过动态和响应式用户界面提供更多的交互方式。

大部分现代网站和应用程序都是使用代码库和框架构建的，如 Dojo、JQuery 和 AngularJS。这些框架可以让 Ajax 和其他实用程序构建丰富的应用程序和交互。它们能够提供很多即装即用的小工具和组件，为开发小组提供多种多样的交互功能。当许多网站都使用了相同的库时，网站可用性就会不断得到提升，因为在使用过很多类似网站后，用户对这些组件的交互方式已经相当熟悉了。定期更新代码库同样有利于产品团队，因为它可以让组件与新设备和技术保持持续兼容。

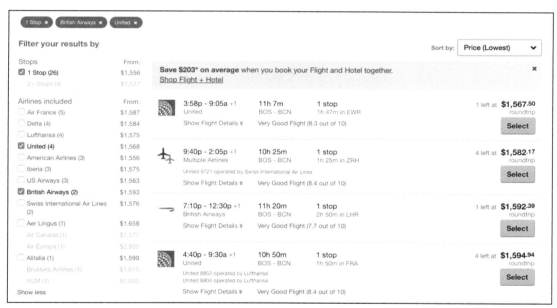

图 7-24 Expedia 为每个航班搜索请求提供了一个动态的航班列表。用户可以通过更改过滤条件来查找直达航班或者某个特定的航空公司，页面上的数据会根据用户的选择动态刷新，而不需要用户重新提交表单

7.3.1 交互设计

每一个网站都希望自己能够拥有大量用户，因此将注意力放在与用户相关且对用户有价值的内容上尤为重要，一定要避免需求蔓延。在设计应用程序时，尽量使用可识别度高的界面设计约定，并提供恰到好处的引导来帮助用户成功完成所有操作。

用户决定需求相关性

良好的界面设计来自于约束。很多时候，由于研发人员不够冷静，会自以为是地为网站添加一些可能对用户有用的特性和功能，使得应用程序变得越来越混乱、复杂。用户也常常在思考需求的过程中迷失方向，总是想着如果网站中有这样那样的功能不是更好吗，而不会考虑这么做（必然）会导致的复杂性。到头来你会发现，其实简单设计要比复杂设计有效得多，并且更有利于用户使用。只考虑为一小部分用户增加功能特性的代价太高了，无法弥补对整体可用性和易用性造成的负面影响。你最好专注于系统中最关键的功能，避免添加所有"有了会挺好"或添加起来很容易的功能特性。你只需要设计那些重要的功能特性，不要让一些不必要的元素把界面变得拥挤不堪。

网站设计中 80/20 法则可以帮助解决很多用户的主要需求问题。在做交互设计时尽可能遵循这条法则，用 80% 的时间去做好 20% 的网站功能。对其余 80% 正在使用或正在考虑中的功能进行评估，先确定它们是否对网站有足够的价值，是否有利于提高网站资源分配以及用户界面的简单性和可用性，然后再确定这些功能是否值得去做。除去不必要的功能和内容后，交互设计师就可以专注于提供满足目标用户设计核心需求的最佳体验。

设计模式提高网站可用性

设计模式是指那些可识别的有规律的交互模式，例如用于访问次级区域页面的下拉菜单和用来浏览一系列页面的分页导航。使用设计模式被证明是一种非常有效的设计方法，其被广泛采用并成了一种行业约定。这些设计模式在被广泛采用之后，逐渐成了用户很容易识别的交互模式，从而提高了网站的可用性。用户可以利用他们所知道的知识来浏览任何网站，而不必为每个网站的交互系统创建一个新的心智模型。

界面元素的设计模式不一定要看起来一样，但它们确实需要共用一套相同的交互模型和特性。不要在使用一种设计模式后改变它的工作方式。修改现有的设计模式比采用一种新模式更糟糕，因为这会与用户心智模型产生冲突，导致用户不得不放弃之前已有的知识，然后学习如何使用你的网站。

在实现设计模式时，需要考虑到各种交互场景，包括用户在使用触摸和键盘导航时的场景。例如，用键盘来与按钮互动的既定约定是：使用空格键或 Enter 键来执行与按钮相关的执行动作。一些研发人员会使用链接或锚元素——而非原生 HTML 按钮——来创建按钮。用 Enter 键来激活链接，用空格键来启动页面滚动，而不是激活自定义按钮。对于交互设计来说，设计模式既关乎组件的运行方式也决定了它们的外观，尊重约定是为了给用户提供愉快且可访问的用户体验。

人们会使用不同的交互方式

现代网站的功能基本可以概括为三种交互模式：选择菜单和超链接，表单填写，以及直接操作。

使用网站的每一个人都有自己不同的交互模式用法。有些人只使用键盘，甚至在使用像智能手机这样的触摸屏设备时也是如此。键盘有几处优点，比如最小化操作网站需要的体力和小肌肉运动技能。对于盲人和看不见屏幕的人来说，可以用键盘来查看和操作交互组件。语音识别软件和开关设备等输入设备是通过键盘命令来运行的。触屏设备显然是为手指指向而设计的，但是要记住，只能用鼠标来操作（如鼠标悬停时出现的菜单）的任何交互都将无法访问，因为没有等效的触摸手势。

即使是非常复杂的操作（比如拖放）也可以用键盘来实现：方向箭头、Tab 键和 Enter 键。因此，你需要把鼠标放在一边，用键盘处理所有交互组件，确保在没有鼠标的情况下，这些交互组件还可以通过其他方法正常工作。

响应式网站还必须考虑到触屏设备上的特殊交互方式。可以肯定的是，大多数人都是通过手势来与触屏设备上的网站交互的，尽管使用键盘也是可以的。事实上，使用蓝牙键盘和 iOS 设备上的 VoiceOver 是评价你网站在移动设备上可访问性的最佳途径。但在大多数情况下，移动设备的使用环境并不适合使用键盘，并且大多数人都是用手触摸来进行交互的。触摸交互会排除一切悬停相关的操作，比如那些鼠标悬停后出现的菜单或提示框。但是移动交互还有很多其他不同之处，因为触屏设备用户会使用屏幕阅读器，如 iOS 上的 VoiceOver，Android 上 TalkBack，而且还会使用屏幕缩放功能。针对这些模式需要提供特定的手势，以便视力障碍的用户也能够使用移动设备。

形式大于功能：禁用缩放

设计过程中总会面临形式和功能之间的选择。"形式辅助功能"这句话经常被用来提醒设计师，要确保设计主要是为了功能而不是形式。该理念认为设计的成功取决于产品在满足功能需求而不是审美需求时的性能。在大多数情况下，网站都在满足用户需求和实现业务目标方面远远超过其表现形式。但是，这也并不意味着所有网站都做到了功能大于形式。

举个例子：有的网站会在其移动端浏览器上禁用网站的缩放功能。缩放是一种允许用户在移动端浏览器上放大和缩小网页的手势。它可以让我们放大图片，以及标记页脚中的小文本给餐馆打电话以进行预订。网站上到处都有很难被发现的关键信息，这些信息太小以至于不能简单地用手指来操作。尤其是视力低下的人，他们有时需要缩放才能访问移动设备上的内容和功能。

你可以通过代码来禁用缩放功能，一些响应式和移动站点采用这种策略的原因是：他们认为已针对移动设备优化了设计，所以不必让用户进行缩放，且布局和内容视图放大后不好看。因此，那些习惯使用缩放的用户将无法使用他们熟悉的方式来访问网站上的内容和功能，从而导致他们放弃进入这样的网站。可见在这个例子中，网站开发人员为了美观而牺牲可用性，其代价太大了。

这种现象在网站开发中很常见，例如，移除链接下划线。平面设计师很不喜欢文本带有下划线，因为这样会干扰字体的视觉效果。超链接在早期的网站中都是有颜色且带有下划线的，以便更容易被用户看到，并且确保不能感知颜色的人也能够通过下划线区分链接与周围文本。当 CSS 提供了方法能删除下划线时，设计师们松了口气，他们开始使用只有颜色而不带下划线的超链接。由于链接对用户寻路和交互而言非常重要，为了美观而放弃可用性和可访问性，代价太高了。所有用户都必须去努力寻找，甚至可能要移动鼠标到彩色文本上以确定它是否是一个链接。不能感知颜色的用户可能会完全忽略这个链接。尤其是在那些用于工作和生活的主要以功能为主的设备上，形式必须辅助功能，以确保每个人都能访问和使用网站的功能。

7.3.2　提供交互组件

交互式网页的基本组成部分是超链接和表单元素，包括文本输入框，单选按钮和复选框，下拉菜单，以及按钮。经过多年发展，网站现在可以支持很多更复杂的功能，设计者和开发人员设计出了一些能够支持复杂交互的功能，例如拖放和分类选择。放弃标准 HTML 而选择自定义组件是有代价的（包括兼容性和可访问性）。现代浏览器和一些辅助技术为 HTML 提供了标准和完整的支持。制作自定义组件时需要考虑到其在各种软件和设备中的可用性。

为了保证网站的可访问性，交互组件必须满足以下 Web Content Accessibility Guidelines（WCAG）2.0（网站内容无障碍指南）列出的标准：

> ❑ 4.1.2 名称、职能、价值：对于所有用户界面组件（包括但不限于：表单元素、链接和脚本生成的组件），名字和职能可以通过编程来定义；由用户设置的状态、属性和值可以通过编程设置；以上这些项目的变化需要能够通知给用户，包括使用辅助设备的用户。

该指南表示，上述这些成功标准主要是"为开发或编写自定义用户界面组件的网站开发者制定的。其实，标准的 HTML 控件在按照规范使用时就已经达到上述这个成功的标准。"换句话说，如果你正确使用了标准的 HTML 元素，那么你就已经提供了一个可访问的用户体验，而无须增加额外的代码来兼容辅助技术。例如，下面的 HTML 复选框提供了关于其名称（"我同意这些条款和条件"）、其角色（"复选框"）及其状态（"选中"）相关的编程信息。这些信息是经过编码的，这意味着它们可用于软件或辅助设备。当屏幕阅读器软件读取有关控件的信息时，它可以传达所有必要的细节，以便不能看到控件的人也能够成功完成操作。此外，还可以使用键盘来操作控件——例如使用空格键切换选中和未选中状态。

对于自定义复选框来说，必须由网站开发人员手动将名称、职能和状态信息添加到 HTML 代码中，且复选框的行为必须脚本化，这样复选框才可以通过相对应的键盘命令来控制。必须定期在操作系统、浏览器和设备上重新检查和验证自定义代码和脚本。

通常设计因素是导致开发团队转向构建自定义组件的主要原因。应用于交互元素的界面样式曾经一度有很大的局限性，如按钮和复选框。然而，现代互联网技术已经为我们提供了大量原生 HTML 元素。考虑到管理自定义代码的开销，以及跨设备可访问性解决方案的复杂性，我们建议在网站开发时尽可能选择标准 HTML 组件，不要用自定义控件。把自定义组件作为山穷水尽时的最后选择。即便你不得不使用自定义组件，也要仔细考虑清楚引入一个特立独行的设计或行为是否是值得的。用户喜欢一致的、可预测的用户界面设计。开发团队和客户可能觉得花一点时间制作一个自定义小部件是十分值得的，但是你的用户可不一定这么认为。

按钮

按钮通常是一个圆角矩形，包含一个单词或词组，或再加上一个图标。就像电梯按钮或门铃按钮那样，按钮上往往也会有一个图标来引导用户进行按下、点击或输入等操作。

由于链接可以被设计成按钮的样子，所以一些网站会使用锚元素作为链接。这可能会给屏幕阅读器和键盘用户造成一些可用性问题。即使一个链接看起来像一个按钮，它也会按照链接的方式工作。例如，对着一个链接按下空格键会滚动页面，而对着按钮按下空格键会执行这个按钮的动作。最重要的是要理解按钮和超链接之间的区别（链接是为了让用户浏览多个页面，而按钮的目的只是执行一个动作），并使用正确的控件。

菜单

菜单是一组选项构成的列表，用户能够从中选择最想要的选项。在导航中，菜单既能提供信息（显示选项）又能提供功能（从网站的一个区域移动到另一个区域）。菜单使用的是逐步展开的设计策略，只有最直接和最相关的选项会先显示出来，当用户选择主菜单项时才会显示更多选项。

- 图形用户界面中用于交互控制的菜单栏已经出现很长一段时间了，一排选项横向显示在屏幕的顶部，为可用内容和功能提供访问入口。在网站上，菜单栏通常可以让用户从一个页面转移到另一个页面。在菜单栏中选择一个选项就可以打开一个下拉菜单，显示出更多选项。下拉菜单中的选项应与目标用户的兴趣相关。确保可以用鼠标、触屏和键盘操作菜单，且菜单须遵循既定的键盘操作约定。一个常见的错误是在鼠标悬停时显示下拉菜单，使得键盘和触摸屏用户无法使用下拉菜单。
- 选项卡面板通常用于在不同窗口之间导航。这种交互可以在同一页面上显示相关的内容和功能。选项卡允许用户在不同的窗口之间移动，而不需要更改加载新页面的文本。

在填写表单时，菜单能有助于收集标准格式信息。使用菜单可以更精确地收集数据，因为内容和格式响应都可以做到标准化，而用户可能会在文本输入字段中输入错误的信息或格式错误的正确信息。在有些情况下，菜单可以提高可用性。它们提供了一个包含多种选择的列表，例如，选择衬衫尺寸和颜色。但是，它们有时也会让人感到冗长，比如当列表里都是一些熟悉的信息时，如出生年份、国家或省份，这种情况下，用键盘输入信息要比浏览一长串选项更便捷。

- 下拉菜单有助于在一个小空间中提供许多选择，但是它们很难使用。特别是对于有许多选项的菜单，如选择你的国家或地区，这种菜单对于用户来说很难浏览。输入国家或地区代码要比从菜单里选择更容易一些，特别是在移动设备上，在其上滚动一长列选项很麻烦。

❏ 单选按钮更易于浏览，因为选项都显示在页面上。但是，由于一长列选项会占用很多屏幕空间，并且读者也一时间难以辨清这些长列选项，所以最好将单选按钮组限制到 4 ～ 6 个选项。

❏ 复选框允许用户选择多个选项。一个复选框也可以有两种选择，如是或不是，打钩就表示"是"。一堆复选框组成的列表框是另一种组件，它能够允许用户从一组条目中选择一个或多个条目。

❏ 总是为菜单设置默认值，避免用户因忘记选择而提交错误信息。例如，复选框默认为选中，且让菜单的第一项为空值，如"无信息"或"请选择一项"。

将 WAI-ARIA 作为最后的手段

　　WAI-ARIA（可访问的富网络应用程序）是一个 W3C 规范，它以 HTML 为基础，同时能够提供额外的辅助技术标记（如屏幕阅读器软件），允许用户访问和操作用 Ajax、JavaScript、HTML 和其他技术研发的动态界面元素。对于研发团队来说，ARIA 似乎就像是一个桥梁，连接原生 HTML 元素能做到的以及交互设计所需要的东西，让残障人士也能够顺利完成复杂的交互。但即使是 WAI-ARIA 支持者也会鼓励你将原生 HTML 元素视为首选。在 W3C 的文档中，你会看到"ARIA 使用的第一法则"：

　　如果你可以使用原生 HTML 元素或属性，且你所需的语义和行为都已经内建完成了，那么无须重新创建一个元素，然后为其添加一个 ARIA 角色、状态或属性以便达到可访问性，故而就不要使用 ARIA 元素。

　　不建议使用 ARIA 的一部分原因是因为，创建和维护自定义控件比较占用时间和精力。下面列出了所有控件必须验证并持续维护的标准属性——用原生 HTML 元素就可以轻松获得的属性。没有这些属性的控件将会严重影响部分用户的使用。

❏ 可获取到焦点：你可以使用键盘获得控件吗？

❏ 可操作：你能使用键盘操作控件吗？

❏ 可预判操作：你能使用标准键操作控件吗？

❏ 清晰的焦点提示：你能很容易地看到控件焦点吗？

❏ 标签：控件是否有相对应的文本标签？

❏ 角色：控件是否关联了正确的角色？

❏ 状态和属性：控件是否关联了所有的对应状态和属性？

❏ 色彩对比：控件和控件标签对于那些视觉有障碍的人是否有效？

❏ 高对比度模式：当高对比度模式启用时，控件是否依然可用？

输入

使用输入字段和滚动文本区域来填写表单可以让用户直接把信息输入到字段中，而不是从预定义菜单中选择。如果信息内容是开放的，不能在菜单中显示完全，那么就必须使用字段输入。并且当信息直接填入比在菜单中选择更容易时，最好用字段输入。例如，尽管日期是预定义的，但将日期信息输入表单字段中比从一组菜单中选择要更容易些。例如，"出生年份"菜单包含很多年份，有时可能很难操作。用简单的输入字段会更容易。

❑ 文本输入框是允许用户输入字符的开放式文本字段。有些文本输入框有一些辅助控件，比如允许用户手动输入日期或从日期选择器中选择一个日期。其他辅助控件包括滑块和步进控件，可以用来增加文本输入框中的值。当用户必须输入长文本段落时，最好为他们提供一个文本区域。

❑ 组合框可以让用户输入信息或从下拉菜单中选择预定义值。这种混合式输入 / 菜单控件提供了最好的输入方式——保证了信息输入效率，同时又有菜单提示。

❑ 自动完成是文本输入框的一个常见功能。当用户将信息输入字段时，与输入文本匹配的选项列表会以下拉菜单形式显示。随着用户输入，信息列表就会不断变化，用户输得越多，下拉菜单中的选项就越少。用户可以从下拉菜单中选择一个选项，也可以直接完成输入。自动提示是自动完成的一个变种，下拉菜单中的条目不提供直接匹配，而是提示一些可能更正确且相关（例如，有无拼写错误）的选项。

切换

切换（toggle）是控制功能激活与不激活状态的一个控件。切换常用于桌面软件的工具栏，例如切换文本块粗体或斜体样式。在网页上，切换控件可以用于表单填写——复选框的选择切换，例如，打钩表示"是"，不打钩就表示"否"。切换控件还经常常用于与显示相关的交互，例如显示隐藏的内容和功能。通过使用切换控件，可以让包含有复杂功能的用户界面设计起来更简单。切换控件最重要的特性是，它可以让那些必要但却很少被使用的功能仍然触手可及。

❑ 面板和抽屉组件可用于包含次要内容和功能，用户可以根据需要来选择显示或隐藏。显示和隐藏控件通常是一个图标，如" + "和" − "或一个箭头，箭头旋转显示面板开启或关闭状态。例如，折叠面板，用户可以选择展开或折叠。

❑ 内容展开 / 收起控件（content toggle）可以用于显示被隐藏的内容，如 FAQ 中，只有当用户选择"展开"控件时才会显示答案。一般 FAQ 中会提供一个"展开所有内容"选项，用户可通过点击这个选项查看所有内容。

❑ 树控件——按大纲格式排列的分级项目列表，通过使用切换控件展开或折叠一级区域和二级区域。树控件有时会用于导航，它能够让用户方便地访问导航一级区域和二级区域。

7.3.3 引导式交互

设计的核心目标是能够不解自明——让人们知道该如何与网页上的功能元素交互。关于页面的交互形式，设计师可以通过页面功能元素——例如使用指示、标签、提示和设计模式——来引导用户，向他们解释页面的工作方式。设计师的引导对于用户能够成功使用页面来说至关重要，在某些方面甚至比功能元素本身的设计更为重要。设计良好的引导可以让用户很轻松地找到方向，不需要用户自己去研究一个复杂的界面。

标签

控件的标签必须能传达足够的信息给用户，这样他们才知道激活控件之后会发生什么。如果用户必须在激活控件后才能知道发生什么（就像点击链接后才知道去往了何处），那么这个控件的设计就是失败的。当图标很容易被用户理解时（因为其意思明确或已经被用户熟知，如大多数文本编辑器工具栏上的文本格式图标）它们就能被看作是有效的标签。如果图标的意思不那么明确，那么最好为它搭配相应的描述性文本。图标很容易被用户看到和识别出来，而文本又对控件的用途提供了更清晰的定义，这样结合起来的设计能够让用户更好地理解页面交互。

在填写表单时，标签是必不可少的向导元素，它可以告诉我们表单字段中需要填入什么信息。HTML 可以让表单字段中显示表单标签，这样就可以让用户明确地知道需要填入什么信息。标签元素使用 id 属性可以将标签与其元素关联起来。

```
<label for="departdate">Departing (YY/MM/DD):</label><input
    type="text" id="departdate" />
```

当表单字段有标签标记时，软件就可以利用标签与字段的对应关系。例如，屏幕阅读器用户可以点击一个表单字段并听到其标签信息，以及标签中包含的指令。如果没有标签，用户则必须通过浏览周围的文本来收集信息。

显示重要信息时不要使用"占位符（placeholder）"文本，如字段标签。占位符文本非常容易吸引人的注意，因为文本会出现在输入框中，并且可以在不占用屏幕空间的情况下提供操作指导。然而，当用户点击字段输入信息时，默认文本就会消失，而这时是用户最需要指示的时候（需要填写年月日格式还是日月年格式？）。况且，占位符文本通常是放在白色背景上对比度比较低的灰色文本，因此很难看清。占位符文本可以用来辅助数据输入。如果为了让用户成功完成表单而必须要有一些参照信息的话，那就将参照信息放在相应表单元素旁边，这样每个人都能清楚地看到。

小工具设计模式和库

一个好的设计会使用一种共同的语言来指导用户与产品之间的交互。遵循既定模式的产品可以让人们使用起来更轻松，无须刻意学习如何使用新的小工具或控件，从而帮助用户成功实现他们的目标。只要使用用户已知的交互模式，网站的可用性就能够得到保障。

> 小工具库和模式库是确保交互设计能够满足用户期望的最佳资源。设计模式展示了不同类型交互所需要的属性。小工具库能够为开发人员提供可以下载并嵌入到项目中的代码和资源。
>
> ☐ WAI-ARIA 设计模式：详细说明了创建部件和结构所需要的东西。每种模式都详细说明了小工具应该如何响应键盘导航，以及组件必须具备哪些 HTML 元素和 ARIA 属性，以便获得辅助技术所需的所有必要信息。
> ☐ jQuery UI：将所有交互、小工具、效果和实用程序集合起来组建成一个 jQuery JavaScript 库。你需要不断对库中的组件进行审查、维护，以便提供稳定、灵活且可访问的设计方案。

帮助和向导

上下文帮助可在不将用户转到网站的帮助页面的情况下，为用户提供直接的答案和指导。上下文帮助常见的实现方式是在新的或可能不清楚的功能旁边放一个 "?"。通常上下文帮助会以对话框、面板或提示框的形式出现。此方法可以让用户在不离开手头任务的情况下获得帮助。

网页表单要提供的不仅仅是简单的表单标签。例如，某些信息类型（如日期和信用卡号码）需要一个统一的填写格式。理想情况下，用户可以以多种格式输入信息，并且系统足够智能，能够自动将信息重新配置到所需格式。然而，实际上，并非所有的系统都能做到如此智能，在这种情况下，我们需要请求用户按所需格式输入信息。例如，日期可以有各种不同的输入格式，但后端系统架构可能需要一种特定格式，如年 / 月 / 日。所以，请在字段标签中提供一个示例，例如 "出发日期（年 / 月 / 日）"。

☐ 必填字段：标注必填字段时要使用通用的标注方法。不要依赖于颜色，因为不是所有用户都能很好地辨别颜色。一个常用的设计约定是使用星号（"*"）来标注必填字段。另外，确保字段按代码中的要求标记，以便在辅助设备中依然可用。
☐ 提示框：提示框通常用于提供控件和输入框的其他附属信息。用户将光标放在交互组件上时，提示框就会出现。依靠鼠标来支撑界面的可访问性是行不通的，如上面所讨论的，你需要支持不同种类的交互模式，例如键盘和触屏用户就无法使用提示框的指导。

反馈

处理错误的最好方法是防止错误发生。例如，用户无意中删除了文件。防止这种情况发生的一种方法是要求用户每次删除文件时确认他们的操作，不过这样做很快就会令用户感到厌烦。更好的方法是允许用户直接删除，但将所有已删除的消息保存在可以恢复的位置。Google 将在 Web 应用程序上删除的文件放到了一个垃圾桶文件夹中。只有当你选择清空垃圾桶时，才会提示你是否确认删除。但是，并不是所有错误都可以防患于未然，交互设计需要考虑以信息的方式对错误做出响应，并帮助用户返回到正轨。

用户在客户端提交表单之后，服务器可能会出现处理错误。服务器端模型中的反馈通常采用返回到页面的形式，并附带错误信息，告知用户表单没有被成功提交。

在用户填写表单的过程中，也会出现一些错误消息反馈——例如在填写表单时，表单的必填字段会实时检测填写内容，并且还能看到及时反馈，而且只有当用户填完所有必填字段后，提交按钮才会亮。及时反馈比事后反馈更有效，因为用户可以在填写表单的时候及时纠正错误，而不是靠用户自己去查找哪些表单元素有错，然后纠正错误，再次提交表单，并祈祷这次可以提交成功。

当发生错误时，让用户知道纠正的方法。详细说明所发生的事情：例如提示"密码不正确"，而不是"用户名和密码不匹配"。在有问题的字段旁边提供说明——即在密码字段旁显示说明。将名称、角色和状态信息编码到错误提示消息中（请参阅上面关于响应错误的部分），以确保辅助设备可以访问错误消息。

在响应错误时，请确保错误提示信息符合用户的习惯。错误提示信息常常是用程序员的语言编写的，要么过于详细，要么过于含糊，几乎没有解释和指导下一步该怎么做（"操作失败：再试一次"）。要给用户足够的信息，让他们知道发生了什么。他们不需要知道错误号是 404，但他们要知道他们请求的页面在服务器上找不到。发生错误时，需要提供应对错误的指导。如果找不到页面，请提供搜索、网站地图以及指向网站主要部分的链接来帮助用户找到想要的信息（如图 7-25 所示）。另外，可以尝试使用一点幽默语言。

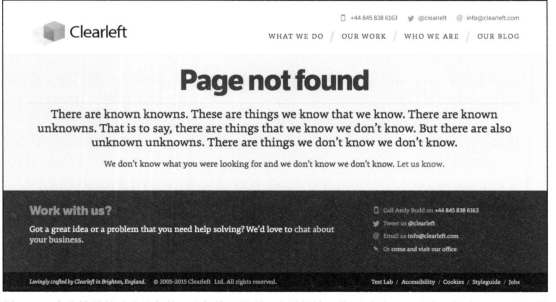

图 7-25　有些错误是无法避免的，比如输入错误、失效链接、找不到页面。不要只在页面上显示"错误 404"。你需要倾尽可能帮助看到错误页面的用户找到他们所需要的信息，提供搜索、导航以及相关建议

7.4　信息设计

今天关于信息结构化的概念主要来自于印刷书籍和期刊，以及为印刷信息开发的图书馆索引和编目系统。在英语国家中，书籍的界面标准已经得到了很好的确立和广泛的认同，在《The Chicago Manual of Style》等关于出版物标准的手册中可以找到创建书籍的详细说明。印刷书籍的每一个特点，从内容页到索引，已经演变了几个世纪，早期书籍的读者也面临过今天超媒体文档用户所面临的一些组织问题。约翰内斯·古登堡 1456 年印制的《圣经》通常被认为是第一个大规模生产的书籍。虽然在古登堡发明了印刷技术后出版业发生了爆炸式增长，但直到经过了一个多世纪后，人们才开始使用页码、索引、目录、标题页等必要的书籍特征项目。如今的网页也正在经历类似的（但是更快的）演变和标准化过程。

虽然网络交互式超媒体文档对信息设计者提出了很多新的挑战，但是大多数设计、创建、汇编、编辑和组织多种媒体形式的方式与印刷媒体目前的做法并无根本区别。大多数网页文档的编辑风格和文本组织可以在设计时遵从《The Chicago Manual of Style》惯例。一个组织可以通过《Franklin Covey Style Guide: for Business and Technical Communication》和《The Gregg Reference Manual》了解如何创建清晰、全面和一致的内部出版 / 发布标准。网络已把编辑一致性、商业沟通和平面设计等基本标准扔在了一旁，但是我们千万不要迷失在这种新景象中。

设计信息

网站页面与书籍和其他文档相比，有几个重要的不同点：超文本链接可以让用户通往另一个独立的页面。因此，网站页面需要比书中的页面更独立。例如，网页页眉和页脚中含有的信息应该比纸上的更多更详细。在纸质页面的底部重复出现一本书的版权信息、作者和日期是很荒谬的，但是一个网页通常需要提供这样的信息，因为这个网页可能是某些用户所看到这个网站中的唯一部分。在每个页面重复显示相同的信息并不是网站页面所独有的。期刊、杂志和大多数报纸都会在每一页的顶部或底部重复日期、卷号和发行号，因为他们知道读者经常撕下文章或复印页面，并且需要这些重复信息才能追踪资料的来源。

创建既容易使用又充满各式各样内容的网站实属不易，最好的设计策略是：在创建的每个页面中始终如一地应用一些基本的文档设计原则。文档的基本元素并不复杂，几乎与互联网技术无关。总结起来这就像高中新闻课教案：注意人物、事件、时间、地点。

人物

你是谁？这个问题是如此简单，因此常常被认为是理所当然的，网站作者在评估网页时经常会忽略文档最基本的信息。无论页面是来自某个作者还是某个机构，都要告诉读者网站是谁创建的，属于哪个机构。

事件

所有文档都需要一个清晰的标题来吸引用户的注意力，但是由于网页特有的几个原因，事件这个基本的编辑元素在网站设计中尤其重要。页面标题和主要标题对于搜索引擎可见度十分关键。页面 <title> 元素是搜索引擎决定关键字相关性时最重要的判定因素，所以如果你想让用户找到你的内容，就要仔细推敲你的标题。

时间

及时性是评估网页内容价值的一个重要因素。我们已经习惯于在大多数纸质文档中看到时间：报纸、杂志和几乎所有办公室信件都是标有日期的。同样，每一个网页都要加入一个日期，且每当文档更新后都要同时更新日期。对于长的或复杂的在线文档，这一点尤为重要（这些文档定期更新后，可能看不出来有什么明显的变化）。网页上的公司信息、人事手册、产品信息和其他技术文档应始终保存版本号或修订日期。记住，很多读者喜欢将网页上的长文档打印出来。如果你不写上修订日期，读者可能无法知道其手中的版本是否是最新的。

地点

网络是一个奇怪的"地方"，其有着超级多的信息维度，但是很少有一条明确的线索指向文档的出处。点击一个网络链接，你可以连接到悉尼、芝加哥或罗马的一个 Web 服务器上。除非你精通如何解析 URL，否则很难确定页面起源于何处。毕竟，这是万维网，文档来自何处的问题有时与文件来自谁没有什么区别。因此，一定要告诉用户你的页面出处。

你可以在页面页脚中加入"主页"URL，这是一个保持连接页面出处的简单方法。但是，一旦用户将页面保存为文本文件或将页面打印到纸上，此连接就会丢失。

每个网页都需要：
❑ 良好的 HTML 页面标题（在 HTML <title> 标签内），这也是用户将页面保存为书签时会使用的文本。
❑ 在本地内容区域的顶部放一个突出的标题，表示出页面的主要用途或内容。
❑ 显示页面创建者的身份（作者或机构）。
❑ 显示创建日期或修改日期。
❑ 版权声明、知识共享声明或其他所有权声明，以保护你的知识产权。
❑ 在所有页面的同一个位置上放置至少一个本地主页链接或菜单页链接。
❑ 一个本地主页链接。
❑ 一个企业或公司主页链接。
大多数网页还应该包含以下元素：
❑ 左上角放一个组织 logo 或名称，并插入主页链接。
❑ 通向网站其他区域的导航链接。
❑ 至少一个标题，以确定网页的内容。
❑ 邮箱和联系信息，或一个通向这些信息的链接。
❑ 命名页面上任何图形的 alt 文本。
有了以上这些基本信息元素，在为用户提供易懂的交互界面之路上，你已经完成了 90%。

7.5　移动界面设计

移动互联网技术是现代计算和大众通信发展最快、最令人兴奋的领域之一。2014 年，58% 的美国成年人拥有一个可以运行应用程序的"智能手机"，在全球范围内，联网设备的数量已经超过了人的数量。虽然我们称它们为"手机"，但我们的智能手机和平板实际上是一个强大的小型计算机，同时具备了"打电话"（双向无线通信）的功能。尽管智能手机和平板电脑现在能完成那些几年前只有功能强大的台式计算机才能完成的事情，但在实际使用中，对移动用户有很多物理和认知上的限制，用户几乎每天都要随身携带手机等微型计算机设备，因此这些限制大大地影响了移动端的用户体验。

iPhone 和 Android 手机推出后，移动智能手机变得越来越常见，大多数网页设计师和界面专家都提倡使用移动专用网站，即桌面网站的精简版，他们认为一般移动用户没有耐心，容易分散注意力，总是非常忙，这些用户只需要一些基本服务和信息点，对于一些"真正的"或复杂的交互，他们稍后会在笔记本或台式电脑上完成。事实上，我们很快发现，大多数移动用户希望从大多数网站获得完整的用户体验，他们在使用智能手机时并不总是那么忙碌，且对于大约 31% 的网络用户来说，智能手机是他们的主要计算设备。

幸运的是，移动用户的这种意识转变与网页设计中的另外两个重要趋势不谋而合：使用全新的屏幕感知和 CSS3 布局方式的"响应式"网页设计，以及"移动优先"的内容和设计策略，我们认识到大多数人现在生活在一个多屏、多设备的世界里，网站应该以智能的方式来"响应"各种尺寸的屏幕和各种使用环境。十多年前，用 Photoshop 来为你的网站设计出固定宽度的草图，这是合理的。可是在如今这个充满各种尺寸和形状的多屏幕世界（如图 7-26 所示）里，这种以桌面为导向的固定宽度思维方式已不再适用了。

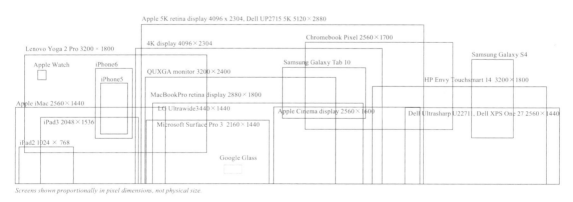

图　　7-26

今天，我们更需要考虑到不同尺寸屏幕或"视口"的使用情况。人们可以在早上起床的时候在智能手表上快速查看邮件，在上班路上浏览经常看的新闻网站，工作时在台式电脑的两个大显示器上浏览几十个网站，或者在开商务会议时用笔记本电脑或平板电脑浏览更多网站。

设计移动用户体验

在大屏幕的移动设备上，移动用户的体验设计与传统的网页设计形式上没有太大的区别，但在小屏幕 / 触摸屏上，几乎每一个使用限制和潜在用户体验问题都会被放大（如图 7-27 所示）。小屏幕、移动使用环境和要点击的小图标所增加的认知负荷是相当大的，这使得我们要特别关注移动设计，而不仅仅是重新将内容布局然后显示到小屏幕上。

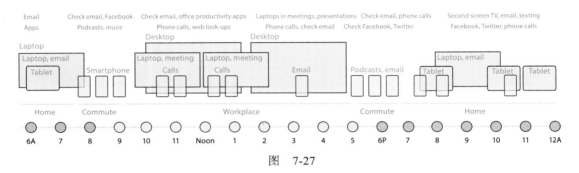

图   7-27

移动环境

虽然许多移动设备用户是在安静、受控的条件下使用手机和平板电脑的，但大部分移动计算是在可能分散注意力的环境中进行的，间歇性使用和中断很常见，甚至简单的任务要比在大屏幕上更难完成。除了环境外，小屏幕给移动用户施加了更多的认知负荷，因为滑动速度增加往往会把重要的导航或内容带过，这就迫使用户去记住更多他们已经滑过去的内容。

要确保移动用户能看到信息清楚地显示在网页上，并且能很容易地找到所需要的信息。街道地址或商店位置对当地购物者来说很重要，你的电话号码应该很容易被找到，且可以方便用户直接点击拨号。平板电脑的移动转换（访问和购买）率是智能手机的五倍（分别为 5% 和 1%），这表明在小屏幕移动网上购物中，认知负荷、支付困难和物流仍然是主要问题。

移动用户界面组件

移动样式表通常会简化网站的页眉和导航，但导航对于移动用户来说仍然是非常重要的。虽然简化对于移动设备来说通常是一个很好的策略，但是如果删除太多"你在这里"这样的提示和导航链接，移动用户就别无选择了，只能不断跳转于主页（主页通常是移动显示上的唯一地标）和内层网页之间。你可以在页脚中加入导航链接，这样既简化了移动页面顶部，同时也提供了更多的导航选择。

移动设计面临着一个新的问题，那就是不同设备上（桌面、平板电脑和智能手机）混杂的页面导航隐喻。不要混淆桌面和平板电脑界面的隐喻：平板电脑用户习惯于在移动应用程序和电子书中用横向"滑动"的手势，但桌面和移动手机用户则不是这样。大多数响应式网页和桌面网页都会使用垂直滚动 / 滑动。

桌面电脑屏幕几乎都是横向模式，但移动设备上既有纵向模式也有横向模式，特别是在平板电脑和屏幕非常大的智能手机上。平板电脑用户纵向和横向模式的使用情况比例大致是相等的，其中约有 54% 的人喜欢用横向模式浏览网络内容。然而，大部分手机用户更喜欢纵向模式，从无数的纵向拍摄视频和自拍中就可以看出，因此，大多数情况下，移动网页布局应该应用纵向模式。

在移动环境中真正地做到"响应"不仅仅意味着更改你的内容框以适应小屏幕，还需要你注意以下几点：

- ❑ 触摸目标在小屏幕上应该更大。为了让用户容易点击到、容易看到触摸目标，请确保你的触摸目标（按钮、导航链接、字段表单）足够大，用户可以轻松点击目标，而不会错过目标或点错目标。

- ❑ 调整排版以便适应小屏幕和高分辨率。虽然智能手机屏幕正在逐渐变大，但分辨率也在不断提高。这就产生了一个相反的趋势（更多关于移动屏幕的讨论请见后面内容），因为 "Retina" 屏幕的更高分辨率实际会导致某些屏幕上的图形和字体看起来更小。这意味着你需要检查你的 CSS3 代码（@media 查询），以适应屏幕尺寸（最小宽度，屏幕上横向像素总数）和有效分辨率（最小分辨率或每英寸像素），判断什么字体大小是最合适在移动端显示的。

- ❑ 优化性能。如果移动浏览器需要下载大量不必要的图形和样式代码，那么为网页设计移动端响应将变得毫无意义，尤其是考虑到大多数移动用户总是会遇到断网问题。如果你的网页设计需要上百 kB 的 CSS3 代码，那么你最好还是设计一个移动 App 吧。

- ❑ 让付款过程简单易懂。不要让移动用户填写长长的表单和 16 位信用卡号。你可以使用预设系统，如 PayPal、Apple Pay 或亚马逊支付。

- ❑ 提供可访问内容和功能。可访问性对于移动设备来说至关重要，触屏设备内置了辅助技术，包括屏幕阅读器软件、放大功能和反转颜色。BBC 发布的移动可访问性指南能够对移动可访问性功能起到很好的指导作用。

- ❑ 提供"桌面版本"访问通道，这意味着给用户提供访问"桌面"版 CSS 样式的选择。今天移动设备屏幕尺寸和分辨率非常之多，大屏手机或小型平板电脑用户可能只喜欢浏览你网站的"桌面"版，特别是当你在移动设备上隐藏了某些内容或功能，或者要求用户在没有响应式编码的表单里填入数据时。理想情况下，你应该使用浏览器 cookie 来记住用户喜欢的浏览风格。

另外，你应该假定你的移动网络用户是有行为能力的成年人，他们在移动网页浏览器中查看你的网站时，正做着他们喜欢做的事情。不要老是让移动网络用户切换到你的"App"版本，或者弹出讨厌的窗口来宣传你的移动 App。用一个低调的链接或横幅广告来提供 App 版选择会更好。

屏幕尺寸和方向

移动触摸屏的物理尺寸具有重要的可用性设计含义，因为虽然屏幕大小是可变的，但我们的手指和大拇指的大小是不变的。一些在小的垂直方向智能手机屏幕上运行良好的界面布局，可能在屏幕大得多的平板电脑上显示时就没有那么好看和好用了。尤其是对于那些习惯双手拿着平板电脑，用拇指操纵虚拟键盘或按钮的用户。最近不断提升的智能手机屏幕尺寸也对单手使用触摸屏的用户带来了新的挑战，因为屏幕太宽，拇指不够长，可能就无法触摸到屏幕的另一端。

移动设备的屏幕尺寸变化不一，菲茨定律对于移动界面很重要。菲茨定律是这样描述的：从一个起始位置移动到一个最终目标所需的时间由两个参数来决定，即到目标的距离和目标的大小。换句话说，找到一个远距离的小目标需要更多的时间，或者人们可能根本就注意不到。在各种响应式移动设计中，按钮等可点击目标的大小可以稍微加大一点，这样更容易被看到，且在小屏幕上，触摸目标应该足够大，这样用户就可以准确地触摸到。

7.6   企业界面设计

只有当企业的公开网站、组织内部网站和内联网的用户界面、信息架构和平面设计是一致的且共享同一个目标和同一个身份时，网络才能够成为支撑组织的强大框架，帮助促进企业凝聚力和身份识别度的提升。大多数大公司都有一个很完善的企业形象规划，包括全面的网页设计和界面标准。

打造天衣无缝的用户体验

许多小公司、联邦政府、州政府和地方政府网站，学院和大学网站，以及非营利机构网站都设计得非常混乱，没有一个良好的组织架构，因为这些机构缺乏一致且广泛使用的网站发布标准。没有人会想要浏览一个混乱的企业网站，但是，坚持突出大机构的每个独立网站势必会让用户感到混乱和困惑。你不能通过编写一本很棒的书来突出整个图书馆，一个网站不管设计得多么好，也不能改善企业的整体网站。

改善组织网站的唯一且长期有效的方法是保持一致的界面设计风格，也就是说让用户能一眼看出这是同一个企业。理想情况下，这套一致的标准应成为所有网站信息发布形式以及网站应用程序的"企业界面"。在今天的大型组织中，网站内容可以来自几十个不同的主要信息源。一致全面的企业界面能够让公司在网站发布和网站应用方面付出的巨大投资得到最大回报。

一个设计混乱的组织机构网站会让用户觉得你在蔑视他们。除了你的网站外，用户还会花 99.99% 的时间在别的网站上，用户根本不在乎一个特立独行的网站。如果你的机构有明确的网站设计标准，那么请在网站设计和用户界面中践行这些标准。如果你还没有标准，那就努力先去创造标准。在对市面上最有效的企业内部网站和门户网站进行研究后发现，整个组织的网站采用一致的界面和设计标准更容易让用户体验达到最佳、最有效且使用户最满意的状态。

一致性

一致的界面可以清晰、全面地展示一个企业，用户能够方便地了解组织的结构和功能，产品和服务，内部沟通和管理政策，以及总体任务和目标。构建一个清晰且易于导航的企业网络结构不仅仅是简单的图形用户界面问题。一个结构良好、内容丰富的网站比以往任何媒介更能直接全面地代表企业的深度和广度。

象征

网络化工作环境已成为一种常态，远程办公和远程访问等各种形式也都已趋于常态，基于网络的工作环境是创建和维护企业精神、态度和价值观的主导力量。对于大多数员工来说，组织机构的网站明显增强了企业的凝聚力和共同目标。

定位

一个清晰可辨地表明自我身份的网站有助于企业更好地区别于同行和竞争对手。这在互联网上尤其重要，因为每个人都有一个网站，并且所有的网站都出现在同一个有限的场所（用户界面上的浏览器窗口）。用户可以在浏览时访问十几个组织的网站，接触到许多图形主题。网络用户对互联网的期望主要由他们在其他网站上看到的东西而定，他们所看到的大多像是五彩纸屑：没有内涵、花里胡哨、混乱。这时如果你的网站看起来不像一个大企业网站的风格，恐怕用户很能记住你。

一致全面的设计大于眼前的商业目标。企业提供的产品和服务不仅需要有独特之处，其自己本身作为一个实体公司也需要有它独特的标志。太多的公司、大学和政府网站缺乏一个一致的群体身份和共同的使命感，从他们网站的混乱状况就可以看得出。只有当网站能有效地使组织机构的知识和能力得到用户信任时，它才能成为增强企业地位和竞争力的有效工具。

推荐阅读

Colborne, G. *Simple and Usable Web, Mobile, and Interaction Design*. Berkeley, CA: New Riders, 2011.

Cooper, A., R. Reimann, D. Cronin, and C. Noessel. *About Face: The Essentials of Interaction Design*. Hoboken, NJ: Wiley, 2014.

Krug, S. *Don't Make Me Think, Revisited*. Berkeley, CA: New Riders, 2014.

———. *Rocket Surgery Made Easy*. Berkeley, CA: New Riders, 2010.

Linderman, M., and J. Fried. *Defensive Design for the Web: How to Improve Error Messages, Help, Forms, and Other Crisis Points*. Berkeley, CA: New Riders, 2004.

Shneiderman, B., C. Plaisant, M. Cohen, and S. Jacobs. *Designing the User Interface: Strategies for Effective Human-Computer Interaction*. Upper Saddle River, NJ: Prentice Hall, 2009.

第 8 章

平面设计

平面设计就是把图形和文字巧妙地摆放成预先计划好的表现形式。如果表现形式没有仔细计划好，那它就不能被称为设计。如果安排得不是很巧妙，那也算不上是设计。如果设计师只在所有重要决定都已做出后才参与到其中，那么设计仅仅是一种装饰——这种设计只是为了把事物变得"好看"，而好看是平庸且没有特色的。

8.1 利用设计逻辑

设计是为了创造出视觉逻辑，并寻求视觉和图形信息之间的最佳平衡。没有形状、颜色和对比度视觉冲击的页面图形是无趣的，不会激发观众的观看欲。那些没有对比度和视觉缓冲区的密集型文本文档是很难阅读的，尤其是在较小的或分辨率相对较低的屏幕上。但是，如果文本没有一定的深度和复杂性，单纯应用高度图形化的页面，其视觉、文本信息和交互之间的平衡感就会很差，同样会让用户失望。平面设计源于语言，它的基础仍然是排版，而排版是表达语言的一种手段。为追求理想平衡，伟大的设计就像是在视觉和才智激发（intellectual stimulation）之间走钢丝，为了能够做到 Edward Tufte 所提出的"与众不同的差异"（differences that make a difference），同时还能尊重和保持人类数千年的书面交流传统。

8.1.1 流体逻辑

无论是现在还是未来，计算设备的尺寸和形状种类会越来越多，今天我们能看到的可塑性极高的网页设计通常是从视觉界面表层"之下"开始的，即先构建"响应式"代码结构，而不是一上来就是用静态图片制作工具，例如 Photoshop 或 Illustrator（如图 8-1 所示）。这对长期接受传统排版设计教育的设计者（习惯静态的视觉平面和用笔在纸上作画）来说是一个巨大的挑战。如果每一个"页面"都能以多种形式和布局存在，且样式风格越来越多，我们可能有时会感觉平面设计作为一门学科已经到达历史的终点。

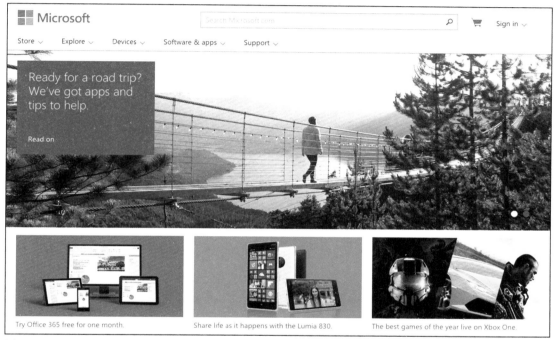

图 8-1　上图显示的是微软应用"响应式"设计的网站主页，可以看出在不同位置中，每个元素的摆放都经过了精心的设计

　　然而，事实并不是这样的。如今，在网络传播环境中，平面设计在对视觉的智能化和凝聚力方面提出的要求可以说达到了前所未有的高度。的确，整个画面发生了改变，让传统设计师感到一些不安，但对比度、焦点、纹理和图案、颜色和字体这些基本要素没有变，还是以强有力的方式与图形、文字组合成显示屏上有意义的页面。15 年前，一篇很有预见性的文章"网页设计之道"（A Dao of Web Design）中，设计师 John Allsopp 写道："我认为，网络最大的优势往往被视为是一种限制，一种缺陷。网络的本质是灵活的，我们作为设计师和开发人员应该拥抱这种灵活性，创作出灵活的页面，让所有人都可以访问。"

8.1.2　商业逻辑

　　平面设计、排版的视觉效果和功能连续性对于你的网站来说非常重要，它们可以让读者知道你网站的信息是及时、准确且有用的。精心、系统地处理页面设计可以帮助简化网站导航，减少用户错误，使用户能更容易地使用网站提供的功能来获取信息。好的网页设计比以往任何时候都重要。我们的网络世界已经与"现实生活"完全融合，我们的生活已经是虚拟与现实相结合的了，比如厨房和 Twitter，Facebook 和办公室，亚马逊和杂货店，网络上的设计元素变得更加持久、更具有结构性，甚至更加契合我们的生活环境。

8.2   不断变化的样式

不要为你的网站开发一个固有的"样式"风格，更不要轻易导入其他网站的图形元素来装饰你的页面。你网站的图形和编辑样式应作为一个有机体不断地变化，让你的内容和页面布局一致且相匹配。选择传统而非稀奇古怪的样式，不要让框架形式压倒页面内容，记住，最好的样式是让用户注意不到有样式的存在——所有一切都很有逻辑，很舒适、美观且自然——而不是用拙劣的视觉"样式"来破坏读者体验。正如 Edward Tufte 所说："你只需关注'真'与'善'，'美'自会随之而来。"

如今快速发展的技术为设计师带来了独特的挑战，不过科学家兼历史学家 Jacob Bronowski 几十年前写道，设计师们总是需要学会适应快速发展的社会、科技和商业环境变化，而我们的数字工具在这方面给了我们很好的支持，如今的设计师已经拥有了前所未有的强大且有趣的设计工具。最好的设计旨在平衡设计想法和技术能力以及（最重要的）用户需求（如图 8-2 所示）。

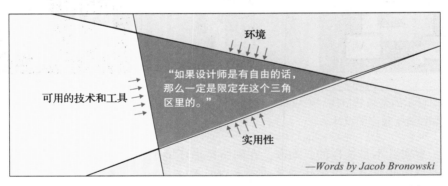

图 8-2   好的设计能够平衡各种限制条件，可用的工具和技术以及用户需求

设计完整性

对设计质量的要求可以看作是你对用户的尊重，是传达诚意、思想和目标的手段。细心、慎重、聪明的设计能够向用户和读者传达我们的敬意。设计是把事情做对的一个过程，它具有明确的意义和目的。

8.3   注重吸引力的影响

许多人对于视觉美学在用户体验中的作用持怀疑态度，也对看中美学的设计师们持怀疑态度，重视美学的设计师很关心图形对用户情感的影响，并且认为精心设计的网站视觉框架会有助于提升网站的可用性。视觉美学能够将内容进行分块，并给每一部分内容明确的定义，因此它不仅仅是一个我们可以随意使用或丢弃的"皮肤"。用户对他们所看到和使用的事物可以很快做出审美判断，并且这种印象会深刻、持久地保留在他们的脑海中，研究表明，过于复杂的视觉内容会让用户怀疑网页内容的可用性以及可信度，从而影响其对该内容的信心。这些判断在用户看到网站第一页的 50ms 之内就形成了。

8.3.1　眼球追踪与美感反应

在做过大量眼球追踪研究后发现，形状较大的图片和元素所收到的目光注视反而更少，但我们可以得出"大面积、美观且色调搭配和谐的图形不能够持久影响用户对网站的态度"这一结论吗？答案一定是否定的，在另一个网站用户体验研究的结论中发现，网站用户会受到视觉美学的强烈影响，秩序、美感、新奇和创造力等积极感受能够增加用户对网站可信度和可用性的认可。最近出现的一些设计写作和界面研究项目，为我们阐述了视觉设计和用户研究是如何一起在互联网中创造出更好的用户体验的：让导航界面既具有实用性又具有愉悦眼睛和大脑的美学性，体验实用性和美学性之间的平衡。总结下来，一句话：有很多证据表明"美"可以提高一个网站的可用性。

眼球追踪是分析和理解用户如何查看、解释和使用信息的一种很好的方法。然而，根据一些眼球追踪研究结果，一些用户界面研究者称，由于研究对象（显然）很少注意到网页上的大面积图形（眼球追踪显示目光注视时间很短），因此我们可以推断出：大的网页图形对用户影响不大。这里我们说的不是目录图像或其他与商品或任务密切相关的图像，而是设计师们用来创建网站审美氛围的图片和其他图形内容。背景在这里很重要：在这些研究中，参与者有一组特定的任务要完成，因此他们的目光往往会集中在导航链接、标题、标签和界面控件上，比如按钮和表单区域。在这些任务中，表现性或有视觉色调的图形用处不大，执行这些任务的用户（显然）会忽略大部分页面图形，这并不奇怪。

为了调和对视觉美学能达到的作用的不同看法，我们需要了解大脑处理图像的方式以及它是如何对我们所看到的事物做出反应的。

8.3.2　本能反应

感谢 20 世纪初格式塔心理学家和许多其他学者的研究工作，因为是他们让如今的我们知道大脑对图像的反应是极其复杂的，而且在许多情况下几乎是瞬时完成的。这一过程像变魔术似的，因此并不是十分可信。这么复杂的事情怎么会发生得这么快呢？这个过程我们还没完全了解，我们怎么能相信其传达的结果呢？研究证实，用户只需 50ms（1s 的 1/20）就可以对网页的整体视觉印象做出一个美学判断（如图 8-3 所示）。几乎所有用户都有这些对网页的即时本能反应，这些即时反应和访问长度一样，强烈影响着用户对所看到的信息的信任感。简言之，在眼球跟踪研究开始之前，用户就已经对网站的可信度和权威性做出了基本、一致且持久的美学判断。

图 8-3   眼球追踪研究产生的"热图"为我们展示了网页上哪些区域能够得到最高的视觉关注（上图中
　　　　红色表示关注度较高，蓝色及更浅的颜色表示关注度较低）。从上图中可以看出页面的左上角
　　　　（也就是传说中的"金三角区域"）明显获得了最高的关注度，但是左侧导航区域以及横向延伸
　　　　的内容区域也受到了很高的关注，形成了经典的"F"型

　　在诸如艺术史和诊断放射学等视觉体验比较强烈的领域中，这种复杂的、几乎是瞬时完成的视觉判断是众所周知且被大家认可的，尽管人们对其中确切的神经机制还不是很清楚。Malcolm Gladwell 在他的《 Blink 》一书中讲述了盖蒂博物馆著名青铜雕像的故事，名义上是一尊古希腊雕像，但现在被视为现代伪造品。虽然雕像的出处和矿物学测试似乎提供了确凿的证据证明其产出年代，但独立的艺术史专家们看到该雕像后的第一反应几乎都是否定的。雕像揭幕后，Thomas Hoving 的第一反应是"很鲜艳"，这几乎不是形容一尊被埋葬两千年的雕像的正确词语。起初，专家们只是把他们的直觉反应作为证据，但他们的怀疑态度导致盖蒂博物馆决定重新检测，经过进一步检验和分析，最终证实了雕像年代和出处的证据并不属实（如图 8-4 所示）。

8.3.3 情感反应与决策

　　在心理学中，对刺激做出的情绪反应称为情感反应（如图 8-5 所示）。情感反应发生得非常快，而且其被大脑的下中枢神经自动且无意识地掌控着，这些中枢神经也支配着一些其他基本本能（例如食欲、恐惧、性欲、呼吸、眨眼等）。可以把情感反应看作是大脑对你所看到和感受到的事物的自下而上的反应。而认知反应是大脑缓慢的、自上而下且更深思熟虑的反应。这些反应都会受到你个人的文化观点、学习、经历和喜好的影响。情感反应可以为你的经验赋予价值；认知反应可以为你所见和所闻赋予意义。

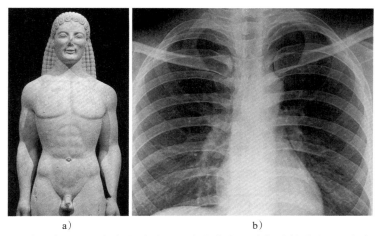

a)　　　　　　　　　　　　　　　　b)

图 8-4　很多专业领域对直觉性的判断十分认可。在艺术史和诊断放射学中，人们都会通过肉眼观察来做鉴定，很多艺术家或医生在判定真假好坏时，所凭借的依据往往是第一眼看过去的直觉

通过视觉刺激而产生的情感和认知反应会受到大脑中一个分 3 阶段的过程的控制（在本能、行为和反思处理层面）。

本能处理对外观反应十分迅速。研究人员检测到用户对网页的本能反应时间最快达50ms。重要的是要理解这些即时的好 / 坏的本能层面情感反应在很大程度上是无意识的：你可能需要几秒或几分钟才能意识到你对刺激的本能反应，尤其是像网页一样复杂的刺激。

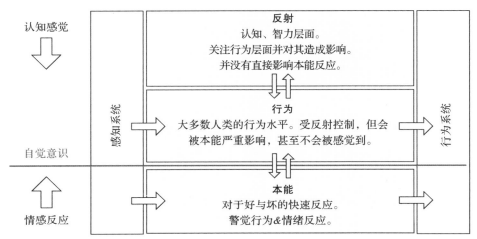

图 8-5　关于情感反应，在这里想说的是，我们会在极短的时间内对所见事物作出判断，这种直觉性的判断往往会持续影响着我们对所见事物的信任度，以及对它的价值判定。但是，尽管做判断所用的时间很短，我们有时也依旧会需要一段时间才能意识到这种视觉判断的产生

行为层面的处理涉及更熟悉的可用性方面：它是对网站使用感觉，网站功能，网站结构和导航的可理解性，以及网站整体性能的反应。在这个层面，用户会意识到他们对系统行为的态度，当用户访问一个网站时，他们需要几秒或几分钟才能做出反应（例如，快乐或沮丧）。在行为层面时，眼球追踪等技术才是最强大且值得信赖的，因为它们提供了每时每刻的详细证据来证明用户为完成一个给定任务会有意识地去看哪些东西，去做什么事。

本能（情感）反应可能需要较长的时间，通过层层处理，才能进入行为或反思层面，并产生意识，但这并不意味着情感反应不会立即影响人们的思想（如图 8-6 所示）。事实上，当看到一个设计良好的网页时你所产生的即时和潜意识的愉悦感才是让你感到网站在设计和易用性方面做得很好的主要决定因素，在慢慢进入有意识的行为和反思处理层面后，本能反应作用还可持续很久，让你更加明确你对所看到的事物的感觉。

反射性诠释
以智力水平为基准看到的事物。严重依赖于你的价值判断、社会期望、个人知识以及早先从有关媒体和消息来源获得的经验。情绪和智力会对你所看到的事物做出反应。

有意识的诠释

符号化的
语言、排版、数字、图像、抽象图型或艺术作品、用户界面元素。符号内容必须被看到并进行解码（读取），且严重依赖于早先的知识和经验。由于解码需要时间，因此速度会比较慢。

表现性的
图片、视频和现实艺术品。会受先前的视觉体验影响，因此不需要解码。认知和理解（通常）不取决于早先获取的知识。

视觉系统
视觉的神经系统完全处于大脑的视觉皮层内。这里会处理对光线和黑暗、颜色、图案、阴影、形状、纹理、线条和边缘的感知。面部识别和理解也会在这里被处理。

图 8-6   大脑在处理我们所看到的内容时需要花费一定时间，但是我们的情绪反应以及视觉处理系统，会很快对我们所看到的事物做出反应

大脑在产生反应后的反射处理是极其复杂的，通常会关系到用户对网站美感、意义、文化背景和即时有用性的多种主观感受。反射处理常常会触发大脑的记忆，并促使用户对所看到的内容的总体美学价值和重要性做出一个基本的判断。在这个层面，眼球追踪和流量日志都不能说明太大的问题，但是用户访谈可以帮助你深入了解用户的反思判断。反射处理还涉及多层符号和意义，这些符号和意义不仅仅是由更自动的视觉感官元件（颜色、图案、阴影、对比、人脸识别）创造的，而且也是由我们对代表性图像（照片和现实作品）以及页面符号元素（字体、图标、示意图）做出的更微妙更复杂的反应所创造的。

8.4 视觉设计

8.4.1 塑造视觉平面

平面设计的本质是在一个平面上组织和排列视觉元素：通过操控图形、各种媒体和排版来建立一种视觉秩序，从而反映并增强信息所传达的内容。当今电子屏幕大小不一，有小到手腕上的手表，有大到会议室整个墙壁的屏幕，似乎视觉平面的边界变得让人觉得既不可知也无法逃避。我们的设计需要应对成千上万个屏幕大小不一的设备，所以只能尽可能地让我们的布局适应多种平面布局。

今天数字设备的视觉平面有如下特点：

❑ 多样化：我们不再知道设计区域的大小，甚至其物理特性。我们已经失去了对工作边界的控制，不再有那些基本的边界来指导我们的工作，或为其提供参考框架。

❑ 动态：我们的设计是动态的，永远不能完全确定支持该设计的是哪种浏览器、操作系统、字体、颜色或其他基本显示技术。

❑ 无处不在：好消息是，如今使用我们设计的用户达到了空前的规模，信息显示现在已经从桌面上解放出来了，变得无处不在。设计师们从未在如此强大的、具有可塑性及实用性的视觉平面上进行过创作。

❑ 智能响应：在这个多屏世界里前行的唯一合理方法就是响应式网页设计：页面流体网格、响应图片和 CSS3 媒体查询，使用这些技术能够让你的设计对各种屏幕做出智能的响应。

以前设计师知道视觉区域的固定维度，并能够根据已知的边界和限制进行设计，今天的网络设计师只知道有一个高度和宽度都未知的屏幕，屏幕都有一个顶部，可以往下进行设计，还有一个中心，可以从内向外设计。好消息是，视觉设计的所有基本工具仍然有用：排版、颜色、对比度、尺寸关系，甚至复杂的布局都能在完全响应式设计中发挥作用（如图 8-7 所示）。

设计的过程也必须要适应发展，以支持平面设计的变化：

❑ 旧设计：确定一个边界和比例固定的平面和一个固定的网格，然后填充内容。

❑ 过渡期：确定一个灵活的网格，然后填充内容。

❑ 新设计：从内容开始由内向外进行设计，"移动优先"，从最基本最重要的内容开始设计。

每行文字长度

文本布局的理想长度是根据人眼的生理构造确定的（如图 8-8 所示）。视网膜上视觉最敏锐的特殊区域称为黄斑。黄斑很小，通常不到视网膜面积的 15%。正常阅读距离下，黄斑覆盖的视野弧宽度仅有几英寸——约每行 12 个字。研究表明，当文字长度超过理想宽度时，阅读速度就会变慢，因为从一行的尾部移到下一行的开头这一过程中，读者需要运用到眼睛或脖子的肌肉。如果眼睛必须在一个页面上走很远的距离，那么读者找到下一行就需要更多的时间。

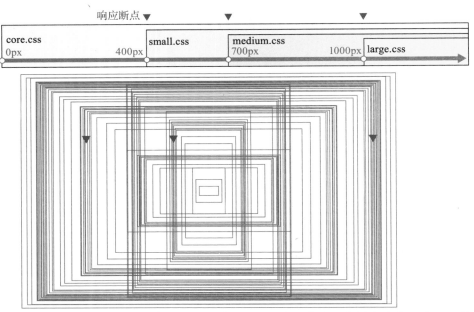

图 8-7   根据网页内容和现有的硬件标准，上图中展示了所有可能出现的屏幕尺寸以及 CSS 断点的位
        置，但无论是移动端还是桌面，事情的变化速度实在太快了，以至于我们也无法确定上图中
        的推测能成立多久。在这样的背景下，响应式设计是能让我们的设计"不过时"的最佳方法

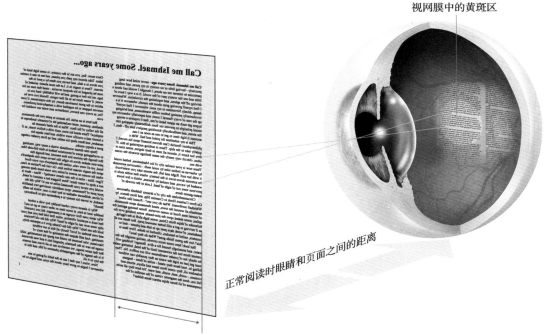

典型的分列式布局能够很好地适应视网膜中黄斑区所能覆盖的视觉焦点区域

图 8-8   分列式布局很好用，因为它利用了我们的视觉工作原理

考虑到网站中的用户自定义模式以及互联网技术的变幻莫测，我们很难控制所有视图情况下的每行文字长度。如果用户放大默认的浏览器文本大小，那么原本看起来很舒适的每行 66 字符标准文本就会变成狭窄的 20 字符。文本放大后，列宽固定的多列布局就会变得很难阅读。

响应式设计和通用的可用性原则（参见第 3 章）能够帮助我们很好地解决行长度问题，它们可以确保网页设计流畅地适应宽度，这样用户就不会被锁定到单个视图里。所有当前的浏览器还允许用户更改网页布局中样式的总体大小，为用户提供更灵活的布局，以获得更舒适的阅读体验。在更大屏幕上的响应式布局中，设计师可以给页面设置一个 CSS "最大宽度"，以防止大屏幕上的页面布局被放大到离谱（不清晰）的宽度。

颜色和对比度

颜色和对比度是通用可用性的重要组成部分。文本的易读性取决于读者从背景区域中分辨出字体的能力（如图 8-9 所示）。颜色差异主要取决于亮度和饱和度。白色背景上的黑色文本具有最高对比度，因为黑色没有亮度，白色是全亮度。色调也是一个因素，补充色（如蓝色和黄色），可以产生最大对比度。请确保你选择的颜色不会让用户感觉难以区分文本和背景。此外，千万别忘了，几乎有 8% 的男性读者难以区分红色阴影和绿色阴影。

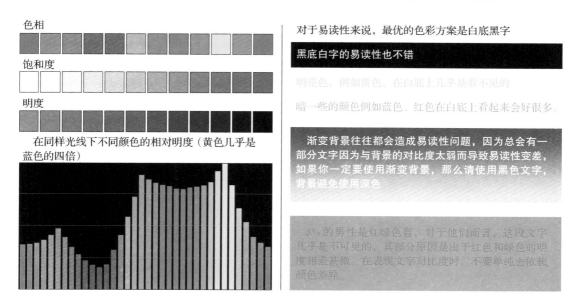

图 8-9　不是所有的颜色搭配都能达到相同的视觉传达效果，尤其需要注意，有 8% 的男性是红绿色盲

8.4.2　使用知觉完形原则

20 世纪初，格式塔心理学家着迷于人类大脑从复杂的视觉部分中看到 "整体" 的能力（"Gestalt" 是德语，指 "整体" 或 "整体形式"）。他们对视觉模式知觉的研究产生了一些

一致的原则，这些原则对人类视觉推理和模式识别具有重要作用，这些原则构成了现代平面设计的理论基础。以下列出的原则是与网页设计最相关的部分原则：

☐ 邻近（或接近）原则（Proximity）：与相距较远的元素相比，邻近的元素相关性更大（见图 8-10 中的 a）。

☐ 相似性原则（Similarity）：具有一致视觉特征的元素会被联想成一个群体（见图 8-10 中的 b）。

☐ 连续性原则（Continuity）：我们更喜欢连续、完整的轮廓和路径，绝大多数人会将图 8-10 中的 c 看成两条相交线，而不是四条线交于一点。

☐ 封闭原则（Closure）：我们倾向于看到完整图形，即使图形轮廓残缺或含糊不清。在图 8-11 的 a 中，我们看到一个白色长方形叠在 4 个圆上，而不是 4 个圆都缺失了一部分。

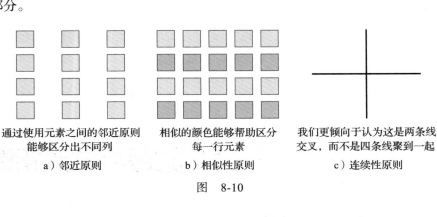

通过使用元素之间的邻近原则　　　相似的颜色能够帮助区分　　我们更倾向于认为这是两条线
能够区分出不同列　　　　　　　每一行元素　　　　　　　交叉，而不是四条线聚到一起

a）邻近原则　　　　　　　　b）相似性原则　　　　　　c）连续性原则

图　8-10

封闭原则导致我们看到一个　　　经典的鲁宾的面孔/花瓶幻觉　当"花瓶"相对尺寸增加时，
白色正方形，而不是4个不完整的圆　　　　　　　　　　花瓶就会变得更加明显

a）封闭原则　　　　　　　b）图形-背景关系原则　　　　c）相对尺寸

图　8-11

图形 – 背景关系原则

图形 – 背景转换后，观看者的知觉会有变化，对同一视觉区域可能有两种不同的理解：图 8-11 的 b 中，你可以看到一个花瓶或两个面孔，但你不能同时看到两者。邻近原则对图

形 – 背景关系有很强的影响：当花瓶更宽且两张脸相距更远时，大部分人可以很容易地看到花瓶（见图 8-11 的 c）。此外，在一个大的视觉区域中，相对较小的视觉元素会被看成离散元素。小元素会被看成"图形"，而大的视觉区域会被看成图形的"背景"。

均质连接原则

均质连接原则（Uniform connectedness）是指被线隔开或者线框框起的元素被认为是有关联的（如图 8-12 所示）。

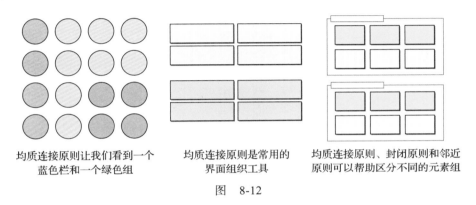

均质连接原则让我们看到一个　　均质连接原则是常用的　　均质连接原则、封闭原则和邻近
蓝色栏和一个绿色组　　　　　　界面组织工具　　　　　　原则可以帮助区分不同的元素组

图　8-12

1 + 1 = 3 效应

两个视觉元素之间的"白色空间"形成了第三个视觉元素，随着元素的接近，该视觉效果会变得更加活跃。下面是著名的视觉错觉，黑色方框之间有灰"点"，这就是 1 + 1 = 3 效应，但这一原则适用于所有排列紧密的元素，在这种情况下，背景成为整个设计中的活跃部分（如图 8-13 所示）。

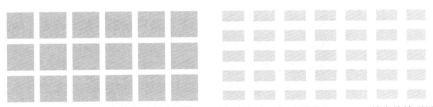

方框之间靠得很近，这就突显了中间的　　　布局越复杂，闪动错觉和1 + 1 = 3效应就越明显
白色空间，产生闪动效果

图　8-13

8.5　视觉结构

设计可创造出能够突出和加强内容的视觉路径（如图 8-14 所示）。设计元素必须具有一定意义，绝不能只为了吸引注意而随意乱做"风格化"设计。页面上的每个元素都应该有清晰

明确的用途，并与其他页面元素保持逻辑语义关系，使内容更加引人入胜，易于阅读和理解。

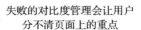

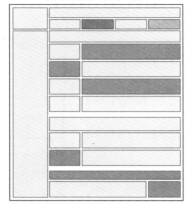

图 8-14　页面给用户带来的第一印象应该是有秩序的，内容的排列遵循着某种规律，能
　　　　让读者感受明确的内容优先级（上图左）。对于那些模式设计混乱的网站，用
　　　　户会感到很困惑，不知道该从哪部分开始浏览（上图右）

8.5.1　理解视觉结构的起源

　　即使置身于一个似乎只关注于现在和将来的媒体世界里，我们还是能够感受到"过去"
对我们造成的深刻影响。比如，你名片使用的布局比例是根据帕特农神庙的正面制定的。再
比如响应式网站 A List Apart 在设计布局上使用了与《The Book of Kells》相同的页面布局
方式（c.795）。Christophe Plantin 和 Aldus Manutius 可以认出纽约时报上与他们工作相关的
任何故事页面，但是对于这些文艺复兴时期的印刷商来说，计算机屏幕可能就非常陌生了。

　　页面是一个可视化的架构，其中充满了很多关于结构以及内容相对重要性的隐含信息。
对于设计，如果一定要用某种意义来诠释它，那就是计划。页面设计需要对项目的策略和目
标进行分析，且需要全面了解你的受众以及他们的需求。开发一个美观而实用的可视化结构
对任何项目来说都是至关重要的：在传递信息之前必须要先能够吸引读者。我们通常认为内
容是相当直接的东西，你看着一个页面，读那些字，就可以获得信息。但伟大的页面设计是
一种存在于显性和隐性信息之间的一个微妙却深刻的混合体。显性信息指的是文字和图像传
达的信息，隐性信息是指排版、图形以及对比度所传达出的信息。设计师在创建可视化架构
时，应该利用隐性图形工具来增强内容中的显性信息（如图 8-15 所示）。

　　设计与设计师息息相关。设计可以是主观的，就像艺术家设计他的作品一样，主要根
据个人的视觉品味和喜好做出视觉决定。许多后现代设计方法明显很排斥现代主义的客观设
计，尽管艺术和时尚界之外很少出现深刻的主观设计。但是艺术是解答艺术家内心问题的答
案，而设计则是对他人所提问题的创造性回答。

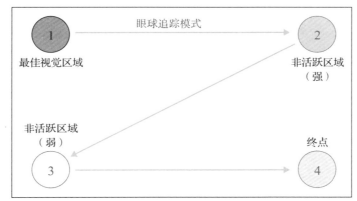

图 8-15　对于西方语言，我们习惯于从左往右、从上到下（呈 Z 字形）阅读，这种模式称作
"古登堡图表"或者"古登堡 Z 字图"。这一基本的阅读习惯为视觉关注模式提供
了理论依据。眼球追踪研究同样反复证实了，页面上最受关注的位置是左上角

客观设计是由瑞士与德国现代主义设计师 Herbert Matter 和 Josef Müller-Brockman 最先提倡的，后来包括 Braun 的 Dieter Rams 和 Apple 的 Jonathan Ive 等设计师进一步推广。客观设计融合了包豪斯的功能主义哲学和格式塔视觉心理学，旨在建立基于客观物理和心理现象的模块化和系统化设计。客观设计致力于模块化系统、设计网格以及其他研究设计问题的系统方法。在网站创建原则中，页面编码、信息架构、用户界面设计和可访问性等领域往往是最具研究性和客观性的领域。平面设计和市场营销相对更具主观性，但即使是平面设计，也可以通过用户测试和 A/B 测试来进行客观地分析。

现代的网页设计受到了客观主义哲学的影响，但这并不意味着我们在如今的网络中看到的所有设计思想和结构都是最新式的。即使我们创造了未来，我们依然会被自己的过去所束缚。

经典页面设计

首批活字印刷页面是从旧的传统手稿和书法中发展而来的。它们使用的基本设计非常实用，以至于今天大多数页面依然在使用相同的结构：在西方语言中，我们是从上到下，从左到右阅读的，即经典的"古登堡 Z 字图"或"古登堡图表"阅读模式。经典布局中的页面结构主要基于页边留白的空间，在这些页边空白空间中，文本和图形内容从上到下排版，有时排列为一栏，有时排列为两栏。

现在许多与现代主义运动相关的设计创新实际上都是非常传统的。"留白设计"并不是直到 20 世纪 50 年代才被瑞士设计师发明出来。你去看看那些最好的经典页面设计就会发现，尽管整体视觉词汇受到了现代标准的制约，它们也很少会使用超过 50% 的（印刷）页面区域，空间利用也很明智，既保持了易读性同时又能为图形创新留出足够的空间。"形式辅助功能"是现代设计的一个核心原则，但这种说法其实诞生于古典时代。美国建筑师 Louis Sullivan（Frank Lloyd Wright 的老师）1896 年在一本关于早期芝加哥摩天大楼形式的书里首次使用了这个说法，但也表示该想法来源于古罗马建筑师 Vitruvius（c. 70BC ～ 15 BC）。

经典页面设计倾向于使用——并仍在使用——带有庄严感的人文字体（无论是古代还是现代的）：包括 Bembo、Caslon、Centaur、Garamond、Goudy、Jenson 和 Palatino 等，幸运的是现在都可以通过 CSS3 Web 字体库来使用这些字体。混合字体也不是现代的发明，这种做法最初用于提高实用性：早期的打印机只有这么多规格的特定字体，当时"增加一套字体"意味着花一笔钱买上千件金属活字。

大部分页面设计都是采用经典的自上而下的线性页面结构，直到 19 世纪后期，那时新的通信媒介（如电报和早期电话）以及更先进的铸字排版和平版印刷技术的结合，使得印刷出版物的复杂性日益增加，但页面设计和排版的变化却相对较慢（如图 8-16 所示）。浏览一下当时的报纸你会发现一个问题："设计"的唯一概念是经典的从上至下布局，但是栏数（或版块）太多，页面太复杂，从上至下的布局已经不能完全满足使用了。"所有适合印刷的新闻"通常意味着所有可以塞进头版的新闻，但是版面面积有限，因此文字会堆积在一起使得其很难阅读，这与 20 世纪 90 年代的许多网站主页看起来没有什么不同。

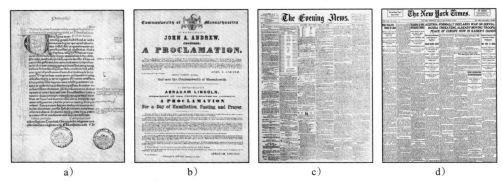

图 8-16   在印刷技术发明初期，页面设计主要是从上到下（a 和 b）填充一栏或多栏文本。这个相对简单的页面设计一直延续到了 19 世纪，当时电报和更复杂的印刷技术的结合导致商业文件和报纸的版面设计越来越复杂（c,《伦敦报》，1881 年）。报纸逐渐开始出现定制化的对比度和结构，例如使用加粗的标题、副标题，白色空间也稍微扩大了，以试图引导读者的注意力（d,《纽约时报》，1914 年）

现代设计

20 世纪初，页面设计者开始试图打破古老的自上而下的古登堡图表模型。在报纸和早期杂志的设计中，页面一直被视为一个统一的区域，页面元素的大小和对比度用来为读者游离的视觉焦点创造"切入点"。现代页面设计的目的是为页面创建一个合理的、基于规则的视觉体系结构，字体和图形的大小和对比度关系创建了一个可视化的层次结构，读者可以通过这个可视化层次结构来了解内容的相对重要性。

突出对比度可以吸引眼球（如图 8-17 所示）。眼球追踪研究显示，即使是现代读者，在浏览网页和书面文件时还是会遵循自上而下、自左向右的古登堡图表模式，但除左上角外，现代读者更容易从网页上其他点开始阅读，尤其是当布局复杂且有很多可选话题时，比如典型的新闻或电子商务主页。

现代设计——至少在理论上——力求成为一种分析中立的调解者和信息传播者，即使这个目标很少能完美实现。最好的现代设计是高度聚合且具有创造性的，这两个特性在如今的互联网市场中并不罕见。现代设计工具和产品已经无处不在——任何人即使只有一台配置不高的计算机和一笔小预算也可以轻松使用那些工具和产品，我们生活中到处都充满了手机截屏、自拍照、网页、Facebook 帖子和 Vine 视频等。今天唯一能够让产品与众不同的是产品背后的思考和制作的质量，以及我们所交流的想法的实用性，这些思想已经成为现代设计中专业化的标志。

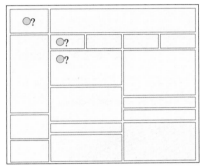
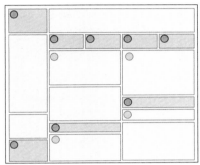

图 8-17　单调的灰色统一文本根本无法吸引读者的注意力，大多数人都会自动从上而下、从左到右浏览，以理解页面文本内容。现代设计技术使用不同大小的字体和对比图形来吸引读者眼球，让他们看到页面中的内容"切入点"（上图深色圆点）

8.5.2　建立视觉层次

页面设计中如果缺乏清晰且让人感兴趣的图形，会很难吸引读者，因为人们在阅读这种页面时需要耗费更多的时间和精力。我们通常都是先快速扫视一个页面来了解页面内容的。一个页面一般是以基本的西方语言惯例和通常的网页布局构建起来的，特别是对于那些含有重要文本内容的页面（如图 8-18 所示）。

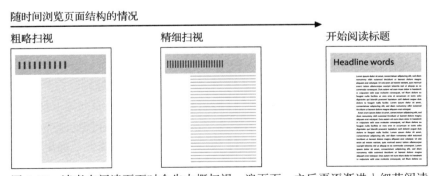

图 8-18　读者在阅读页面时会先大概扫视一遍页面，之后再逐渐进入细节阅读

这里列出了一些简单的经验总结：

❑ 使用常规的页面布局，避免完全脱离常规格式，因为完全脱离常规会让读者感到迷惑。沿袭常规形式对于 Web 设计师来说并不是什么难事儿，所有媒体都有其默认的形式和惯例。常规形式可以让新用户快速理解页面，而不需要太多的认知负荷。书籍设计是一种古老而受人尊敬的设计工艺，而书籍设计的"规则"在《 The Chicago Manual of Style 》中长达数百页。这些规则不会扼杀书籍设计，反而能让书籍设计做得更好。

❑ 页面内容的优先级应该立即、明确地展示在读者面前。可以使用一些基本的视觉工具来帮助区分优先级（例如字体粗细、大小、颜色和样式），创建清晰的页面层次，然后在适当的地方提供相关文本（文字）和视觉说明（图像和布局），引导读者从最初的扫视进入后续的深层阅读（如图 8-19 所示）。

图 8-19   Sage 杂志的排版很简单，但是页面的布局十分清晰，能够让读者一眼就完成页面的扫视工作然后快速开展详细阅读

视觉层次与负空间使用

精心设计的层次结构不仅仅意味着使用图形和对比度，不然组织一个页面只需把标题放大加粗，把图片放在靠近顶部的地方，然后在下面堆放更小的文本块就大功告成了。事实上，这也是互联网上很大一部分网页的基本公式，因为它很简单而且很有效。

然而更复杂的页面布局会使用前面讨论的格式塔（完形）视觉原则，在页面上创建意义和顺序，仔细安排，将相关项目分组，利用接近、相似、连续和封闭原则等工具搭建视觉结构。

所有的格式塔视觉原则——所有的印刷和平面设计——都会利用负空间或"白色空间"来组织页面内容，将同类型的内容进行归类，从而提升页面的易读性。如果页面上没有足够的白色空间来为内容创建顺序和分组，也就谈不上平面设计了。如果一个页面上没有白色空间，所有内容都将挤到一块（如图 8-20 所示），那么就无法利用对比度、色调、图形等元素来引导读者阅读了。

图 8-20　USDA（美国农业部）主页的文本内容块一块紧挨一块，且含有大量平面设计记号和花样，导致其主页没有通过最初的设计测试：什么是重要的，我应该把注意力放在哪里

白色空间存在于字间距及其周围空白区域，它能够自然地将页面中的内容进行分组、分块。例如，当一个副标题上面的空白空间多于其下面的空白空间时，其就是告诉读者这个副标题和下面的内容块是一体的，副标题上面的内容和下面的内容是不同的。

意图和设计要清晰，这听起来好像很简单，但无论是信息传递策略还是平面设计，都有非常多的准则来帮助我们达到这两个目标。实际上，大多数组织都未能做到这一点，因为安抚意见不一的利益相关者的最简单方法是将主页分成若干部分，以便满足每个人的要求。如果每个人都受到一点关注时，你通常得到的是一个混乱失败的页面，很讽刺的是，这常常精准地反映出了商业和沟通策略背后的混乱思想。

统一、简单、专注

伟大的设计可以创造出一个明确的兴趣中心来吸引读者的注意，并且能够在整个页面体系结构中，建立统一的秩序感和平衡感（如图 8-21 所示）。对比度和字体粗细等图形工具是强大的，但如果你过度使用，那很快就会让读者眼睛疲惫，注意力分散。读者喜欢温和且清晰的引导，而不喜欢过多的视觉冲击。如果你的内容足够好，其质量肯定会得到读者的认可，你不需要通过"大喊"来吸引注意力。

图 8-21　Edible Vineyard 网站通过其美观且全部响应式的设计证明了：复杂的设计感、可用性以及吸引人的界面都可以通过响应式设计完美展现给用户

有效的对比

横向规则、项目符号、突出的图标和其他视觉标记有时是十分有用的，但要注意分开使用（如果一定需要用的话），尽可能避免出现不协调、混乱的布局。图形强调工具是强大的，应该少用以便达到最大的效果。过度使用图形强调工具会导致"小丑裤"效果，即所有内容都很抢眼，但其实什么都没有强调到。

如果你不是一个专业的平面设计师，那就根据自然规则来选择颜色。背景或不重要的元素最适合用浅的不饱和色。避免使用大胆的高度饱和的原色，除非是在需要特别强调的区域，不过就算在这种区域也要谨慎使用（如图 8-22 所示）。

图 8-22　从自然中获取的配色通常是和谐舒适的。你可以使用 Photoshop 中的去色功能，从自然图片中提取颜色到色板

8.5.3 使用页面网格系统

页面网格是一种能够为页面布局提供一致且可预测的结构的常用方法。与传统的固定页面网格不同,当前最好的网页网格是流体比例网格,它可自由调整以适应较小屏幕,但通常会为大屏幕设定一个固定的最大宽度（CSS 最大宽度）。但是,网格只是有效构建网页方案的一部分。

网格系统的起源

说起页面网格,人们会联想到 20 世纪 50 年代的瑞士现代主义设计师,如 Josef Müller-Brockmann,但页面网格思想其实早在几千年前就出现了。每个精心设计的页面都使用了网格。最古老最基本的布局网格是手稿网格,这在活字印刷之前就已经得到了广泛的应用,至今仍广泛应用于书籍、博客和智能手机的布局中。经典的手稿网格（见图 8-23 的 a）有一个核心列,虽然有时会留出比较宽的边缘部分,可以用于写旁注或附加说明。随着机械印刷的出现,以及书籍形式越来越趋于标准化,手稿网格通常会加入一些简单的页眉或章节标题,以及简单的页脚和页码。

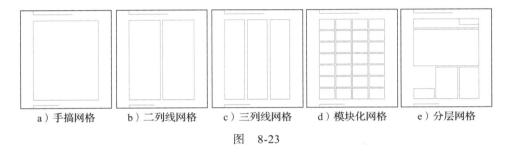

a）手搞网格   b）二列线网格   c）三列线网格   d）模块化网格   e）分层网格

图   8-23

大约 1452 年在 Johannes Gutenberg 发明印刷技术之前就已经出现了列线网格（见图 8-23 的 b 和 c）,直到 19 世纪早期,列线网格便已成为报纸和早期杂志使用最广泛的版式。列线网格十分灵活,可将木刻或后来蚀刻的图形加入到期刊、书籍和早期大规模发行的杂志中。今天大多数纸质杂志、广告和信息类出版物、小册子以及网站都采用了其中一种多列布局形式。

20 世纪 50 年代和 60 年代现代主义设计师们推广的模块化网格（见图 8-23 的 d）,已成为今天印刷和网页设计中最著名的布局网格。这种固定布局网格在 2006 ～ 2011 年间的网页设计中非常流行,因为浏览器中的 CSS 支持变得更加可靠和精确。现成的框架,如 960 网格,在移动计算迅速崛起之前得到了短暂的普遍应用。随着响应式网页设计的日渐成熟,我们可能会看到（至少对于桌面应用的页面布局而言）更复杂的模块化布局网格。

分层网格（见图 8-23 的 e）是现代网格设计中一种更自由的变体,通常应用于特殊情况,如高度图形化的印刷作品或网页,如杂志摄影传播或网站主页。在分层网格中,网页设计主要是一个或几个主要的图形元素,但是文本元素还是会使用传统的单个或多个列线网格布局。

现代网格系统

20 世纪 20 年代，德国的包豪斯（Bauhaus）学派把格式塔心理学家的理论与现代主义的形式、色彩和版面设计理论相结合。早期的包豪斯平面设计师也受到俄国构成主义艺术家、平面设计师和建筑师 El Lissitzky 的影响，其大胆的几何页面设计和海报仍然激励着今天的设计师。1933 年盖世太保关闭包豪斯学院后，许多学院人士搬去了瑞士。瑞士设计受到了包豪斯学派的强烈影响，但后来却是瑞士设计师 Jan Tschichold 和 Josef Müller-Brockmann 等人提出了现代布局网格和模块化设计。20 世纪 50 和 60 年代，现代主义设计师 Charles、Ray Eames、Paul Rand 和 Massimo Vignelli 等人让现代主义设计成为美国企业的标志性外观设计。

Müller-Brockmann 十分善于宣传网格设计系统，他在《Grid Systems in Graphic Design》中明确阐述了印刷设计中的现代主义网格。建议现代设计师在印刷平面设计项目中使用网格，因为网格提供了一种特别强大的手段，能够使书籍和杂志等复杂文档具有一致性和合理性。网格为内容呈现和位置提供了一个可复用的系统。

网格系统看起来似乎阻碍了设计师创造性的布局设计，但如果你使用得当，网格系统可以为布局提供一致的结构同时又不会让图形看起来单调（如图 8-24 所示）。

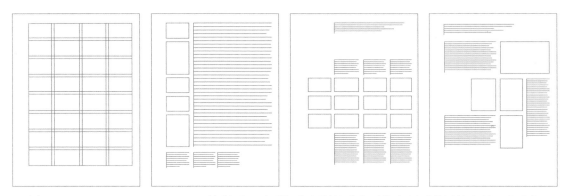

图 8-24   Josef Müller-Brockmann 绘制了一系列标准印刷尺寸中可能会用到的网格布局，向人们展示出，即便是简单的网格也能孕育出丰富的布局可能性

在网络进化的头十年里，当时的网格系统并没有得到很好的应用，网页设计中大量使用了标签页和有透明度的 GIF 图片，导致页面布局变得十分复杂。21 世纪初浏览器对 CSS 支持的增强主要应归功于 Jeffrey Zeldman 等网页设计师以及网站标准化推广项目（Web Standards Project）的努力，他们提出一个"基于标准"设计的理念，意图在主流浏览器上一致地执行 CSS 和 HTML 编码。实现了基于标准的设计后，网页布局工具（如 CSS2 和 XHTML）变得越来越复杂，导致网络设计师又开始转向基于网格的布局。

基于网格的 CSS 设计框架（如 960 网格（960.gs））渐渐流行起来，它是一种用经典现代网格原理构造的固定宽度的网页模板设计（如图 8-25 所示）。随着移动计算和响应式网页设计的兴起，固定网格系统变得更加流畅和灵活。《纽约时报》前任设计总监 Khoi Vihn 和英国网页设计师 Mark Boulton 写了大量关于网络网格系统的文章，其中有固定式和响应式的页面设计。浏览器对 CSS3 弹性盒布局（缩写" flexbox"）的支持变得越来越可靠，我们能够看到弹性响应式网格框架将会变得越来越复杂。

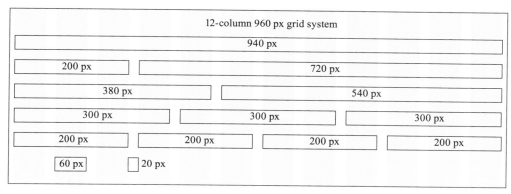

图　8-25

2005 ～ 2010 年间，固定宽度网格设计一度十分盛行。当时的 CSS2 已经很成熟，可以创建类似印刷排版的网格，当时移动用户通常能看到一个高度简化的"移动版"网站，只有最基本的信息和交互功能。"960"网格（www.960.gs）曾经是最流行的网格系统之一，甚至如今在一些老旧的固定宽度网站设计中还可以看到它的身影。

模块和程序

20 世纪 50 ～ 60 年代，现代设计运动专注于网格布局，但那时的网格只是为固定的、可重复的平面设计形式或模块起到辅助作用，是整个设计程序中的一小部分。然而，现代设计中的模块和程序形式是确保布局和排版合理的关键因素。将重复出现设计模块抽象成为图形库，可以通过精心编程的设计系统，让复杂的排版设计程序更高效、更省钱，且视觉更统一。

图 8-26 中的示例显示，设计师 Massimo Vignelli 为美国国家公园服务系统创建的模块和程序设计系统在 50 年后依然很强大。Vignelli 为美国国家公园地图和宣传册设计的统一网格设计系统非常美观，且功能强大，设计系统的一致性和可预测性使美国国家公园服务在整个项目过程中节省了数百万美元。

一致布局

建立一个布局网格和一个统一的样式来处理文本和图形，然后将这些布局和样式应用到你网站的其他页面上，以确保全部页面的一致性和统一性。重复而并不枯燥，一致的布局让你的网站保持一致性和创造性，并能够同时强化你的网站特色，使你的网站令人过目不忘。一致的布局和导航可以让用户快速适应你的设计，并有信心地预测到你网站中所有页面上信息和导航控件的位置。

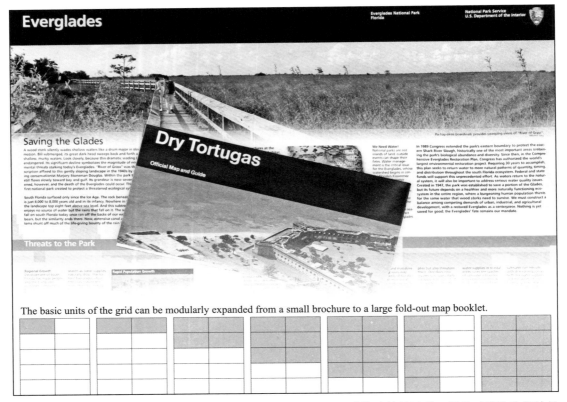

图 8-26　美国国家公园网站使用了印刷版式中的网格布局。这种策略性的思考，以及对模块化设计的应用帮助该项目在未来运行过程中节约了很多成本

构建模式

今天，现代主义模块和程序设计出现了一个重要的衍生物，那就是网站"模式库"，它不仅仅是对重复内容和功能设计模块外观的一种静态显示，而且是可交互的，每一个控件都含有一段 HTML 和 CSS 代码块，你可以在一个网站中快速查看、重复使用以及自定义这些 HTML 和 CSS 代码（如图 8-27 所示）。

在网页设计术语中，"模式"（pattern）是一种包含 HTML 和 CSS 代码的单元，通常用于描述网站中常见的重复对象或 HTML 标记，如按钮、基本输入框、处理引文的方法、区块引用，甚至是最基本的标题、列表、表格和其他 HTML 标准元素的样式。为了方便，设计师总是会复制、粘贴出这些代码并统一管理，让整个网站内容的处理方式一致。模式库就是这些重复的网站构建模式的集合。模式库有时也被称为"样式指南"或"前端样式指南"，但我们更喜欢称其为"模式库"，因为基于 HTML 和 CSS 代码的模式库比单纯收集的视觉样式要更强大且更实用。

如今，大多数需要一个网站的公司都已经有一个属于自己的网站了，然而随着网站年龄的增长和多年来的改进，它逐渐从一个新项目不断积累更多的 CSS 代码。添加新功能和样式的最保守的方法是将新的 CSS 代码添加到旧的 CSS 列表中。这种方法可以防止破坏以前的东西，但样式代码越来越多，CSS 变得臃肿，网站的性能就会受到影响。更糟糕的是，旧代码变得非常复杂、混乱，以至于没有人记得当前版本的网站实际使用了什么代码，以及在新样式项目进入之后，哪些旧代码已经没用了。

维护一个工作和测试代码的一致模式库需要花费一些时间和精力，但是这么做可以为你带来很多好处：

❑ 一个可靠的代码库可以节省大量时间，因为增加新特性只要剪切复制就可以了，还可以减少代码冗余，因为没有人会浪费时间重新创建模式库中已经存在的对象和特性。

❑ 单个代码库可以让你网站中的 HTML 和 CSS 更容易进行检查和维护，特别是当你将所有的模式示例保存在一个长的网页中时。如果你有新的代码要测试，那么你可以将其添加到模式库页面中，快速测出新代码是否破坏了旧代码，或者新的 CSS、HTML 或 JavaScript 是否与已存在的网站代码有冲突。

❑ 模式库是一个强大的沟通工具，有了它，设计师、前端开发人员和团队中的其他所有人就有了一个共同的参考物和共享词汇表，可以快速查看某一特性是否已经存在，是否可以从现有代码中进行修改。

❑ 一个完整的模式库为所有可能的 HTML 标签指定了兼容的样式，甚至是你（目前）从未计划使用的 HTML 标签。你可能从未使用过 <cite> 或 <abbr>，但是如果有人在你的网站中使用了这些标签，那么给很少使用的 HTML 指定一种样式可以防止不愉快的意外（例如在样式缺失时出现浏览器默认显示的简陋样式）。

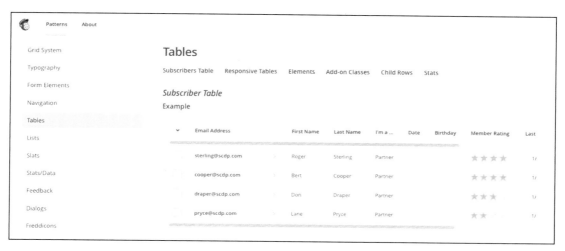

图 8-27　MailChimp 的设计模式库提供了丰富的设计样式以及交互案例，可以很方便地调用，因此能够为开发人员节约大量的时间和代码成本，并且帮助 MailChimp 的网站保持很好的一致性（ux.mailchimp.com/patterns）

最受欢迎的样式和模式库

　　幸运的是，一些公司和组织持有一些公众所能看到的样式指南和模式库，可以用来启发灵感，也可以作为指导。这里我们列出了一些我们最爱的样式指南：

❑ A Pattern Apart（《A List Apart》杂志模式库）：patterns.alistapart.com
❑ 美国网站样式指南代码：style.codeforamerica.org
❑ MailChimp 的模式库和风格指南：ux.mailchimp.com/patterns 和 mailchimp.com/about/style-guide/
❑ Pattern Lab：创建原子设计系统：patternlab.io
❑ 星巴克响应式网站模式库：www.starbucks.com/static/reference/styleguide
❑ 英国国家医疗服务，NHS 品牌指南：www.nhsidentity.nhs.uk
❑ IBM 设计语言：www.ibm.com/design/language

推荐阅读

Allsopp, J. "A Dao of Web Design." *A List Apart*, April 7, 2000, alistapart.com/article/dao.

Boulton, M. *A Practical Guide to Designing for the Web.* Seattle: Amazon Digital Services, 2009.

Bradley, S. "Design Principles: Visual Perception and the Principles of Gestalt." *Smashing Magazine,* March 28, 2014, www.smashingmagazine.com/2014/03/28/design-principles-visual-perception-and-the-principles-of-gestalt.

Bringhurst, R. *The Elements of Typographic Style*, 25th ann. ed. Seattle: Hartley and Marks, 2012.

Debenham, A. *A Pocket Guide to Front-end Style Guides.* Penarth, UK: Five Simple Steps, 2013.

Lupton, E. *Type on Screen: A Guide for Designers, Developers, Writers, and Students.* New York: Princeton Architectural Press, 2014.

Müller-Brockmann, J. *Grid Systems in Graphic Design.* Fürstentum, Liechtenstein: Verlag Niggli AG, 1996.

New Perspective on Web Design: The Smashing Book #4. Freiburg, Germany: Smashing Magazine, 2013.

Warren, S. 2012. "Style Tiles and How They Work." *A List Apart*, March 27, 2012, alistapart.com/article/style-tiles-and-how-they-work.

Weinschenk, S. *100 Things Every Designer Needs to Know About People.* Berkeley, CA: New Riders, 2011.

West, S. *Working with Style: Traditional and Modern Approaches to Layout and Typography.* New York: Watson-Guptill, 1990.

Wilson, A. *The Design of Books.* San Francisco: Chronicle Books, 1993.

第 9 章

排　　版

　　排版是一种语言和视觉之间的相互平衡，它能够帮助读者理解页面的形式以及内容。排版具有语言表述和视觉传达双重作用。当读者看到一个页面时，他们下意识地会感知到这两个功能：首先，他们会去查看页面的整体图形模式，然后分析其中显示的语言并开始阅读。

　　设计良好的排版能够为页面建立清晰的视觉层次结构，通过提供视觉符号和图形符号来帮助读者理解文字内容和图片，标题以及所从属的文本区域之间的关系。良好的网页排版能够清晰地编码这些关系，并且很好地适应不同的使用环境。

9.1　网页排版的特点

　　网页排版与印刷排版有几个明显的区别：

❑ 编码语义：在网页排版中，文本具有层次结构和关系，信息是通过编程方式获得，可以被文本阅读软件用读取，比如可以大声朗读网页内容的屏幕阅读器，也可以被其他文档读取类软件用以搜索和检索信息，如搜索引擎。

❑ 可适应性显示：网页排版时文本的可视化显示取决于许多变量因素，如用户设置、所使用的背景、所使用的设备和视口的大小。一个好的网页排版能够轻松地适应这些不同环境。毕竟最受用户欢迎的是那些可读性强，同时其设计还能够满足用户需求和喜好的页面。因此排版设计更需要多费点心思，因为能够影响可读性和易读性的因素非常多。

9.1.1   语义

一开始就讨论语义标记似乎不太合乎常理，但排版可以被看作是一种视觉语义——它通过使用视觉编码来表达页面的结构和意义。在网站中，我们可以将结构和意义编码到代码文档里。通过语义标记，我们以可视化和编程的方式描述页面内容和结构，以便与用户形成更有效的交流。我们还可使用语义标记来提供额外的经验层，并通过视觉手段使不可能的联系成为可能。例如，我们可以通过从文档中提取标题来创建目录，以大纲格式为用户提供文档概览。

在第 5 章中，我们介绍了语义内容标记的基本原理。在这里，我们会将重点放在讨论那些与网页排版相关的元素上。

中性空间

中性空间（neutral space）是一种能够用于直观地描述元素如何关联和排序的属性（如图 9-1 所示）。我们通过中性空间（如边缘、线高度、缩进和空行）来引导读者阅读文件。从语义角度来看，我们可以使用 HTML 元素达到类似的目的，即显示哪些元素是相关的，哪些是不同的。我们可以使用语义标记来编码特定元素的目的，以及描述页面内容的信息层次结构。例如，sectioning 标记（见表 9-1）可以给内容块编码中性空间，在内容周围形成一个边界，并给其一个描述性标签。

图 9-1   菜单从语义上说是一个链接列表，使用 HTML 列表元素来制作菜单，可以通过将菜单项收集到不同的组来创建出一种"中性空间"

表 9-1　网页排版的 sectioning 标记

HTML	`<body>`,`<fieldset>`,`<form>`,`<table>`,`<ul>`,`<ol>`
HTML5	`<artcle>`,`<aside>`,`<footer>`,`<header>`,`<main>`,`<nav>`,`<section>`
WAI-ARIA	application,banner,complementary,contentinfo,form,main, navigation,search

信息层次结构

我们用排版规范来传达内容元素之间的关系。例如，我们在一列单词、短语或段落前面放一个项目符号，以便直观地表示这些条目是相关的，而且通常它们与列表前面的内容有紧密的联系。另一个常见的例子是：一个标题后面会伴随着一个段落。我们通常会用较大的粗体文本显示标题。在本书中，我们有一个标题的层次系统，包括页面标题、章标题和节标题。我们通常通过标题的大小和位置来直观地传达这些层次结构。页面顶部的一个大标题是所有页面内容的标题。章标题较小，穿插在页面中，而节标题更小。我们可以使用语义标记来编码信息关系和层次结构，让页面内容可以通过代码的形式获取。

我们也会使用排版来强调个别元素，使它们与众不同或看起来特别重要（见表 9-2）。其中一种方法是把字体加粗或倾斜，使其不同于周围文本。我们也可以使用语义标记来区分单词或短语和周围的内容——例如，将文本标题标记为引用样式。

表 9-2　展开的表格：HTML 语义元素在网页排版中的使用

缩写	`<abbr>`
首字母缩写	`<acronym>`
地址	`<address>`
引语	`<blockquote>`
引用	`<cite>`
电脑编码	`<code>`
定义的术语	`<dfn>`
重点	`<em>`
标题	`<h1>`,`<h2>`,`<h3>`,`<h4>`,`<h5>`,`<h6>`
列表	`<ol>`,`<ul>`,`<dl>`,`<menu>`,`<dir>`
强调重点	`<strong>`

9.1.2　使用样式表

视觉排版对于创建网页没有太大的作用。Tim Berners-Lee 最初的互联网概念是：创造"一个可以被机器直接或间接处理的数据网"。HTML 的创始人是一些想要用一种标准方法来共享粒子物理文档的科学家。他们对在特定计算机屏幕上看到的精致的视觉形式文档没有兴趣。事实上，HTML 是为了区分结构和显示，这样页面就可以显示在每一个系统和浏览器上，利用如屏幕阅读软件等的辅助技术，自动搜索和分析软件也可以准确释义文本内容。内容的视觉逻辑充其量只是次要的关注点。它们只专注于文档的结构逻辑，而不关注复杂平面设计和排版的视觉逻辑需要。

层级样式表或 CSS 的引入解决了结构逻辑和可视化逻辑之间的分离问题。通过使用 CSS，网页可以有已编码且可视化的结构和意义。样式表给网页设计师提供了两个重要手段来管理复杂的网站：

❑ 将内容和设计分开：CSS 让网站开发者同时拥有能够反映信息逻辑结构的内容标记，

以及能够指定每个 HTML 元素外观的自由。

- □ 对大型文档集进行有效控制：CSS 最强大的一点是允许网站设计者通过修改一个主样式表文件来控制数千页的图形外观（如图 9-2 所示）。

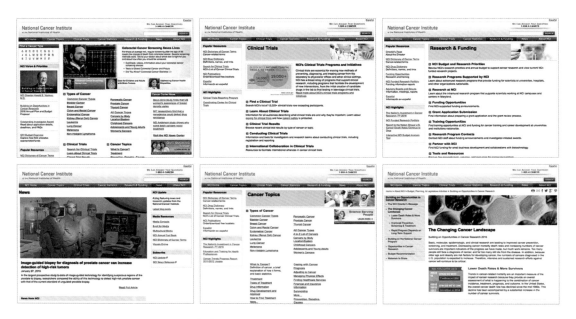

图 9-2　网站中多个页面的排版都是由一个核心样式表控制的

Medium 对设计的关注

设计师 Charles Eames 曾说道：“细节不单纯是细节，它们造就了设计”。这种对细节的关注显然是 Medium 获得威比最佳用户体验奖的重要因素。Medium 提供了一个发布故事和想法的平台，这个概念既不是革命性的也没有特别创新，Medium 领先其竞争对手的是互动和平面设计。作者使用 Medium 发布故事主要是因为在发布思想、故事和想法时不会受到干扰（见 Medium 的精简编辑工具栏，即图 9-4）。但最重要的是，Medium 致力于确保作者的内容输出（发布的故事、想法等）发挥最佳效果，让文章显示时的设计和排版在所有设备甚至纸上都非常美观（详情请见 Printing Medium Stories 网站）。

在《 The Elements of Typographic Style 》一书中，Robert Bringhurst 讲述的第一原则就是：“字体排版的目的在于优化内容”。Medium 的成功主要在于它恪守了这一原则，很好地优化了作者的内容输出（如图 9-3 所示）。

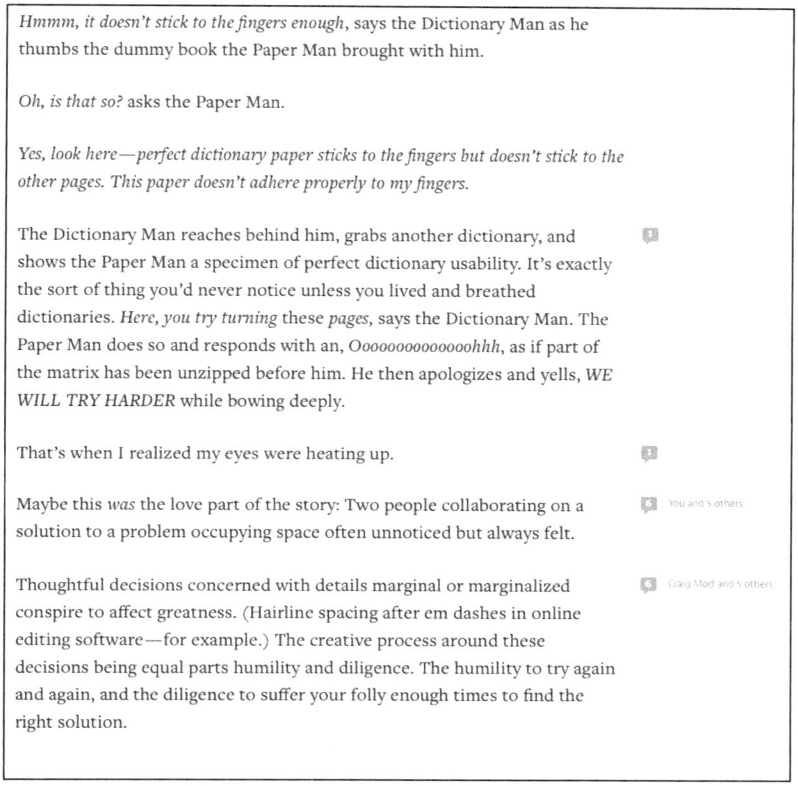

Hmmm, it doesn't stick to the fingers enough, says the Dictionary Man as he thumbs the dummy book the Paper Man brought with him.

Oh, is that so? asks the Paper Man.

Yes, look here—perfect dictionary paper sticks to the fingers but doesn't stick to the other pages. This paper doesn't adhere properly to my fingers.

The Dictionary Man reaches behind him, grabs another dictionary, and shows the Paper Man a specimen of perfect dictionary usability. It's exactly the sort of thing you'd never notice unless you lived and breathed dictionaries. Here, you try turning these pages, says the Dictionary Man. The Paper Man does so and responds with an, Oooooooooooooohhh, as if part of the matrix has been unzipped before him. He then apologizes and yells, WE WILL TRY HARDER while bowing deeply.

That's when I realized my eyes were heating up.

Maybe this was the love part of the story: Two people collaborating on a solution to a problem occupying space often unnoticed but always felt.

Thoughtful decisions concerned with details marginal or marginalized conspire to affect greatness. (Hairline spacing after em dashes in online editing software—for example.) The creative process around these decisions being equal parts humility and diligence. The humility to try again and again, and the diligence to suffer your folly enough times to find the right solution.

图　9-3

效率

如果你曾经使用过页面布局的"样式"功能或文字处理程序，你就会了解 CSS 背后的基本思想。用文字处理器的样式功能来确定标题、副标题和正文的样子，当你给每个元素一个样式时，该文本就变成格式化文本了。一旦所有文本都被样式化了，你就可以通过改变元素的样式信息来改变其外观。例如，将标题 1 元素设置为 Times New Roman，如果你想换过一个字体，你只需更改标题 1 样式，然后文档中的每个标题 1 就都是更改后的新样式了。CSS 也是这样。如果你有一个主样式表，其能控制网站中每个页面的视觉样式，那么你可以在 h1 declaration 中更改字体属性，然后网站中的所有一级标题会显示为新字体。

一致性

与传统的印刷出版一样，高质量的网站会在其整个网站中始终坚持自己的样式风格设置。一致性可以帮助你优化网站，并且当用户熟悉了文本结构时，会更容易停留下来。反之，如果格式混乱，那么用户就无法了解文本结构，导致用户对你所提供的文本内容的信心下降，甚至可能不会再访问你的网站了。因此，你应该仔细为网页设置好字体、段间距、副标题大小等，然后创建一个样式指南，在你研发网站时帮助你保持这些设置（样式指南详情请见第 10 章）。对于包含大量页面的大型网站来说，这一步尤其关键。CSS 可以给你提供一个强大的工具来保持网站样式的一致性。

用户喜好

即使你遵循了最佳排版实践和惯例，有视力障碍的人也可能无法阅读你的文本。有些人由于视力下降，需要大字体文本，或由于对光线太敏感，需要反转颜色。对于有阅读障碍的人，如诵读困难症，我们无法确定统一的最佳字体、颜色和大小。每个人都在某些环境条件下无法进行正常阅读，比如在强光条件下，以及有身体问题（如压力和疲劳等）的情况下。有些人只喜欢特定的阅读模式，喜欢迎合了他们喜好的网站。

大多数浏览器都有一个允许用户用自己的样式表来代替作者定义的样式表的功能（如图 9-4 所示）。这意味着用户可以通过自定义网站样式表，来满足其浏览时的特殊需求。视力低下的人可以定义一个样式表，让所有标题和段落为 32 像素，把背景设置为黑色，文本设置为白色，以获得最大对比度。

图 9-4   WordPress 有一个功能丰富的工具栏，但不幸的是，一些主要的样式选项（比如标题）被放在了第二级，会在默认显示时隐藏。与 WordPress 的做法不同，Medium 提供了一个非常直观清晰的工具栏，能够让人们很方便地使用标题样式

9.1.3   网页排版实践

对于大多数人来说，创建良好的网页排版并不需要了解详细的 CSS 使用规则。大多数内容创作者都是在文本编辑器中工作的，他们可以通过选项创建和标记文本样式。使用内容编辑器的一大好处是：可以利用良好的文本标记实践，以便开发团队精心设计和制作的语义和视觉排版得到正确应用（如图 9-5 所示）。这意味着：

❏ 使用文本编辑器中的语义标记选项：标题、列表、引号、表格列和行标题。
❏ 不要为了达到视觉效果而使用特定的元素。例如，不要根据标题的显示方式决定标题级别，而是根据标题在信息层次结构中的位置决定其级别。
❏ 避免使用 presentation 选项，如大小、字体和样式（粗体、斜体、下划线），特别是在已经有可用的语义选项时。例如，不要使用字体大小和样式设置将段落标题放大加

粗，而应使用格式菜单选择适当的标题级别，让标题以 CSS 中指定的样式显示。避
免给文本设置颜色，颜色选择不好的话很容易选出一种与页面上其他颜色不协调的
颜色，更糟糕的是，选择的颜色如果不能提供足够的对比度，那么其会给视力受损
的人带来严重问题。让你的文本使用研发团队提供的样式。

☐ 避免为了视觉效果而使用文本符号，如给箭头打括号，用竖线画边界，给星号加点等。
屏幕阅读软件会阅读所有文本内容，包括符号（例如，"主页竖线关于竖线联系我们"）。

☐ 句号后面不要有多个空格。

Principles for 21st Century Government

Since 2011, Code for America has worked with 32 local governments through our Fellowship program, using technology and new ways of working to deliver more effective, efficient, and fair government fit for the 21st century.

Through these Fellowships, we've identified seven principles that we believe are critical for governments of any size, structure, or political persuasion in serving their communities.

Code for America helps local governments learn and apply these principles to important problems.

BETA: Last updated on December 15, 2014.
These will be updated as we learn. Please help us by providing feedback.

1. Design for people's needs
2. Make it easy for everyone to participate
3. Focus on what government can do
4. Make data easy to find and use
5. Use data to make and improve decisions
6. Choose the right technology for the job
7. Organize for results

1. Design for people's needs

Government's purpose is to serve residents, and we can do this best when we deeply understand who we're working for. When government services are designed to treat all residents with respect, empathy, and dignity, a transformative trust can be gained. 21st century governments:

图 9-5　Code for America 网站的排版十分清晰，它在设计中使用了显示尺寸的字体，足够的留白，以及很多排列整齐的列表，这些细节都使得网站能够被快速浏览，并且能适应任何屏幕尺寸

为了支持最佳页面排版实践，开发团队应该事先为网站设定好一个文本编辑器。在大多数情况下，这意味着开发人员需要删除文本编辑器的一些附带功能，如下划线和文本颜色选项——这些选项在网页排版时应该永远都用不上。开发人员可能还需要给选项重新排序，将主要选项放在主工具栏中，将需求不大但又必须要有的选项放在次要的下拉菜单或面板中。

9.2　排版设计元素

好的排版取决于一个字体和另一个字体之间的视觉对比，以及文本块、标题和周围空白区域之间的视觉对比。没有什么能像强烈的对比和鲜明的图案一样吸引读者的眼睛和大脑了，只

有仔细设计好页面中的对比和模式才能达到吸引人的效果。如果你网站中的每个页面都塞满密密麻麻的文本，读者看到的就是一堵灰墙，他们会本能地拒绝。把东西一致放大是没有用的。即使是粗体字也会很快变得单调：如果所有字都是粗体，那也就根本没有被突显的字体了。

当你的网站内容是以文字为主时，你就要用排版在页面上"描绘"一些组织模式。读者首先看到的不是页面上的标题或其他细节，而是页面的整体模式和对比度。通过精心组织页面文本和图形得到的有规律的重复模式可以帮助读者确定信息的位置和组织，从而提升易读性。参差不齐且不统一的排版和文本标题会让用户很难看到重复模式和有逻辑的内容分组。这种混乱使得用户难以预测在不熟悉的文档中信息的位置。

9.2.1　显示样式

全部都是以文本为主体的网页很难让人看清内容结构，因此很难做到吸引眼球。许多用户会选择离开"文字墙"，因为文字墙一点都不吸引人。有些用户在阅读冗长且没有分段的文本块时会感到非常吃力，例如，患有诵读困难症的用户如果不借助换行符和空白，可能很难找到自己的阅读位置。在文档中添加显示样式可以为用户提供地标，引导读者浏览内容。显示样式为网站建立了一个信息结构，加入了视觉多样性，从而吸引读者阅读你提供的材料。

9.2.2　对齐与空白空间

边距（margin）可以将主文本与周围环境分隔开来，划分出页面的阅读区域。边距在任何文档中都能为页面提供重要的视觉效果，在网页设计中，仔细设计好边距和其他空白区域尤其重要，因为网页内容必须与浏览器本身的界面元素，以及其他窗口、菜单和用户界面图标共存。

使用边距和空白可以将主要文本和其他页面元素分隔开来。当使用恰当时，边距可以给整个网站的网页创建一致的结构和外观，为整个网站提供统一性。边距还可以给屏幕正空间（文本、图形）和负（白色）空间创造对比，以增强视觉效果。如果你想了解平面设计或者页面布局，你可以试着去发现和欣赏"空白空间"的力量和实用性。字段中的空白空间与页面上的任何其他元素一样重要。

两端对齐文本

两端对齐意味着文本的左右两端都对齐。对齐的文本块就像一个个实心矩形，标题通常居中，给文档一种对称的形式美。输入文字时，通过调整字间距和利用单词断字（单词用连字符连接）来实现对齐。页面布局程序会使用断字字典来检查和应用每行尾部的连字符，然后调整整行字间距。但即使是非常成熟的页面布局软件也很难调整文本块的字间距，且容易导致出现过多的连字符，因此你需要手动调整文本的布局，以避免全文出现过多的空白空间。

现代浏览器支持通过字间距和断字调整来实现文本两端对齐，但其效果不是很理想。浏览器无法做到精确的间距调整，也不能自定义或修改断字选择。在狭窄的文本列中，字间距可能会非常大，特别是当字体被放大后。如果你设置了文本两端对齐，那么网页文档的可读性就有可能会受到影响（如图 9-6 所示）。

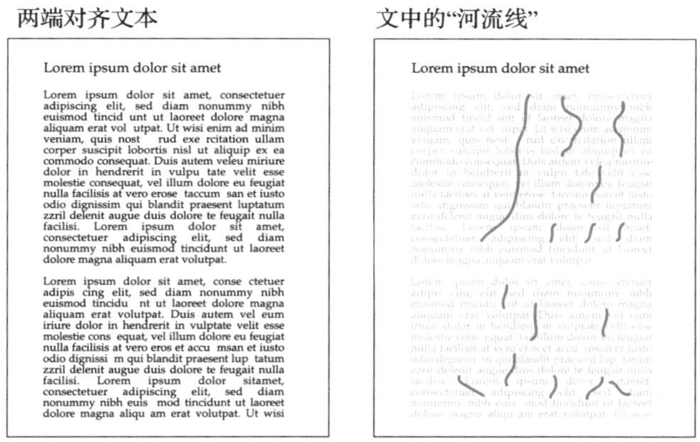

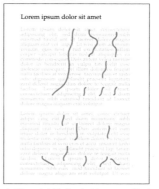

图 9-6　想要让文本完美地显示是一件极具挑战的事情，尽管如今的 CSS 技术对排版布局的支持已经有了很大的提升，但依然不是十分可靠，尤其是面对五花八门的屏幕尺寸和操作系统。右图展示了一个臭名昭著的错误文本布局方式，在文本中可以看到很多像"小河流"似的线，这种现象产生的原因是因为在使用两端对齐排版时文字中间会出现很多空白空间

居中对齐和右对齐文本

居中和右对齐的文本块的阅读性很不好。我们一般的习惯是从左读到右，将左边边距的垂直线作为固定起始点。居中或右对齐文本会产生参差不齐的左边缘，使阅读变得更加困难，因为你的眼睛需要寻找每一行的开头。

左对齐文本

左对齐文本是网页中最易读的文本布局方式，因为左对齐可以让文本的左边边缘是均匀且可预测的，而右边边缘是不规则的（如图 9-7 所示）。与两端对齐文本不同，左对齐不需要调整字间距；间距的差距会落在每行的尾部。由此产生的参差不齐的右边缘可以增加页面趣味，同时又不会降低页面的易读性。

图 9-7　在做网页设计和其他用于屏幕显示的设计时，对于长段落的文本要永远使用左对齐。居中对齐和右对齐的可读性会比较差

标题对齐

左对齐的文本其标题也应该是左对齐的。居中的标题形式适合两端对齐的文本，但在网页排版时不应使用两端对齐文本。标题使用居中的显示样式会与左对齐文本时产生的参差不齐的右边缘不对称，给页面造成不平衡感。

9.2.3　行宽度

出于我们的生理原因，纸质杂志和书籍在排版时，文本栏的宽度都比较窄：因为在以正常距离阅读时，眼睛的焦点跨度只有三到四英寸宽，所以设计师们会尽量在眼睛舒适宽度内的文本栏里塞满文字。文本行较长时，读者需要稍微移动头部，或者用他们的眼睛肌肉来追踪长文本。由于回到文本左边缘需要一定时间，所以阅读体验就会受到影响，读者甚至可能找不到下一行。

在做网页设计时，由于设备、窗口宽度和文本大小设置都不确定，因此无法给出一个确定的最舒适的行宽度。最好的方法是使用弹性单位来定义文本块宽度和响应式布局，以适应不同的文本大小和不同的设备屏幕（详情请见第 6 章）。

9.2.4　行间距

行间距是指文本块中的垂直空间，每一行文本与下一行文本之间的距离，是影响文本块易读性的主要因素：行间距太大，眼睛就难以找到下一行开头，行间距太小，每行之间就太拥挤，看起来很混乱。

在印刷行业中，通常规则是将文本块的行间距设置为字体大小加 2 磅：例如，12 磅字使用 14 磅行距。在网络上，我们建议用更大点的行距，因为有时候行宽度会比较长。使用相对长度，如 em 或 %，以设置相对于文本大小的行距。

9.2.5　缩进

表示段落的主要流派有两种。典型的排版方法采用缩进来表示一个新段落的开始（如本书）。然而，许多技术、参考和贸易出版物使用一条空白行来分隔段落。缩进段落会比较适用于较长的散文，在这里缩进就表示一个新段落，不会打断文本流，而段落之间的空白行会使页面更易于浏览，并提供额外的空白空间以缓解视觉疲劳。只要确保整个网站中样式的一致性，无论使用这两种方法中的哪一种都是可以的。

9.2.6　文本大小

可伸缩文本对于达到通用可用性至关重要。为了确保可扩展性，应使用相对长度单位控制页面排版——字体的大小、边距和缩进、行距。我们建议将正文设置为用户浏览器设置中默认的文本大小，然后用相对长度单位（如 em 或 %）设置所有其他文本样式（如标题、副标题和链接)。在网页中，em 等于字体高度，是一个相对单位，因此具有一定灵活性。例如，如果用户默认设置是 16 pixel，那么文本缩进 2 em 就意味着缩进 2 倍文字大小，即 32 pixel。但是，如果用户使用浏览器的文本缩放功能将文本大小更改为 18 pixel，则缩进将变为 36 pixel。因此，我们还需要使用响应式设计方法，来根据文本的大小设置调整布局(如图 9-8 所示)。

阅读的最佳宽度是66个字符

Call me Ishmael. Some years ago - never mind how long precisely - having little or no money in my purse, and nothing particular to interest me on shore, I thought I would sail about a little and see the watery part of the world. It is a way I have of driving off the spleen, and regulating the circulation. Whenever I find myself growing grim about the mouth; whenever it is a damp, drizzly November in my soul; whenever I find myself involuntarily pausing before coffin warehouses, and bringing up the rear of every funeral I meet; and especially whenever my hypos get such an upper hand of me, that it requires a strong moral principle to prevent me from deliberately stepping into the street, and methodically knocking people's hats off - then, I account it high time to get to sea as soon as I can. This is my substitute for pistol and ball. With a philosophical flourish Cato throws himself upon his sword; I quietly take to the ship.

增加行间距可以帮助提升可读性

Call me Ishmael. Some years ago - never mind how long precisely - having little or no money in my purse, and nothing particular to interest me on shore, I thought I would sail about a little and see the watery part of the world. It is a way I have of driving off the spleen, and regulating the circulation. Whenever I find myself growing grim about the mouth; whenever it is a damp, drizzly November in my soul; whenever I find myself involuntarily pausing before coffin warehouses, and bringing up the rear of every funeral I meet; and especially whenever my hypos get such an upper hand of me, that it requires a strong moral principle to prevent me from deliberately stepping into the street, and methodically

首行缩进比较适用于散文

I went to the woods because I wished to live deliberately, to front only the essential facts of life, and see if I could not learn what it had to teach, and not, when I came to die, discover that I had not lived. I did not wish to live what was not life, living is so dear; nor did I wish to practise resignation, unless it was quite necessary.
　　I wanted to live deep and suck out all the marrow of life, to live so sturdily and Spartan-like as to put to rout all that was not life, to cut a broad swath and shave close, to drive life into a corner, and reduce it to its lowest terms, and, if it proved to be mean, why then to get the whole and genuine meanness of it, and publish its meanness to the world; or if it were sublime, to know it by experience, and be able to give a true account of it in my next excursion.

在段落间增大留白的区分方式比较适用于技术类文章

I went to the woods because I wished to live deliberately, to front only the essential facts of life, and see if I could not learn what it had to teach, and not, when I came to die, discover that I had not lived. I did not wish to live what was not life, living is so dear; nor did I wish to practise resignation, unless it was quite necessary.

　　I wanted to live deep and suck out all the marrow of life, to live so sturdily and Spartan-like as to put to rout all that was not life, to cut a broad swath and shave close, to drive life into a corner, and reduce it to its lowest terms, and, if it proved to be mean, why then to get the whole and genuine meanness of it, and publish its meanness to the world; or if it were sublime, to know it by experience, and be able to give a true account of it in my next excursion.

图　9-8

响应式排版

　　响应式设计的适应性非常有利于有视力障碍或经常需要阅读大号字体的用户。视力低下的人可以使用屏幕放大软件访问在线内容和功能。使用屏幕放大器就像把放大镜放在页面的某一个部分上，然后在页面上移动放大镜阅读。放大镜下面的那一部分只有放大镜移过去的时候是可读的。

　　在响应式布局中，当用户使用浏览器缩放功能放大文本时，使用相对单位(% 或 em)设计的所有文本、控件和布局都会调整到较大的文本大小(如图 9-9 所示)。布局将在不同的断点上进行调整，就像在平板电脑或智能手机上看到的那样。使用一些能帮助提升可读性的排版设置，如行宽度和行高度，在响应式布局中它们可以根据文字大小和布局进行调整，提高大号字体的可读性。

图 9-9   响应式设计非常适合需要使用大号字体阅读的用户。上图中的案例来自于 Guardian，可以看出在放大后浏览器切换到了平板和智能手机屏幕的布局模式，让所有内容自然舒适地显示在窗口中。对于那些没有做响应式设计的网站，当页面内容被放大后，用户只能使用横向滚动条来查看全部内容

9.2.7   强调

能够强调某一段文本的设置方式有很多，但一定要有节制地使用它们。如果你把所有内容都加粗，那相当于没有什么是突出的，反而给人一种你在对着读者大喊大叫的感觉。在强调字体时，一个很好的经验法则是每次使用一个参数来强调。如果你想让别人注意文档中的章节标题，那么不要让它们既放大又加粗。如果你想突出标题，选一种强调的方法就行了。如果你更喜欢粗体，那标题的大小就和正文一样，然后加粗标题。你很快就会发现，建立视觉对比往往只需要做一些很小的变化。

斜体

斜体文本能够吸引眼球是因为它的形状看上去会不同于正文。例如，在表示书名、杂志名或需要强调的文字和词语时可以使用斜体。注意，要避免将大段文字设置为斜体，因为斜体文本的可读性会低于普通的 Roman 字体。

粗体

粗体文本具有强调效果，因为它与正文的粗细不一样。节标题可以使用粗体。粗体文本在屏幕上的可读性还不错，但将大量文本设置为粗体就会导致缺乏对比，从而失去强调的效果。

下划线

下划线文本是从打字机时代遗留下来的产物，当时还没有斜体和粗体。除了有美学缺陷（过于沉重，干扰字母形状）外，下划线在网页中还具有特殊的功能意义。大多数读者喜欢将浏览器里的链接设置为带下划线的样式。这个设置可以确保只有单色显示器的人或色盲用户能够认出文本块中的链接。如果在网页上随意加入带下划线的文本，用户在阅读时肯定会将其与超文本链接搞混。

颜色

虽然颜色是区分字体的另一种选择，但彩色文本就像下划线一样，在网页中具有特殊的功能意义（如图 9-10 所示）。你应该避免在文本块中插入彩色文本，因为读者会误认为彩色文本是超文本链接，就会试图去点击它。当使用颜色来强调时，要记住有一些用户可能不能区分某几种颜色。因此更保险的方式是使用其他不需要颜色的视觉强调方式，如粗体（加粗标题）和下划线（超链接）。

你还要确保页面上的背景和文本之间有足够的对比度。对比度对于有视力障碍的用户来说尤为重要，但是即便是对于视力正常的大多数用户，也可以从对比度中获得更大的可读性。

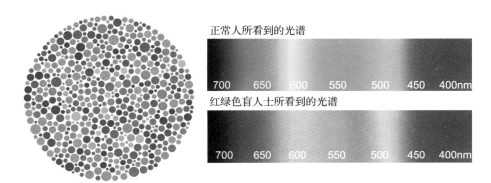

图 9-10　谨慎选择颜色。大约 8% 的男生患有某种程度的红绿色盲（deuteranopia），因此无法读取左侧原色测试中的字母。右侧底部的色谱模拟了绿色色盲人士所看到的光谱

大写

大写文本是排版强调中最常见但效果最差的方法之一。不要将单词全部设置为大写——除非是短标题——因为大写单词很难阅读。因为我们在阅读时，主要是通过识别单词

的整体形状来阅读，而不是通过分解每一个字母，然后组装成一个可识别的单词。大写字母构成的单词就像是单调的矩形框，没有独特的形状能吸引人们的眼球（如图 9-11 所示）。

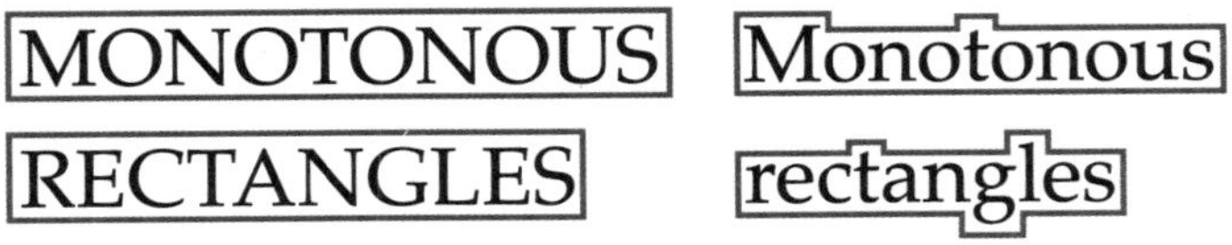

MONOTONOUS RECTANGLES   Monotonous rectangles

图 9-11   我们在阅读时会快速通过形状识别出熟悉文字。如果所有字母都是大写，那么我们只能去一个一个字母地阅读，因此会使阅读速度变慢

对于标题、副标题和普通文本我们推荐使用小写字体（仅第一个单词和任何专有名词需要使用大写）。小写字体更容易辨认，因为在阅读时，我们其实主要浏览的是单词的顶部。注意，对于同一句子，阅读下半部分要比上半部分困难得多（如图 9-12 所示）。如果你标题的每个单词的首字母都使用大写，就会干扰读者扫描单词。

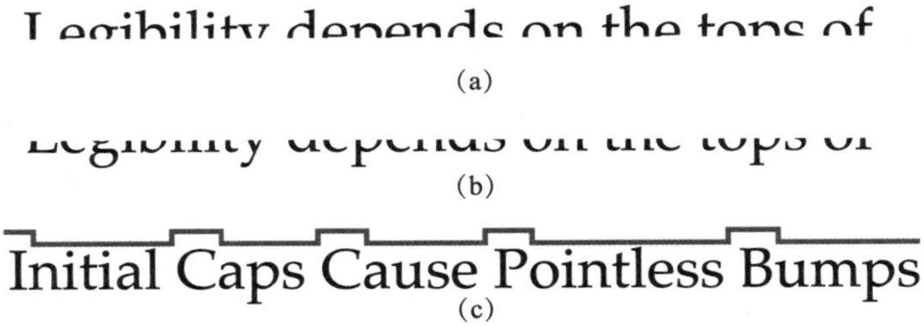

Legibility depends on the tops of
(a)

Legibility depends on the tops of
(b)

Initial Caps Cause Pointless Bumps
(c)

图 9-12   从上图中可以发现，文字的上半部分（a）比下半部分（b）更容易被识别出来。当每个文字的首字母是大写（c）时，会阻碍阅读的流畅性，从而降低阅读的速度

要阅读全部用大写字母编写的文本块，我们就必须一个字母一个字母地读过去，这很不舒服，而且会明显减慢阅读速度。当你阅读下面的段落时，你就会知道这个过程是多么累人：

STRATEGIC PLANNING IS NOT A BAG OF TIPS, TRICKS, OR SPECIAL TECHNIQUES. IT'S NOT ABOUT PREDICTING THE FUTURE—WE CREATE STRATEGIES PRECISELY BECAUSE WECAN'T PREDICT THE FUTURE. STRATEGIC PLANNING IS NOT A WAY TO ELIMINATE RISK. AT BEST STRATEGY IS AN ATTEMPT TO IDENTIFY AND TAKE THE RIGHT RISKS AT THE RIGHT TIMES.

空白和缩进

如果想要改变文本视觉对比度和相对重要性，最有效且最微妙的方法之一是将文本与周围元素隔开，或采用不同的样式处理方式。如果你想在不放大字体的情况下让主标题更加突出，你可以在标题上面多空出一点空间，把它与前面的文本分开。缩进是另一个有效区分项目列表、引用或示例文本（例如上述斜体示例）的方法。

9.3　字体

　　每种字体都有其独特的形式,这种形式能够使内容的语言和视觉流达成一种和谐的效果。我们今天使用的大多数传统有衬线字体可以追溯到罗马帝国时期的字体,现在你仍然可以在遍布地中海的纪念碑上看到这种字体(如图 9-13 所示)。

　　我们今天使用的大多数字体主要来源于 Johannes Gutenberg 大约于 1450 年间发明印刷技术后的两个世纪。Aldus Manutius(斜体创始人)、Nicholas Jenson 和 Christophe Plantin 等设计出了从 Roman 字体衍生出的"humanistic"或"old style"早期字体模型,虽然这几种字体是数字形式,但至今仍被广泛使用。humanistic 字体,如 Garamond(1532)、Caslon(1725)及其更现代的衍生字体 Goudy(1916)、Times New Roman(1932)和 Palatino(1948)是当今使用最广泛的字体,因为它们形式优美且非常易读。

　　优秀的排版都有着十分丰富的历史,不幸的是,更深入的探讨已经超出了本书的范围,但是如果你想了解你从小就使用而且余生都会一直使用的字体,那么我们强烈推荐 Robert Bringhurst 的《The Elements of Typographic Style》、Ellen Lupton 的《Thinking with Type》和最近的一本关于网页排版的书——Jason Santa Maria 的《On Web Typography》。

Web	Web	Web	Web	Web	Web
衬线体	无衬线体	老式字体	现代字体	版衬字体	几何衬线体
Minion Pro	Helvetica	Garamond	Bodoni	Claredon	Futura

图　9-13

9.3.1　字体术语

　　字体设计是一个古老而复杂的工艺,有自己独特的描述字体和剖析细节的词汇。图 9-14 展示了一些用于描述字母细节的常用术语。

图　9-14

9.3.2　字体大小

如果你使用过各种字体，你就会注意到字体的大小似乎有点奇怪：有些字体看起来比其他字体大得多，即使它们设置成了相同的字号。这是因为我们的现代数字字体仍然沿用着金属活字印刷的形式，"字号"大小取决于字母打印时使用的矩形金属块的尺寸或类型。在打印金属块尺寸范围内，印刷人员可以产出更多更小的 "x 高度" 字体（见图 9-15 的 a 和 b），或更大的几乎填满金属块表面的字体。因此，当将 Baskerville 的小写字母和 Helvetica 小写字母都设置为 16 号时，Baskerville 小写字母看起来还是比 Helvetica 小写字母小很多（见图 9-15 的 c）。

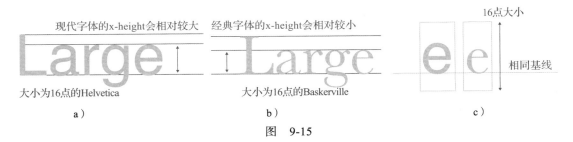

图　9-15

一般来说，较大的 x 高度字体显示效果更清晰，尤其是在不理想的显示条件下，如字号非常小，或在相对分辨率较低的每英寸 72 ～ 96 像素的旧计算机和智能手机屏幕上。有衬线和无衬线字体 Georgia 和 Verdana 是著名字体设计师 Matthew Carter 为了使字体在屏幕上清晰显示，专门为微软设计的。Carter 将两种字体都调大了整体尺寸和 x 高度，这使得 Georgia 和 Verdana 字体在屏幕上更易于阅读。

9.3.3　文字间距和字距调整

使用 CSS 控制的文字间距和字距调整是处理网页排版时的两个关键技能。文字间距通常用来提高全大写字体的可读性，字母之间间距更宽一点可以帮助眼睛区分相对单调的大写字母形状。一般来说，所有字母全是大写的单词都应该用 CSS 提供一些文字间距（例如：`h1 { letter-spacing: 2px; }`）。

字距调整是指调整字母之间的距离，当网页设计中使用了大号字体时，字距调整就会变得尤其重要（如图 9-16 所示）。字距调整得当能够提升两个看起来相隔甚远的字母之间的美感，字距太宽会影响整行文字的流畅度和节奏感（如图 9-17 所示）。你可以将 CSS 文字间距属性设置为负值，让特定字母间距更紧凑，以提升大字体标题的外观美感。

JOHANNES GUTENBERG　　── 全大写字母中间无间距

JOHANNES GUTENBERG　── 全大写字母中间有间距

图 9-16　字母间的间距可以帮助提高易读性，尤其是对全大的文字

字母自动间隔会导致出现尴尬的间隙

Web Type

调解特定字母的间距可以改善标题的整体样式

Web Type

Example CSS:
.kern {
　letter-spacing: -0.1em;
}

Example HTML:
\<span class "kern"\>W\</span\>
\<span class "kern"\>T\</span\>

图 9-17　字距调整的使用通常是为了更好地显示较大的文本块

9.3.4　传统字体的改进

Times New Roman 就是一种为了更好地在计算机屏幕上显示而被改进的传统字体。有衬线字体如 Times New Roman 在计算机屏幕上的易读性比较适中，x 高度也比较适中。对于需要打印出来而不是在屏幕上看的文本量大的文件，可以使用 Times New Roman 字体。Times New Roman 字体字母之间比较紧凑，如果你需要把很多单词放到一个小空间里，那么使用 Times New Roman 是个很不错的选择。

9.3.5　专为屏幕设计

Georgia 和 Verdana 字体是专为计算机屏幕设计的两款字体，它们能够提供最佳的易读性；其 x 高度与同字号的传统字体相比会更大。这些字体能够为直接在屏幕上读取的网页内容提供非常好的易读性。然而，有时候 x 高度大且字母较粗的 Georgia 和 Verdana 字体在被打印到纸上时看起来会非常厚重。

9.3.6　其他媒介中的字体

我们的大部分注意力都集中在了屏幕页面中字体的使用上，但其实我们也可以控制页面打印出来后字体的样式。当你需要为纸质页面选择一种字体时，选择会有很多，毕竟在纸上看起来好看的字体要比在屏幕上的多得多。由于大多数手持设备只有一种默认字体，因此没有必要在手持设备上设定一种特殊字体。

9.4　选择字体

选择字体的最常用惯例是：正文选用有衬线字体，如 Times New Roman 或 Georgia；标题选用无衬线字体，如 Verdana 或 Arial，以突显出对比。各种研究表明，有衬线字体比无衬线字体的易读性更强，反之亦然。你只有根据具体情况——在屏幕上或在纸上——才能真正判断出字体的易读性。

对于屏幕显示使用的字体，你可以选择一种有衬线字体或一种无衬线字体。最安全的做法是只用一种字体，然后通过改变字体的粗细、大小来适应不同使用场景。如果你既想要有衬线字体又想要无衬线字体，那么请选择两种互相兼容的字体，最好不要在一个页面上使用两种以上字体（一种有衬线字体，一种无衬线字体）。

9.4.1　指定操作系统的字体

过去 5 年里，@font-face 这一 CSS 元素（详情见下一小节）得到了十分广泛的应用和支持，字体供应商也可以供应多种网络字体（有免费的也有付费的），这使得网络字体种类越来越多。但我们还推荐使用常见的操作系统字体，如 Times、Arial、Trebuchet、Georgia 和 Verdana。这些系统字体易读性很好，我们也非常熟悉它们，它们加载速度快，且非常可靠。与那些网上下载的网络字体不同，系统字体不会给页面添加任何带宽负担。在设计移动端页面时，这可能是一个重要优势，因为在移动设备上，快速响应可能远比使用一个非系统标准的好看字体重要得多。浏览器会检查每种系统存在的字体（根据你提供的顺序），所以你可以在浏览器应用默认字体前选择 3 到 4 种其他字体，如 "Times New Roman、Georgia 和 Times"。为了安全起见，你可以指定一种通用的字体样式如 "有衬线"。这样，如果浏览器不能找到以上列举的任何字体，它就会显示一种系统可用的有衬线字体。

```
p { font-family: "Times New Roman", Georgia, Times, serif }
```

注意，当使用名字较长的字体时，如 Times New Roman，必须要用引号将全名括起来。"Trebuchet" 和 "Trebuchet MS" 虽然是同一种字体，但是在字体列表中还是需要一字不漏地写出它们的准确名字。如果你想让 Macintosh 和 Windows 用户看到 Trebuchet 字体，那么 "Trebuchet" 和 "Trebuchet MS" 二者都需要写入字体声明中：

```
p { font-family: "Trebuchet MS", Trebuchet, Verdana, Arial,
    sans-serif }
```

确保字体设置正常运行的一个好方法是将浏览器的默认比例字体设置成与你想要的字体有明显差异的字体。例如，如果你不想要 Courier 字体，那就将浏览器的默认字体设置为 Courier。当你查看页面时，出现的任何 Courier 字体肯定可以一眼看出。

9.4.2　通过 CSS @ font-face 元素使用网络字体

浏览器对 CSS3 @font-face 的广泛支持终于让网络字体有了繁荣发展。虽然浏览器对网络字体的支持还不够完善，在使用时仍有多个字体文件格式需要考虑，但网络字体服务，如 Adobe Edge Fonts、Font Squirrel、Google Fonts、TypeCast 和 TypeKit 已经可以让你在网上使用几乎任何一种主流字体。网络字体可以是你网站服务器上的本地文件，与网站文件或 CMS 在一起，或者也可以通过 @font-face 标签直接引用 Google Fonts 提供的在线字体：

```
<link href='fonts.googleapis.com/css?family=Open+Sans'
   rel='stylesheet' type='text/css'>
```

```
@import url(fonts.googleapis.com/css?family=Open+Sans);
   font-family: 'Open Sans', sans-serif;
```

Google、Adobe 和 Font Squirrel 都会提供一些免费字体。而且，Google 庞大的（还在增加）网络字体库全都是免费的。

可以使用大量主流的漂亮字体是一个显而易见的优势，但在网站中使用太多的网络字体同时也会导致一些明显的美学和性能缺陷。

网络字体对性能的影响

大多数网络字体需要在线引用 Google Fonts 等字体源，当你的页面在读者浏览器中加载时，标准的 Google Fonts 等网络字体可能每个会占用 30 ～ 50kB，或约一张中等 JPEG 格式图片的大小。@font-face 请求还没发送多少个，你就会发现网页加载速度已经明显减慢。对于那些本身就包含多个图像的页面，加载速度会更慢，如果你还使用符号字体为页面设计提供图标图形，那么加载速度将进一步减慢。当然，这并不意味着你不能在设计页面中使用多种字体，但如果你的页面已经有了图形内容，那么你可能需要经常用 Google 的 Pagespeed 或 Pingdom(tools.pingdom.com）等来测试页面的加载速度，以确保了解并掌控网络字体对页面性能的影响。

排版美学

即使你不是一名受过专业培训的平面设计师或网页排版专家，你仍然可以通过研究学习网页排版来改进页面的形式和功能（如图 9-18 所示）。在你决定选用某一种或某几种字体前，你可以使用 TypeCast（ typecast.com）等在线服务快速查看各种网络字体的样式。如果你不是一个设计师，那么你可以通过以下几点基本想法来帮助你做出排版决定：

❑ 保持简单，在网站上使用的字体不超过两种。这通常意味着主标题用一种字体，正文用另一种明显不同的字体。设计师通常会给标题选择一种无衬线字体，给主要的文本块一种有衬线字体，或有时反过来用。请选择其中一种方案，且不要再添加其他字体。有 / 无衬线字体组合家族有很多，可以很容易地帮你协调好所用的字体。例如，Adobe 的 Stone 字体家族中无衬线和有衬线组合字体就非常好看，Adobe 的 Myriad 和 Minion 字体也很好看。

❑ 不要无休止地争论是有衬线字体易读性更强还是无衬线字体易读性更强，因为并没有可靠的数据可以证明这件事情。无论是有衬线还是无衬线，都有非常美观易读的字体，也有不易读的字体。

❑ 跟随主流。尽量使用人们熟悉的、已广泛使用几十年的字体，因为它们经受住了时间的考验，不会出错。有衬线的主流字体如 Georgia、Times、Minion、Palatino、Goudy 和 Garamond 都很美观且性能也好。无衬线字体如 Myriad、Arial、Helvetica 和 Syntax，只要大小正常，就都非常清晰易读。

❑ 不要使用装饰性的、调皮的、古怪的字体。

❑ 建立一个简单的视觉和排版"词汇表"，并坚持使用这个词汇表。每一个重大项目都会有你预测不到的挑战，有时候可能需要加入新的字体样式，如非常大或非常小的字号，或者其他字体样式。每一位有经验的设计师都知道，你最好一直坚持使用你的程序和你选择的工具，并根据已有的基本规则来思考问题。这样一来，每当遇到新的挑战时，你就不会试图用独特的图形或字体来"突显"它了。

图 9-18   如果你刚刚接触排版，并且想要寻找一个好的案例作为学习参考对象，那么你可以去看看 Medium.com

推荐阅读

Bringhurst, R. *The Elements of Typographic Style*, 4th ed. Seattle: Hartley and Marks, 2012.

Lupton, E. *Thinking with Type : A Critical Guide for Designers, Writers, Editors, and Students*. New York: Princeton Architectural Press, 2010.

Santa Maria, J. *On Web Typography*. New York: A Book Apart, 2014.

第 10 章

编 辑 样 式

良好编辑样式的衡量标准包括内容是否有用，是否满足清晰的用户和业务目标。总的来说内容应该满足真实用户需求。通常，企业和机构的 Web 团队主要会围绕组织的内部目标和结构来设计网站内容，而忘了用户根本完全不关心你的任务是什么，或者你的组织方式是什么。

在本章中，我们会具体讲述网络、手机和社会媒体上的写作样式与最佳实践。

10.1 样式

网络写作最好是使用简短文本，样式清晰简洁，充分利用编辑地标。这种样式很适合大部分网络用户的阅读方式。但是网络文章不必精简到只有一些标题和要点：读者会直接阅读那些相关的、可访问的、有趣的、较长的文本材料。

10.1.1 写吸引人的作品

吸引人的内容是相关且有针对性的，不会浪费读者时间或要求他们做出不必要的努力。开头内容明确，确定你想要说的，对谁说，以及他们想知道答案的问题或想达到的目标（关于"内容策略"请见第 1 章）。在写作中尊重你的读者，加入他们的问题，并用一种对话或有趣的方式提供答案。

对话

通常你的网站内容大部分都是回答一个问题或满足一个需求。正如 Ginny Redish 在她的《Letting Go of the Words》一书中指出"你的用户每次对网站或手机 App 的访问都是与你的产品的一次对话"。关键是要了解这是什么样的对话，并通过满足他们的目标来吸引他们。要做到这一点，你必须要预测到人们在看你的网站内容或使用网站功能时会在不同的点遇到一些什么样的问题（如图 10-1 所示）。

　　第一步是要确保你的信息与用户相关。你不能尽说一些对你组织机构来讲有意义但对用户毫无作用的东西。检查你的内容，删除任何对目标用户来说无用的东西。从剩余的内容中，找出用户可能会遇到的问题，把相关内容关联起来。弄清楚让你分享这些内容是为了解决什么关键问题，去掉次要的内容，修改剩余内容。然后确定后续的问题和答案，并以此方式构建你需要构建的节点，支持与用户的对话。

图 10-1　网站 Shining Hope for Communities 在导航链接处列出了用户来到网站时可能会遇到的问题，所以在这里直接把回答展示给他们——Shining Hope for Communities 是做什么的？你所做的工作有怎样的影响？都有谁参与了这个活动？我怎样才能加入

内容块

在第 4 章中我们讨论过内容块的概念，以及模块化的内容是如何传达给用户网站的架构和结构的。从文本格式的角度来看，好的内容都是以目标和读者为中心的。在大多数情况下，用户会寻找特定的信息，然后再进行下一步。当内容被划分成块时，可以帮助用户更容易地找到所需要的内容。当块的大小合适时，用户不用费力就能找到他们需要的东西。

不过什么才是一个大小合适的内容块呢？你不能把内容分成太多块，那样的话用户就必须访问很多页才能找到完整的答案，从而达到自己的目标。一个内容块的大小应与回答用户问题所需要的大小相匹配。这让我们不得不说回内容和内容策略产生的对话方式。从内容策略出发，内容策略的产生是通过链接业务目标和你所了解的用户、他们遇到的问题和想要的答案来逐步确定的。首先，你需要根据内容策略来建立一套全面连贯的内容块。利用网站架构来建立符合用户思维逻辑的路径，以便他们在阅读内容块时获得所有问题和需求的答案。

标题是内容块策略成功的一个关键部分。当标题用来作为超链接时，它们是一个内容块到下一个内容块的路标。作为页面和章节的标题，它们可以使用户确信自己到达了期望的目标点。标题应该是描述性的、清晰明了的，应该用一眼就能看出来的关键字（见下文"关键字"）来开头，并通过及时回答用户可能产生的问题来吸引用户继续阅读。

期望路线

期望路线一般与大多数人所常用的路线相同，而与修建路线的人的预先设计不同。这种路线往往会经过一些人为开辟的区域，比如一块受保护的绿地，有些人会发现横穿草坪比拐弯去走人行道更直接方便。期望路线是一种自然的表达，它表达了我们在有选择的情况下更喜欢的行走方式，而不是遵循设计者预定的道路。理解和接受期望路线是设计符合人们喜好以及人们想要使用的空间、产品和服务的最佳方法。在景观设计中，设计新空间路线的方法之一是在标记道路和浇注混凝土之前等待期望路线自然出现。

在数字产品中有多种检测期望路线的方法。其中之一是通过实地研究，观察人们如何使用数字产品来实现他们的目标。新项目可以从同类产品的实地研究中获益，观察熟悉产品的用户是如何使用产品设计和架构所定义的路线，以及他们在什么情况下会改变路线去建立一个更容易达到目标的期望路线。另一种方法是通过眼球追踪和网站分析等技术追踪用户在网站内容中的观察路线，并不时调整内容和架构，以便更接近用户的实际使用模式。

在设计内容块时，理解期望路线是至关重要的，因为你必须为用户浏览内容提供一条路线。长而复杂的文档有一点好处，那就是所有必需的信息都会在页面的某个地方。即使很难找到，但至少知道它一定在某个地方。用户可以按照自己的方式查看文档。但是当你在树林里漫步时，如果没有一条清晰的路通往你想去的地方，那么你会很容易迷路。内容块可以让用户更容易查看想要的信息，但内容块之间的路线必须是有逻辑的、直接的、标记清晰的，只有这样才可以帮助用户达到目的。

清晰

每个页面都需要紧扣主题，并且用清晰简洁的语言来表达主题。这可以帮助读者快速审查页面内容，且有助于搜索引擎的搜索，清晰且可快速识别的内容主题对搜索排名非常重要。

在这里，我们帮助大家总结出了网络写作的最佳实践，借鉴了一些相关资源，包括 Ginny Redish 的《Letting Go of the Words》，Strunk 和 White 的《The Elements of Style》，以及《Federal Plain Language Guidelines》。

- ❑ 独树一帜。网络写作竞争激烈，一个独特的声音可能会使你的页面别具一格，但是切记不要过度。迷人与讨厌之间有时只有一线之差。

- ❑ 直接称呼用户。用"你""我""我们"这样的词能够使信息更具吸引力，并进一步加强话语的对话属性。

- ❑ 使用主动语态。使用主动语态的句子，将主语放在谓语之前，这比使用被动语态的句子更容易理解。"We will mail your package on Friday"（我们会在星期五寄出你的包裹）而不是"Your package will be mailed on Friday"（你的包将会在星期五被寄出）。（判断被动句的一个方法是看句尾是否可以加入一个"by（被）____"："Your package will be mailed on Friday by us"（你的包将会在星期五被我们寄出）。）而且，把主语放在句子开头可以传达一种力量："We sometimes fail to deliver packages on schedule"（我们有时无法按时递送包裹），不是"There are occasional cases in which we are unable to deliver a package on schedule"（有些情况下我们无法按时递送包裹）。

- ❑ 保持简短。简短的句子会自然使用主动语态。正如 Strunk 和 White 所说，"简洁是活力的副产品"。简短的句子可以去除很多不必要的文字。简短的段落阅读和理解起来更容易。当然还要在页面中留出一些空白使其更具吸引力。

- ❑ 使用简单语言。使用简单语言的目的是使内容更加清晰明了，以便用户"找到他们所需要的东西，理解他们所发现的内容，使用他们所发现的东西来满足他们的需求"。简单语言并不意味着拉低你的内容质量。它的意思是要你写清楚，让人们能够快速理解你说的是什么，而不需要花费大量的时间和精力。正如 Ginny Redish 所说，"写清楚，让忙碌的人在第一次阅读的时候就理解你说的是什么"。

☐ 为全球读者撰写文章。请记住，你是在为万维网撰写，你的读者可能不了解你当地的习惯。例如，在写日期时，使用国际日期格式：日／月／年（14/03/2009）。写出可能不熟悉的缩写，例如国家或省份的名称。此外，你需要知道当使用的任何隐喻、双关语或常用的文化引用时，可能只有相同语言和文化背景下的人才能理解。

---

12 个没用的复杂词汇

1990 年一群美国联邦人员，隶属于"通俗用语普及和信息网络机构"（PLAIN），创建了《Federal Plain Language Guidelines》（一套联邦通俗用语指南）（www.plainlanguage.gov）。该指南被写入美国宪法并一直沿用至今，该法律规定了所有联邦政府都有义务在做信息传达时使用通俗用语，以确保信息的可读性。

指南中有一条规定写到，"使用通俗常用而不是晦涩难懂的词汇"。指南中还罗列出了一些常见的复杂词汇以及与其对应的通俗词汇：

☐ addressees——you

☐ assist, assistance——aid, help

☐ commence——begin, start

☐ implement——carry out, start

☐ in accordance with——by, following, per, under

☐ in order that——for, so

☐ in the amount of——for

☐ in the event of——if

☐ it is——(omit)

☐ promulgate——issue, publish

☐ this activity, command——us, we

☐ utilize, utilization——use

10.1.2　把内容放在第一位

确保你所呈现的文本可以对用户产生直接价值。避免空谈，如单位经理的"欢迎"用语，或网站使用指南。不要在每页的第一段里都告诉用户他们会在本页发现什么信息。尽量以有用的信息开头，保持简洁且吸引人的方式写作。关于写作方式，新闻界采用的倒金字塔样式在网页上也十分适用，其做法是把文章结论放在开头。把重要的事实放在第一段的顶部附近，这样用户可以很快找到它们。另外在拥挤的主页中还有一个很常用的办法，就是只提供标题或一句吸引人的句子，将文章主体放在可点击打开的超链接中。

倒金字塔

　　倒金字塔是一种展示信息的方法，其中最重要的信息是金字塔的基础，要最先展示出来，最不重要的信息（塔顶）可以最后展示出来。使用这个模型设计的信息首先展示的是一个信息总结，然后是正文，解释具体说明之前的总结信息，重要度从上而下依次递减。新闻中长期使用这种方法，倒金字塔样式有许多优点：

- ❑ 重要信息最先展示，这样更容易被看见并记住。
- ❑ 最先展示重要内容有助于阅读效率。
- ❑ 有助于人们在小屏幕设备上阅读，包括屏幕阅读器、屏幕放大软件和小屏幕移动设备。
- ❑ 有助于引出下文信息
- ❑ 该结构把事实和关键字放在页面头部，有利于搜索引擎的相关性分析

关键字

　　关键字是人们在寻找想要的内容和功能时所用的词语。在为内容确定关键字时，尽可能使用网站用户所使用的词。在句子开头、标题和链接中放入关键字可以让阅读更有效。屏幕阅读器之类的应用程序可以为用户提供链接列表或页面标题列表。尤其当把链接和标题作为关键字开头时，这样的功能十分实用。

　　关键字对于优化搜索引擎也是十分重要的。当读者使用网络搜索引擎时，他们通常使用描述搜索内容的词或短语。这些关键字和页面标题会对页面在搜索引擎索引中的相关性排名起决定性作用。对于搜索引擎优化，一个好的关键字策略可以确保关键页面元素协同工作，准确描述页面内容。理想情况下，你的页面只有一个关键字，且它还涉及下列全部或大多数元素：

- ❑ 页面标题
- ❑ 主要的 \<h1\>、\<h 2\> 或 \<h 3\> 标题
- ❑ 文章第一段
- ❑ 网页内部链接

　　绝对不要毫无必要地重复使用关键字，或投机取巧地给一些白色的字添加白色背景以隐藏关键字。所有主要的搜索引擎都知道，即使在写得极好的文章中，关键字和短语也只占平均文本页上单词数量的 5% ～ 8%。关键字使用频率过高的页面会失去其在搜索引擎上的排名，在主流搜索引擎上，使用隐藏关键字把戏的页面可能会被列入黑名单。

　　为了提高搜索可见度，最好的关键字建议其实很简单：写清楚，编辑好，文章有趣，检查你的页面标题和其他上述元素，确保重要的描述语里含有关键字。

10.1.3 让链接有意义

超文本链接的主要设计策略是使用链接来加强你的信息，而不是分散用户注意力或让他们在其他网站上追逐无关紧要的信息。Web 网站中的大多数链接应该指向你网站中的内部页面，作为延展的页面可能具有相同的平面设计、导航控制或内容主题。尽可能将相关的视觉或文字材料整合到你的网站中，这样用户就不会在网站中迷失方向。如果你不得不让用户离开网站，那么应该确保链接周围的内容能清楚地告知用户他将离开你的网站，然后通过链接进入另一个网站（如图 10-2 所示）。另外请为你的链接提供一些描述，以便用户知道链接内容的相关信息。

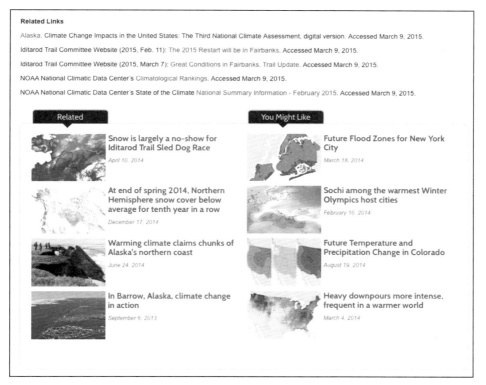

图 10-2　有时候，展示链接的最好方式是把它们放在主要内容后面，一个单独的区域里。例如 Climate.gov 网站中使用了很多内联链接，然后在文章底部放了一个段落展示更多的链接

描述性链接

大部分用户在浏览你的网页后会继续浏览其他网页，他们会感激你，如果他们感觉自己的浏览之旅是直观可预测的，并且没有太多无意义的障碍，也没有绕入死胡同中。清晰的沿途路标是所有成功旅行的关键，在网络环境中，链接就是沿途路标。

链接是帮助用户知道通过哪条路线最有可能到达他们目的地的路标。好的链接文本会给用户描述将加载的页面，并帮助他们做出正确的选择。

设计得不好的链接文本，例如没有说明性的"点击这里"链接，或使用毫无意义的描述性短语，这样做迫使用户不得不通过点击链接来确定是否能到达目的地。这种描述性差的链接通常会将用户引入末路，需要返回上一步，从而浪费了时间。

在制作链接时，不要在链接旁边写"点击这里获取更多信息"的句子。按照你平常的方式写句子，把链接放在最能描述链向内容的关键字或关键短语上。记住超链接不仅仅是为了方便用户，它们还增加了页面的意义。将链接放在一个特定的词或短语上，你就是在向用户和搜索引擎表明该词或短语可能同搜索关键字一样重要。

❑ 差的链接："点击这里"获取更多关于超链接的信息。

❑ 好的链接："超链接"可以帮助用户识别链接内容。

创建风格指南

即便你有最好的作者和文章主题，但如果你的内容布局不协调，那么依然会产生不一致的冗余的内容。好的样式向导可以帮助你建立并支持一个样式指南。这样的样式向导对分布式写作尤其有帮助。样式指南可以为网站的许多方面提供指导性意见，包括：

❑ 与编辑格式有关的细节，从一般概念（如普通语言）到具体细节（如是否使用牛津风格逗号）。

❑ 指导最佳写作实践，包括如何编写出有效的链接和标题。

❑ 规范用语和用法，如怎样处理缩写以及如何设计日期和电话号码。

一般项目的样式指南和品牌使用标准都属于内部文件。但是，越来越多的组织都在线上网站上发布了他们的样式指南。这样的透明化更能帮助组织赢得声誉。通过强调高质量以及易于执行的样式指南，组织机构可以对外界展示其致力于提供用户高质量体验的决心。许多样式指南专注于界面和交互样式而不是编辑样式，这是它们的一个缺点，因为内容也是用户体验的重要部分。

在第 8 章中，我们具体简述了如何选择优秀的样式指南。

10.2　文章结构

文章的布局会对读者关联内容的方式产生很大影响。标题、副标题、项目列表和插图所产生的对比可以让用户更容易发现"切入点"，引导他们的眼睛阅读到网页上的主要内容。尽管标题和项目列表标记打印出来后看起来有些多余，但在网页上这种标记有两大优势：

❑ 频繁的标题和项目列表对快速阅读和精细阅读的读者都有帮助，因为它们看起来结构清晰，有利于线上阅读的体验。

❑ 增加标题和项目列表标记结构有助于搜索引擎优化和网络内容搜索，因为这些标记可以为信息提供强调、标记关键字和上下文之间的联系，更好地展示出这些条目彼此的关系。

10.2.1 提供视觉地标

当用户到达一个新网站时，会先大致浏览一下，对整个页面有一个大概认识，然后看看他们想找的信息是否可以在这里找到。即使是精细阅读的读者也会对你精心搭建的阅读模式感到感激，因为这样他们就不会被迫放慢脚步，仔细阅览以收集信息。以下几点意见可以同时帮助泛读和精读用户。

标题

网页标题一般会放在 HTML 的文档标题区域。标题之所以重要，有以下几个原因。首先，他是用户第一个看到的，或是在屏幕阅读器中第一个听到的部分。它是浏览页面内容的一部分，是用户设置书签时的默认文本。另外，大多数搜索引擎会将页面标题视为页面内容的主要描述，因此描述性标题增加了页面在相关搜索查询结果页中出现的机会。

页面标题应该做到以下几点：

❑ 包含页面关键字和主题
❑ 对页面内容做出简洁、明确的描述
❑ 独特

有些企业规定将公司或组织名作为页面标题开头。虽然这种做法通常很有用，但你应该考虑到页面标题的长度。页面标题也会成为书签文本，许多网页浏览器会自动截断长的页面标题（超过 65 个字符，包括空格），这样会导致可读性降低。如果你的页面标题以公司名称开头，那么页面标题中最相关的部分可能不会出现在读者书签中。如果你一定要在标题中加入你的组织名称，那么最好把它放到标题尾部。比方说，以页面主要标题开头，接着是所属部分，然后才是组织名称，例如，研究生活动——志愿者服务机会——和平工作队。

文章标题

要使浏览网页变得更容易，可以将文本分成多个小部分，让每一部分都有一个小标题来描述该部分主题。这么做往往意味着要把长长的段落分开，并使用一些副标题。需要注意的是，由于笔记本电脑、平板电脑或智能手机屏幕的尺寸局限性，一段文字很容易就铺满了整个屏幕。

页面标题和文章标题是将网页内容与读者连接起来的基础。统一的页面标题、文章标题和副标题可以帮助用户更容易地浏览复杂的网页。如果你决定选择一种方法，那么就让整个网站都使用该方法。

标题样式往往是粗体，且每个重要单词首字母要大写：

❏ 文档标题
❏ 引用其他网站
❏ 文中提到的文档标题
❏ 专有名称、产品名称、商标名称

二级样式一般也是粗体，但只大写第一个单词：

❏ 副标题
❏ 引用网站内其他内容
❏ 图标题
❏ 项目列表

列表

项目列表就像标题一样，可以帮助用户快速阅读。它们还可以将相关的项连在一起，快速传递一组相关的概念。用户一看项目列表就知道项目列表是长是短，通过项目列表中的项目号，用户可以立即知道项目列表中有多少项。对项目列表编号非常有助于展现一组指令，例如完成任务所需的多个步骤。

当项目列表采用平行结构时，运用结构相同的句子或短语可以让用户更容易地快速阅读和理解每一项。

均质连结性

我们可以通过使用认知学中的格式塔原则来解析文章的视觉构造。要想使文章被人理解，任务之一就是要确定哪些元素是相关的，哪些是不相关的。均质连结性就是通过"共有区域"来确定相关信息组，并把相关的元素组合在相同的背景中。

结构标记为使用均质连结性对元素分组提供了很好的方法，这种标记虽然不会显示在界面上但是机器可以读懂。项目列表标记实质上是把几个项目围起来，表示这些项目是相关的。<table> 标签将行和单元格中的数据连接到一个概念表达式中。甚至 <cite> 标签也可以围起一个短语，表示该短语是一本书、杂志或文章标题。在界面的视觉设计和页面代码结构标记中都使用均质连结性可以让视力正常和有视力障碍的用户都了解一篇文章的结构。

10.2.2 结构标记

HTML 是一种标记语言，为文档添加了一层结构意义。它通过页面标题、文章标题、段落、项目列表、表格、地址和引用等元素来定义标签。最终编辑得到的文件可以被软件读取。例如，标签可以告诉软件 A 点到 B 点之间的文本是一个文章标题，而下面的文本块是一个段落，等等。例如，如果网页作者将一个文本块标记为页面标题，那么网页浏览器软件就可以在浏览器标题栏和浏览器历史中显示该页面的标题，并将其作为一个书签。

从表面上看，结构化文档与使用字体大小和其他格式来区分标题等元素的文档没有什么不同。然而，功能上，结构可以赋予网页更多功能。例如，以本节的标题为例。我们可以看到 <b> 结构标记 </b> 是一个标题，因为它是粗体，且直接位于纯文本之上。但软件不能推断出它是本节的主要标题，因为 <b> 只是粗体的意思。如果这一章的标题标记为 <h1> 结构标记 </h1>，则软件就知道网页是有关于结构标记的，然后会提供各种功能，例如可以搜索结构标记或编辑结构标记。

在标记文本时，要考虑每一个文本元素是什么，而不是考虑文本应该长什么样子。用适当的 HTML 结构标记来标记每个元素，然后使用 CSS 来管理它的视觉属性（参见第 5 章）。

修辞与网页设计

修辞是语言的表达艺术和技巧，其传播媒介包括口头、书面和视觉展示。当代的万维网是所有三种媒介的独特结合，不过即便是科技如此发达的今天，观众对你高科技网站的反应仍然会受到希腊哲学家亚里士多德 2400 年前确定的修辞影响。在《The Art of Rhetoric》中，亚里士多德概述了修辞劝说的三个要素，这些要素在网页设计中都十分受用。

信誉：信誉可以用来确定信息来源的可信度，也就是说，需要判断说话者所说的话是否具有可信度。许多著名的机构，其网站页面仍然极度不成熟——特别是某些政府和高等教育网站——这些机构的可信度因为页面显示差而严重受损。即便是很小的失误也会损害网站信誉：无法打开的链接、遗漏的图片、内容陈旧或错别字等都会损害一个网站的整体可信度。具有讽刺意味的是，细节也可以被模仿。许多电子邮件诈骗会精心伪造 eBay、Paypal 和个人银行网站等。因此，不要被表面现象迷惑了。

感染力：感染力是一种在观众中产生积极情绪反应的艺术。大多数网站不会给用户产生太多的情感上的反应，但设计良好的主页（有吸引的图片、有趣的文章和链接）更有可能让用户进一步探索你的网站。如何强化感染力是许多营销网站设计的核心，尤其是对于高端品牌，用户的品牌形象认知至关重要。

理性：理性是指通过逻辑、数据、令人信服的案例和有深度的信息来说服观众。报纸的首页或头版不仅仅是把一堆的新闻放到一个给定的空间内。新闻媒体的信息深度和广度、精心制作的摄影和信息图片在观众中建立的可信已是久经考验，如今在网络上，视听媒体的帮助使这种可信度进一步增强了。

审查你的修辞：回到你的主页，尽全力重新审视网站，想象一个陌生人初次来到你的网站，并且他了解你的唯一途径就是你的网站。边审视边思考，这个网站的修辞是否增加或削弱了用户对你企业信誉、诚信和人文关怀方面的感受？

10.2.3　提供清楚的链接

嵌入式超文本链接有两个设计问题。首先，它们可能会让正在浏览你的页面的用户不得不离开他当前阅读的页面。并且，它们也可以不由分说地把用户带入一个完全未知的领域，从而彻底改变用户的阅读环境——特别是对于链接到的新页面不在你的网站之中的情况。

当在页面上放链接的时候，应仅把最主要的链接放在你的正文中，把无关紧要的、说明性的链接或脚注链接放在文档底部，这样既可以为用户提供点击方式，又不会影响他们主要的阅读体验。

下划线

下划线使用可以追溯到手写和打字机的时代，那时还没有粗体、斜体等格式来区分标题、强调词或短语等元素。在印刷领域，下划线是不可取的，因为它会影响字体的易读性。但是，对链接加下划线可以确保色盲用户和使用黑白设备的用户也能够区分链接和其他文本。为了广泛的实用性，链接应该是可以通过视觉辨别出来的，不管它有没有颜色。在导航栏或按钮栏中显示的链接很明显是可点击的，因此不需要下划线。但是，正文中的链接应该有下划线，将它们与周围文本区分开来。

已访问和未访问的链接

大多数用户在做网页搜索时都会经过多次尝试。例如，为了找一个电话号码、价格或地点，你需要进行多次搜索。如果没有一个方法告诉你这个地方已经找过了，那这个搜索过程可能会循环往复，导致重复访问没有结果的页面。如果给已访问和未访问的链接赋予不同的颜色，那你就可以让用户辨别出他们已访问过的页面了。

推荐阅读

Redish, G. *Letting Go of the Words: Writing Web Content That Works*, 2nd ed. Waltham, MA: Morgan Kaufmann, 2012.

Strunk, W., and E. B. White. *The Elements of Style*, 4th ed. New York: Longman, 1999.

Wachter-Boettcher, S. *Content Everywhere: Strategy and Structure for Future-Ready Content*. Brooklyn, NY: Rosenfeld, 2012.

Zinsser, W. *On Writing Well*, 30th ann. ed. New York: Harper Perennial, 2006.

第 11 章

图　　像

最能吸引眼球的莫过于好的图表和有趣的插图，使用它们可以让你的文档清晰且容易被人记住。插图能快速传达复杂的量化或空间信息，它可以超越语言的瓶颈，与文本相结合，对信息收集和学习起到良好的支持作用。很多新的工具帮助提升了我们创建信息图形的能力，而网络恰恰提供了一个不受出版和纸张成本所限制的多媒体平台。

11.1　网络图像策略

11.1.1　界面和品牌

网页界面的一致性和统一的图形风格共同确定了一个网站的视觉基础。虽然设计师可以建立一个没有图像的网站，但大多数用户并不能分辨出这些没有图像的页面是一个联系紧密的"网站"整体，而且这样的网站看起来很奇怪，不符合设计规范和用户期望。定义网站的标识图像不需要精心地设计，但在一个网站的不同页面中这些图像需保持一致，这样可以让用户感觉你的这些离散页面可能与一个更大的整体相关（如果你在一个大型企业里工作的话），从某种程度上来看，就像是一个独一无二的场所（如图 11-1 所示）。

11.1.2　内容图像

内容图像可以从多方面补充文本内容：

❑ 插图：图像可以用来展示事物，把世间万物融入你的文档之中。

❑ 图表：量化图表和流程图可以帮助你用更直观的方式解释概念。

图 11-1　在网站中，页面的标题以及其他标志性图像都可以帮助我们更容易地勾勒出网站的整体

□ **定量数据**：数字图表可以帮助解释金融、科学或其他数据。

□ **分析和因果关系**：图像可以说明一个话题或显示某件事物的起因。

□ **集成**：图像可以把单词、数字和图像结合在一起，进行全面的解释。

图表是对用户的一种隐性承诺，承诺你将使复杂的世界更容易理解。图像交流和书面交流一样，我们给出以下建议：

□ **相信读者的智慧**。不要认为网络用户与出版物读者有着本质区别，认为他们对复杂性不感兴趣，从而降低你素材的档次。普通网站用户可能曾经与其他出版物受众有区别，但现在每个人都在使用在线阅读。

□ **尊重媒体**。网络读者与印刷媒体读者相同，但网络有不同的优势和劣势。我们可以利用网络的巨大优势来传达多姿多彩的视觉效果，而不需要打印和实体发布（如图 11-2 所示）。

□ **根据你的理解说出实情**。扭曲定量数据不仅仅是一种失败的交流，也背叛了读者的信任。

□ **不要甄选你的数据**。如果你用图片来说明一件事，那请不要对图片进行过度的处理和编辑，使观众别无选择，而只能接受你的观点。相信你的观众，把数据交给他们：让他们看看你所看到的图像（无论分辨率高低），然后自己做出判定。

□ **大胆且充实**。在视觉交流中保持严肃的兴趣，但并不是说必须使用尺寸小颜色浅的图片。如果没有人注意该图片，这张图片就没有说服力。当然，也不要用过度明亮的图片来装饰淡薄的内容，以试图博取读者的眼球。

图 11-2　即便在 72 ～ 96ppi 的全彩色屏幕上，网页上照片的显示效果也很好，因为屏幕上的照片与打印相比具有更高的动态范围。在屏幕上，你真的可以感受到照片的亮度，比纸质版上的彩色打印所反射的光线更加丰富多彩

11.2　关于网络图像

11.2.1　了解图像类型

位图图像或光栅图像

位图（或光栅）图像是由精细的像素（图像元素）网格组成的。每个像素都有一种特定的颜色，因为像素很小，可以是数百万种颜色中的任何一种，所以照片和复杂的艺术作品通常使用光栅图像格式。

矢量图

矢量图是通过线、多边形、点、曲线和填充效果等数学表达式来创建图像的（如图 11-3所示）。矢量图非常简单直观，如曲线图、图表和流程图等，不会像光栅图像那么复杂。但矢量图较光栅图而言有以下主要优势：

❑ 矢量图文件只是一些简单图形，文件小，下载快。

❑ 矢量图可以缩放到任意大小，且不会有质量损失。

❑ 虽然矢量图大多是图形，但加上复杂的阴影和颜色后，它们可以变得非常真实。

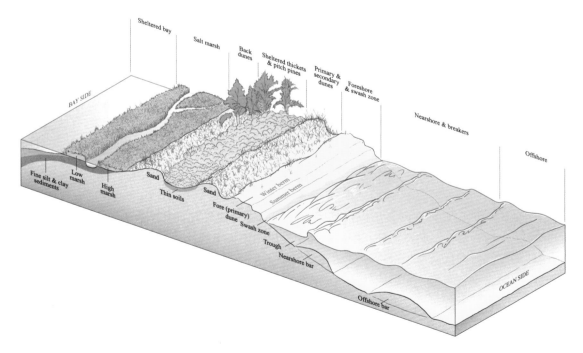

图 11-3　对插画感兴趣的人都会对矢量图分外喜爱，因为你可以把它们用在各种媒介上，包括网页、
　　　　App、电子书以及印刷品。但讽刺的是，由于矢量图片本身的复杂性，SVG 格式图片会占用
　　　　更多带宽，因此你最好还是把矢量图片转换成 JPEG 图片以便在不同的分辨率显示器中展示

可缩放的矢量图——SVG

SVG 图像是保存为开放格式 XML 文件的矢量图，而不是像 Adobe Illustrator（.ai）文件那样专有的矢量图格式（如图 11-4 所示）。大多数 Illustrator 图像可以保存为 SVG 格式，并直接用在网页上。作为矢量图，SVG 图像可以在不损失质量的情况下缩放到任意大小，且文件大小不会很大，使得越来越多的人用它们来为移动应用程序和响应式网站创建图片，或做一些相对简单的图像和形状。

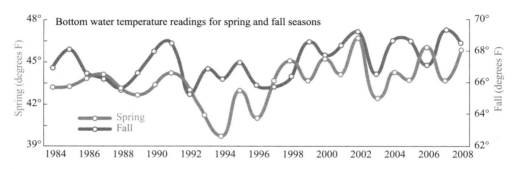

图 11-4   上图是一个简单的 SVG 格式图表。如果你使用 Adobe Illustrator 制作图表，那么最好在导出图片前将所有字体图像转成曲线，以避免在某些浏览器中显示 SVG 时可能出现的字体问题

基于 CSS 的图像

层叠样式表（CSS）的可视化样式一直用来创建简单或复杂的图形效果（只通过 CSS 代码）。大概最常见的 CSS 图片就是按钮，利用纯 CSS 技术将简单的 HTML span、div 和链接转变成各种颜色或形状并带有阴影、边缘、悬停和点击等不同状态时的按钮效果。CSS 技术可以在实际上并没有嵌入任何 JPEG、GIF 或 PNG 图片的网页上创建复杂的图形效果：只用 HTML 元素和 CSS 样式。

图标字体

图标字体可以让你在网页上以极其紧凑的排列方式摆放几十甚至数百个矢量符号和图标。除了字母、数字、字符之外，图标字体中充满了图标，因此，只要一个 HTTP 请求，你的网站页面就会有数百个矢量符号（如图 11-5 所示）。图标字体可以让你轻松地使用 CSS 来更改图标的大小、颜色、阴影或其他图形特征。

图 11-5   在图标字体（如 Font Awesome）中以矢量为基础的图形可以缩放到任意分辨率，并且你只需要调用一条 HTTP 请求就可以使用各种图标

11.2.2　了解图像文件格式

主要的网络图像文件格式有 GIF、JPEG 和 PNG。所有这三种常见的网络图像格式都是位图图像，这种图像是由含有数千个微小彩色方形图像元素或像素的网格组成的。位图文件是用手机和数码相机生成的常见文件格式类型，用 Adobe Photoshop、Elements、Corel Paint Shop Pro 和 Painter 或其他图片编辑软件就可以很容易地创建、编辑、调整、优化这些图像文件。

为了在网上更高效地传递，几乎所有的网络图像都会经过压缩，以尽可能地缩小其文件大小。大多数网站会使用 GIF 以及 JPEG 图片。为了判断选择使用哪种文件类型，主要可以从下几个方面判断：

- ❑ 图片的性质（该图片是一张集各种颜色平滑过渡的图片还是一张含有硬边和线条的图表式图片？）
- ❑ 各种文件压缩对图像质量的影响
- ❑ 压缩技术是否可以将图片文件压缩到最小且看起来质量还不错

GIF

CompuServe 信息服务公司在 20 世纪 80 年代将图形交换格式（GIF）推广为一种高效的网络传输图像格式。20 世纪 90 年代初，万维网的最初设计者因 GIF 的高效性以及普遍性而采用了 GIF。因此现在网络上的许多图片都是 GIF 格式，几乎所有支持图像显示的浏览器都能显示 GIF 格式文件。GIF 格式文件采用了一种"无损"的压缩方案，它可以在不影响图片质量的情况下将文件压缩到最小。然而，GIF 文件是 8 位图像，因此只能容纳 256 种颜色。

GIF 文件格式采用了相对基础的文件压缩法（Lempel Zev Welch，或 LZW），该技术通过将无效数据排除在数据库外，在不丢失数据或扭曲图像的前提下压缩图片大小。LZW 压缩方式在压缩含有大面积同种颜色的图片（如 logo 图和图表）时是最好用的，但在压缩含有多种颜色以及复杂纹理的"照片"方面就不行了（如图 11-6 所示）。

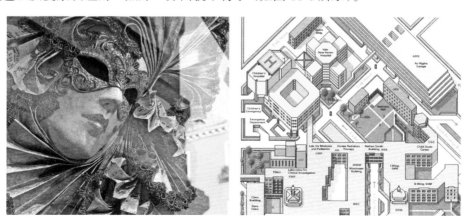

图 11-6　GIF 图片所使用的 Lempel Zev Welch (LZW) 压缩方式尤其适用于颜色简单且边缘比较分明的图片（例如右图）。但是对于图像照片来说 JPEG 或 PNG 格式会效果更好（左图）

可以利用 LZW 压缩的特点，在提高效率的同时降低 GIF 图形的大小。具体做法就是将 GIF 图像中不需要的颜色去掉，将颜色控制在所需的最小数量。一张 GIF 图形不能超过256 种颜色，但可以少于 256 种颜色。用 LZW 压缩颜色少的图像效率会更高。例如，当在Photoshop 中创建 GIF 图形时，不要把每一个文件自动保存为 256 种颜色。一张含有 8、16或 32 种颜色的简单 GIF 图像可能看起来就很好了，这样可以让文件变得更小（如图 11-7 所示）。为了最大限度地提高 GIF 图形的效率，请使用最少的颜色，这样会达到最好的效果。

图 11-7   透明背景 GIF 图形只能处理 256 种颜色，但透明 GIF 仍然被使用；这是因为与透明背景的
         PNG-24 图形相比，它们的文件会更小。不幸的是，只有一种颜色可以在 GIF 图形中被指定
         为透明，并且当 GIF 图片之下的背景颜色的对比度比较强烈时，通常会导致出现色彩边缘

正常（非交错）GIF 图形从上到下一行一行加载像素，所以浏览器是自上而下显示图片的。在交错 GIF 文件中，图像数据的存储格式可以让浏览器先显示低分辨率版的整个 GIF图片。所以就会有"从模糊到清晰"的动画效果，使用交错格式的最大优点是：当图片还在浏览器中加载时，可以让用户先预览整张图片。

对于 200×100 像素或更大的 GIF 图像，使用交错格式是最好的。对于很小的 GIF 图形，如导航栏、按钮和图标等，就不能使用交错格式。将这些小图形保存为正常（非交错）GIF 格式可以在屏幕上更快显示出来。在一般情况下，交错格式对平均 GIF 图形文件大小无显著影响。

GIF 格式可以让你从 GIF 颜色查找表中选择透明色。可以用 Photoshop 等图片编辑软件选择让 GIF 图形调色板中的一种颜色变成透明色，选为透明色的颜色通常是图片背景颜色。遗憾的是，透明属性是不能选的；如果让一种颜色变成透明，则图片中有该种颜色的每个像素也都会变得透明，结果可能是让人意想不到的。

JPEG

另一种可以用来优化图形文件大小的图形文件格式是联合图像专家组（JPEG）压缩方案。与 GIF 图形不同的是，JPEG 图像是全色图像，每个像素至少都有 24 位内存，从而产生可以包含 1680 万种颜色的图像。

　　摄影师、艺术家、平面设计师、医学影像专家、艺术历史学家和其他团体都经常使用 JPEG 图像，因为对于他们来讲图像质量和颜色保真度非常重要。"渐进式 JPEG"可以让 JPEG 图形和交错 GIF 一样逐渐显示出来。和交错 GIF 一样，渐进式 JPEG 图像的加载时间往往比标准 JPEG 更长，但它们可以让用户快速预览整张图片。

　　JPEG 压缩使用了一种复杂的数学方法，称为离散余弦变换，以产生可浮动的图形压缩比例。可以给一张 JPEG 图片选择压缩程度，但这样做也意味着图片的质量会受到影响。越压缩，图片质量就越差。JPEG 可以达到令人难以置信的压缩比，其能够将图片压缩至原图大小的 1/100。之所以能做到是因为 JPEG 算法在压缩图像时丢弃了"不必要的"数据，所以称之为"有损"压缩技术。可以从图 11-8 中看到 JPEG 压缩是如何逐步降低图片细节的。压缩图像中格子图案和噪点是经典的 JPEG 压缩失真。注意图像右边大量的噪点和失真，特别是在边缘附近。

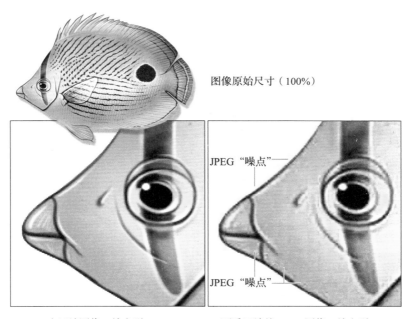

图像原始尺寸（100%）

JPEG "噪点"

JPEG "噪点"

未压缩图像，放大到 500%　　　　　严重压缩的 JPEG 图像，放大到 500%

　　图 11-8　JPEG 压缩格式主要是为了处理边缘相对平滑柔和的摄影图片。相对而言，它
　　　　　　在处理边缘比较尖锐的图像或文字图片方面表现欠佳，因为它的算法导致图像
　　　　　　容易出现噪点，尤其是在边缘线的位置

　　请注意保存原始的未压缩图像！一旦用 JPEG 压缩法对图像进行压缩，数据就会丢失，而且你无法从被压缩的图像文件中恢复原有数据。

　　一定要始终对未压缩的原始图像文件进行备份。如果你的数码相机照出来的照片是 JPEG 图像，那么保存好"相机原始"JPEG 文件，然后在编辑图像（用于网络）时，使用复制文件进行操作。每次将图像保存或重新保存为 JPEG 格式时，图像就被进一步压缩了，图像中的失真度和噪点也就随之增加了。

PNG

便携式网络图形（PNG）是专为网页设计的一种图片格式，其有很多吸引人的特征，如颜色齐全，支持复杂图像透明度，交错更好，以及显示器伽马自动校正。还可以为 PNG 图像添加短文本描述，让网络搜索引擎根据这些嵌入的文本描述搜索到图像。

PNG 支持全色图像，且可用于摄影图像。但是，由于它使用的是无损压缩，因此所得到的文件比有损的 JPEG 压缩要大得多。与 GIF 一样，PNG 有利于线条艺术、文本和 logo 等包含大面积同种颜色并且不同颜色之间的转变非常明显（非渐变）的图片（如图 11-9 所示）。这类图片保存为 PNG 格式时看起来非常不错，文件大小和保存为 GIF 格式差不多，甚至更小。但是，PNG 格式推广速度非常慢。部分原因是有的浏览器不怎么支持。特别是，IE 浏览器并不完全支持所有 PNG 图形特征。因此，大多数适合 PNG 压缩的图像都使用了 GIF 格式，以便获得所有浏览器的全面支持。

GIF 图片，文件大小 428kB，　　　GIF 图片，文件大小 968kB，　　JEPG 图片，280kB（质量 = 高 −8），
　由于抖动导致图片质量差　　　　质量非常好，几乎无压缩　　　　很好的图片质量以及文件大小

图 11-9　GIF、JPEG 以及 PNG 压缩格式在处理图片时的效果对比。PNG 在视觉清晰度方面表
现最佳，但是其文件大小要比 JPEG 大得多。GIF 对于照片来说并不是最佳选择

11.3　使用网络图像

11.3.1　选择正确的文件格式

对各种图像格式的优缺点有一个良好的认识有助于减少网页下载量，也为你避免了因为精心设计的图形看起来不合适或超出页面性能预算而造成的烦恼。"这里用 JPEG，那里用 PNG"的魔法公式是不存在的。你只能尽可能计算好什么样的格式是最合适的，然后把图片保存为各种不同的格式，并检查文件的大小，进而验证你的假设（如图 11-10 所示）。对

于较大的图像（比如，大于 150×150 像素），文件格式的选择是相当简单的，但小图像的格式选择就不那么容易了。一张小的硬边缘图标图形可以选用 GIF，但有时 JPEG 或 PNG 实际上看起来更好，且文件也不大。

GIF——最适合存为 GIF 格式的图片有：图表、图标以及色彩简单没有阴影的图像

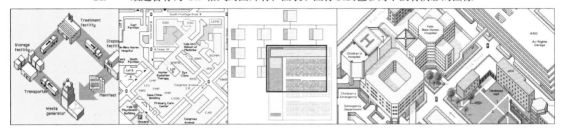

JEPG 或 PNG——最适合存为 JPEG 或 PNG 格式的图片有：照片、图像、复杂图标以及写实图画

图 11-10　一些常见的网络图片类型以及推荐的存储格式

界面元素

交错 GIF 或 PNG 图形可以用来作为小的页面导航图形、按钮和平面设计元素的文件格式，比如 logo 和图标。在 Photoshop 中检查页面图形时，你应该找机会处理一些元素，如背景颜色区域、边框、规则和含有 CSS3 图像效果的按钮，而不是图形按钮。通常最好且成本最低的图形根本就不是一般的图形。

图标字体、CSS sprites（CSS 代码中引用的图形）和 CSS 图形效果组合在一起可以在保证加载速度的同时给你很多视觉灵活性。免费图标字体，如 Font Awesome（最初为 Twitter Bootstrap 而开发的）是一个很好的资源库，但如果你的网站上只需要十几个图标，那就没有必要去下载几百个图标了。图标字体工具，如 IcoMoon（icomoon.io）可以让你创建自定义的图标字体，也可以将 SVG 图标和符号转换成字体字符。

可缩放矢量图形（SVG）对于那些效果简单（如渐变填充或透明）的图形和图标非常好用。顾名思义，SVG 图形基于曲线、点、线等其他形状的数学表达式，并且可以在不损失质量的情况下缩放到任意大小。这在计算机显示器的过渡时期时是一个巨大优势，现在计算机显示器正从 72～96ppi "常规" 或 "1x" 转为 "Retina" 或 "2x"，且每英寸超过 200 像素（更多关于 Retina 显示器的信息，请见下文）。由于 SVG 图形缩放不受屏幕分辨率的影响，所以 SVG 图形在两种显示屏上看起来都十分不错。

　　主流的浏览器一直对 SVG 图形的支持都很不错，但对于更复杂的矢量图形（如插图）来说，保存为 SVG 格式就有一定的缺点。要在网页上显示 SVG 矢量图形，浏览器就必须将 SVG 呈现为像素，这一过程需要一定的时间，对于在 Adobe Illustrator 等矢量绘图软件中绘制的非常复杂的插图、数据图形和地图来讲就更费时了（如图 11-11 所示）。在浏览器对复杂矢量图形的支持变得更加精确和可靠之前，最好是在 Adobe Illustrator 等工具中创建好插图，然后保存为能够可靠地捕捉阴影和透明度细微差别的 PNG 或 JPEG 格式。

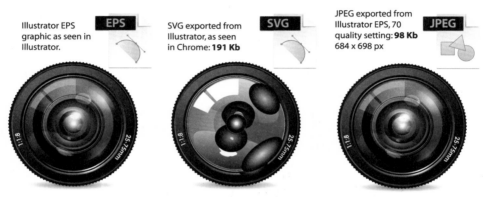

图 11-11　矢量图片对于复杂的写真级别图像同样可以做到根据不同屏幕尺寸自由地缩放，但是将其转换成 SVG 格式并不是一个最佳选择，因为这样做对图片的大小和质量都会有很大影响。通常为了能保留 Adobe Illustrator 设计效果的最好做法是将图片转换为 JPEG 或者 PNG 位图格式

　　虽然将复杂的矢量图形转换成 SVG 格式可能有一些问题，但是矢量图形依然是一种很好的选择，因为：

　　1. 浏览器对 SVG 的支持将继续改善。

　　2. 矢量图形可以缩放，以很多 JPEG 或 PNG 位图像素的形式呈现出来，且质量高。这对基于屏幕分辨率的网页图形方案来说非常有用，你既可以创建 1x 版本图像也可以创建 2x 版本图像针对每种显示器进行优化

　　3. 矢量图形也可以用于打印。

　　照片和插图

　　复杂的彩色插图和照片最常用的是 JPEG 格式。一般来说，在现代显示屏和印刷中，JPEG 图形在压缩方面很有效，且质量很好。在新的 Retina 或 2x 显示屏幕上，大小适当的 JPEG 照片或插图显示效果甚至可以胜过打印出来的图片或照片。

　　如果你需要使用很多 JPEG 图片，那么你就应该特别谨慎，一定要保存好原有的相机照片（JPEG 或 Camera RAW）或全分辨率的 PS 原图，即使很少会在网页上用这样的全分辨率原始图像。JPEG 使用"有损"图像压缩系统，当图像以 JPEG 格式保存时会降低图像质量。通常图像压缩与图像质量之间的权衡对于网络读者来说不是很明显，但如果你需要调整或编辑 JPEG 图像，那么有损压缩具有非常重要的意义。因此当编辑 JPEG 图像时，最好只使用

图像副本，以避免再压缩 JPEG 图片造成质量损失。

11.3.2　为图像提供 alt 标签

HTML 具有内置的辅助功能，能让网页在不同的显示条件下工作。其中一个功能是图像标签 alt 属性。alt 属性可以让你为任何网页上的图像提供一个 alt 文本描述。无法看到图片的用户可以看到或听到你的 alt 文本。

```
<img src="banner.gif" height="30" width="535" alt="Web Style
    Guide">
```

在上面的例子中，使用屏幕阅读器软件访问网站的人会听到" Web Style Guide "这个短语。Google Image 会使用 alt 文本来对图像进行编目。

编写 alt 文本是一项艺术，可以挑战你用短短的几句话描述图像内容和功能的能力。关键是不要描述图像的细节和细微差别，而是要以页面为背景来描述图像。这种区别是决定用多少字来描述一张图片的重要因素。

对于功能性的图像，如按钮、logo 和图标，其文本描述应和图像外观相符。例如一个公司网站的横幅图片应该加上这样的 alt 文本："Acme 地毯清洁器"。界面图标应该描述图标所代表的功能，如："播放""暂停""倒带""快进"。

有时 alt 文本没有什么作用——例如，对于"打印此页"链接旁边的打印按钮。如果一张图像只是用来看的，并不提供任何其他信息，这时的 alt 属性应为空（alt = " "）。一个空的 alt 属性会通过屏幕阅读器软件等辅助技术隐藏图像。

复杂的内容图像，如插图和图表，需要更长的 alt 描述。在许多情况下，最好的方法是给图像一段说明文字（caption），这样做有利于所有用户理解图像中包含的信息。例如，对于显示随着时间的推移而增长的图表，可以在图片下方插入一张显示具体数据的表格。这样，屏幕阅读器用户也可以访问到相同的信息，对于擅长理解数字而不擅长看图的用户也会因此受益。HTML5 提供了 <figure> 和 <figcaption> 元素，使图像和文字之间具有相连性。

W3C 文档 HTML5 ：" Techniques for Providing Useful Text Alternatives "是一个非常棒的资源，可以让你了解在不同背景下描述图像的最好方法（www.w3.org/TR/html-alt-techniques/）。

11.3.3　优化屏幕图像

计算机和网络世界当前陷入了一个尴尬的境地，有的是 72 ～ 96ppi（每英寸像素）或 1x 显示器标准，有的是新的" Retina "或 2x 高分辨率显示屏。回想起来，我们惊奇地发现 72 ～ 96ppi 显示器分辨率持续了非常久的时间。在网络发展的 25 年里计算机其他方面几乎发生了翻天覆地的变化，但是有几个因素使我们用了很久的 72 ～ 96ppi 标准。

我们的显示技术发生了重大转变，从以前的大型电子射线管显示器到现在的高分辨率平板显示器。但平板显示器第一次出现在市场上时非常昂贵，所以老的 72 ～ 96ppi 就继续存在于市场上，以使平板显示器的价格更为合理。平板显示器技术越来越成熟，计算能力越来越强大（即使是在移动设备上），屏幕分辨率也越来越高，在接下来的几年里，200ppi 及以上屏幕将成为各种计算机显示器的新标准。

移动计算的兴起和显示器分辨率的变化给 Web 开发人员处理图形带来了两大挑战：

❏ 效率：如何将最优大小的图片显示到各种计算设备和各种尺寸的屏幕上呢？

❏ 分辨率：如何区分老的 1x 屏幕和新的 Retina 屏幕，并给那些新的显示器提供更高质量的图像呢？

好消息是，HTML5 和 CSS3 标准已经为我们提供了很多的工具，让我们能够在网络上更好地处理图像。但是，该技术仍处于过渡时期，可能还需要几年时间浏览器研发人员才能完全利用新工具，来快速确定网页是在何种屏幕上显示的，并在移动和桌面端提供对应的最有效的图像显示方法。

效率

响应式网页设计（RWD）给了我们一个概念框架以及很多工具来制作适合所有屏幕尺寸的网页内容。对于 CSS 背景和核心页面框架图形，处理不同屏幕分辨率的方法很简单：在不同的 CSS "breakpoint" 中（用于小、中、大屏幕），可以指定小、中、大版本的位图图形，以适用于各种屏幕宽度。网页设计者也可以使用矢量图形，如图标字体和 SVG 图形，使它们在任何分辨率下都能很好地显示，或者使用根本不需要任何额外图形文件的纯基于 CSS 的图形效果。

这给了我们一个问题：如何优化那些在页面内容中标有 <img> 标签的基于 HTML 的图形的响应效率。幸运的是，HTML5 规范已经提出了一个解决该问题的有用方法：在新的 <picture> 元素中确定各种图像尺寸选择，适应屏幕宽度（如图 11-12 所示）。源属性可以让我们根据屏幕的最小宽度（CSS 像素）指定一组可能要提供的图像。<picture> 元素也必须包括传统的图像元素 <img>。对于不支持 <picture> 元素的浏览器，内置的 <img> 标签提供辅助功能。如果浏览器不支持该 <picture> 元素，则只会使用内置 <img> 元素，让大家都看到一个至少中等分辨率的图像。

图 11-12　HTML 图片元素（<picture>）的 source-set 属性（srcset）十分好用，使用它可以自动发送最高效压缩图像到各种尺寸的屏幕，从智能手机到大型桌面显示器

颜色术语

颜色是我们的眼睛和大脑对各种波长的光的反应。拥有正常视力的读者可以感觉到 400 纳米（接近紫外线）到 700 纳米（近红外线）的波长。

计算机屏幕使用了一种加色法系统，它将红（R）、绿（G）、蓝（B）三基色结合在一起，当它们以不同比例混合在一起时，可以在 RGB 屏幕上产生一千六百多万种颜色。最大亮度的 RGB 三基色混在一起就产生了屏幕上的白光。

The visible light spectrum

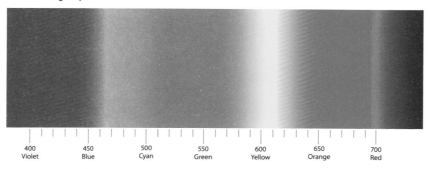

400	450	500	550	600	650	700
Violet	Blue	Cyan	Green	Yellow	Orange	Red

The combination of red, green, and blue light produces all other colors, and white light at the center

在计算机图形学中你会看到这些用来描述色彩特性的常见术语，称为 HSB 系统（色度、饱和度、亮度），通常在 Adobe PhotoShop 等图像软件中用到。

☐ 色度是可见光光谱中的波长。可以把色度看作一个颜色名："黄色""橙色"或"红色"。

☐ 饱和度用来描述颜色的强度，从纯高彩度到接近灰色。饱和度对于屏幕的信号深度非常有用。在日常生活中，因为大气效应，远处的物体看起来一般是不饱和色和灰色，而近处的物体颜色更浓。因此，在设计中我们经常给背景用不饱和色，而用全饱和色来吸引注意力。

☐ 亮度是颜色的亮与暗。

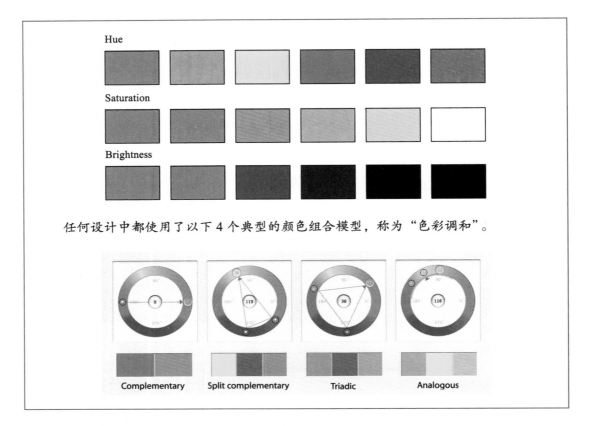

分辨率和像素密度

在过渡到高分辨率屏幕媒体时，我们面临的第二大挑战是将正确的图像发送到正确的屏幕上：在 1x 设备（无论何种尺寸的屏幕）上显示中等分辨率图像，在 2x 或 Retina 屏幕上显示高分辨率图像，除非这些大的图像（在移动设备上）可能会影响页面的性能。

Web 开发人员面对并需要处理的一个迫切问题是，如何在物理像素（或设备像素）增加了一倍的 Retina 屏幕上描述大小和距离。在老的 72 ～ 96ppi 屏幕上，答案很明显：图像里的一个像素直接等同于显示屏上的一个物理像素。如果你突然增加了显示屏像素的密度，而不做其他改变，每个图像的像素数会是一样的，但在一个 2x 屏幕上，图像看起来只有其一半大小，且在 Retina 屏幕上，文本同样会变小。

这个难题的解决方法就是虚拟测量（virtual measurement），由 HTML 和 CSS 确定的像素数不再与物理或设备像素有 1:1 的关系。这些"CSS 像素"或多或少等同于老的 1x 屏幕量度。在 2x 屏幕上，CSS 像素和屏幕像素不是 1：1 的关系，1 个"CSS 像素"实际上是 4 个设备像素（如图 11-13 所示）。对于新的高分辨率屏幕上的排版，响应式网页设计已经使用了相对长度单位 em，1em 大致相当于 16px，无论在任何屏幕分辨率中。

同样，在 HTML 或 CSS 的像素中指定的位图图像尺寸现在也使用虚拟像素来衡量：在传统的 1x 显示屏上，1 个图像像素相当于 1 个屏幕像素。在 Retina 或 2x 屏幕上，1 个虚拟"CSS 像素"大概相当于 4 个设备像素（如图 11-14 所示）。

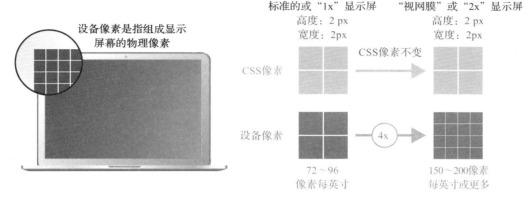

图　　11-13

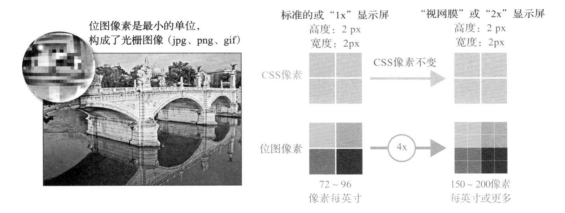

图　　11-14

　　网络世界正在转型，目前，JavaScript 或 server-size 技术正在力争填补我们的需求与浏览器所提供显示之间的差距，所以分辨 Retina 或 2x 屏幕，并在这些屏幕上显示高像素图像的可用方法现在看来似乎只是一件小事。

　　幸运的是，这个问题的长期解决方案很显然已经存在于 HTML5 和 CSS3 规范标准中。许多响应性 Web 设计所依据的 @media 查询标记不仅可以确定屏幕宽度，还可以做很多其他工作：媒体查询还可以确定显示屏的分辨率，以及屏幕分辨率和物理尺寸之比——至少理论上可以。HTML5 图像"srcset"属性和 <picture> 元素可以给一个给定的屏幕尺寸自动发送大小正确的图像——至少理论上可以。这很大程度上取决于 Web 浏览器研发人员采用这些重要的图像质量工具的速度，以及它们的实现程度。

推荐阅读

Creative Suite: Web graphics optimization options. Adobe, Inc., 2015. help.adobe.com/en_US/ creativesuite/cs/using/WSC7A1F924-DD38-49b4-B84B-EFF50416C860.html.

Optimizing Content Efficiency: Image optimization. Google Developers, 2015. developers. google.com/web/fundamentals/performance/optimizing-content-efficiency/image-optimization.

Schmitt, C. *Designing Web and Mobile Graphics: Fundamental Concepts for Web and Interactive Projects*. Berkeley, CA: New Riders, 2012.

———."Responsive Media." Lynda.com Course, 2014. www.lynda.com/Illustrator-tutorials/ Responsive-Media/161465-2.html.

Wiliamson, J. "Creating Icon Font for the Web." Lynda.com Course, 2014. www.lynda.com/ Glyphs-App-tutorials/Creating-Icon-Fonts-Web/157228-2.html.

第 12 章

多 媒 体

数字视频和音频，如播客，被各种业务和组织网站广泛使用，在网站和社交媒体中添加短视频节目、音频剪辑或播客非常简单且费用也不高。在过去十年中，视频制作行业的变化非常显著。现在，利用普通的视频设备和台式计算机，你就可以获得质量远胜于十五年前用 10 万美元制作出的视频。

起初，在线视频模仿了老式电影和电视的那种长篇风格，开幕和闭幕像电影一样比较长，故事长度为二十分钟或更长。但在 YouTube、Vimeo、Facebook 和其他数字媒体网站开始被视为重要的媒体渠道后，视频叙事风格发生了根本性转变，一种新的短纪录片、新闻和宣传视频形式已经出现。这些新视频很短，长度从十五秒到十分钟不等，平均约三到四分钟。

当然这并不意味着普通的网络或传播人员随便拿起一台摄像机，就能制作出媲美顶尖在线媒体专业人员水平的视频。但视听设备和软件成本这一巨大障碍已基本不在，现在，小网站或传播团队通过一些练习和实践，就可以制作出还不错的视听内容，而不需要为每个项目雇佣一个专业的视频团队。此外，YouTube、Vimeo 和社交网站，比如 Facebook、Twitter、Tumblr 等都使视频发布更为简单快捷，且能够让世界各地的观众都看到。

12.1　网站视频策略

在线视频作为一种主要的传播渠道，广泛应用于商业传播、电子商务、营销、教育等项目。在线视频是一个很好的传播介质，可以和广播电视竞争收视率（如图 12-1 所示）。

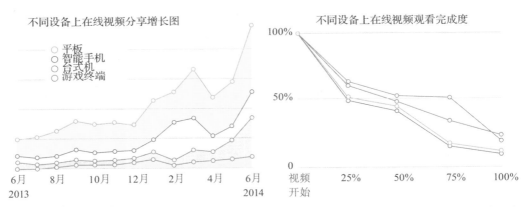

图 12-1   人们在线观看视频的数量在持续大量地增长，尤其是在移动设备上，然而移动端用户
          不喜欢长视频，因此在制作视频时一定要确保能快速抓住观众的眼球并且让其能一直
          对你的故事感兴趣

12.1.1 提供良好的体验

视听媒体过强的吸引力使得我们在设计用户界面时需要仔细考虑，避免突然使用一连串视频和音频导致用户体验受到影响。任何视听体验的黄金法则都是让用户来控制。用户应该有足够的信息来决定是否加载视频。用户应该总是可以点击"播放"按钮来确认播放视频或音频内容。

❏ 提供重要细节。网页上的视频需要用户更多的等待时间，因为只有视频完全下载到浏览器后才可以快速浏览视频内容。最好给出一个视频标题，以及一些说明和视频的总长度。

❏ 不要自动播放视频。让用户控制这条黄金法则的宗旨是绝对不要自动播放视频内容，比如最近 Facebook 默认自动播放视频，这一改动的用户反响特别不好，尤其是手机移动端用户，因为该功能让手机流量消耗直线飙升。每个新媒体似乎总是要重复同样的用户界面错误：出于各种实际、经济和基本礼貌原因，请不要自动播放视听内容。

❏ 保持视频简短。人们对在线视频的期望和观看环境与传统的"长时间"观看电视有很大的不同，且视频观看完成率在移动端和桌面端也有巨大差异。虽然移动用户经常点开视频，但他们不太可能会观看完，特别是超过 3 分钟的视频。虽然现在还没有多少关于信息或教育在线视频的最佳长度研究，但营销及新闻界已经将 3 ～ 4 分钟作为宣传类视频和 YouTube 新闻视频的理想长度，巧合的是，晚间新闻节目讲一个故事的平均长度也是这么长（约 2.3 分钟）。

❏ 抓住要点。在线视频观众一般不会像电视观众那样能够长时间观看视频内容。在短视频中从视频标题出现在屏幕上的那一刻开始，你就需要快速地展开介绍，提供真正有价值的内容，抓住用户的注意力。这就意味着你不能使用像电影一样长的开头或飞舞的 logo 动画。你需要立即展开介绍，并在屏幕底部显示你的标题或其他必要信息。

12.1.2　为音频和视频提供其他选择

音轨的文字版可以让用户更容易搜索、访问并找到你的视频内容。有了文字版，你视频中的每一个字都会成为一个搜索项，这对专业性的视频内容特别有用，这些视频中，一个标题和几个关键字不足以让用户发现视频。文本可以让听不到音频的人获得音频中的信息。当视频中插入字幕（一种文本形式）时，人们就可以边看视频边看字幕。这种多通道展现方式有助于每一个人（如听不懂视频语言的人）理解该视频的内容。

如今有些技术可以帮助我们快速创建视音频的文本。例如，"语音转文字"技术有助于为音频创建文本，但精准性比较低。我们可以先利用语音转文本工具创建一个文本，然后再编辑文本，达到准确性，例如，我们可以先用 YouTube autocaptions，然后编辑，再上传修改后的准确版本。

然而，专业转录员最擅长创建准确的视频文本，最好方法就是为创建文本预算好足够的时间和资源。与良好的灯光效果、人才和设备一样，提供视频文本是制作高品质视频的一个重要方面。

音频转文本，SpeechPad（www.speechpad.com）、Rev（www.rev.com/transcription）和 Amara（amara.org）是按分钟收费的。转录过程很简单：在转录服务平台上粘贴你的视频链接，在线支付，然后你可以在几小时或者几天内通过邮件收到转录文本文件，时间取决于你选择的转录平台。将你收到的字幕文件上传到 YouTube 和 Vimeo 等发布网站也非常简单。

视频描述是一种让看不到视频的人获得视频信息的方法。该方法利用音轨中的自然间隙来描述通过视觉传达的动作和信息。视频描述也称为音频描述或描述性视频，是一种艺术表达。WGBH 的媒体访问组（www.wgbh.org）是媒体访问界的佼佼者，其可以提供字幕和视频描述服务。像音频转录文本一样，提供高质量视频描述的最好方法是预算好时间和资源，聘请专业人员，然后把描述成果嵌入到视频当中，这样每个人都能访问视频，并从中获益。

12.1.3　选择发布渠道

观看 YouTube 和 Vimeo 等在线视频有两种途径：
- 在 YouTube 首页、Vimeo 首页、分类网页的"频道"（channel）或你自己的 YouTube 和 Vimeo "频道"上搜索、浏览和发现当前流行视频。
- 在你自己的网站上观看嵌入的 Vimeo 和 Youtube 视频。

Facebook 是另一个短片视频传输的重要渠道。Facebook 并不是专门针对视频传播的网站，但它是目前最主要的社交媒体之一，所以也是视频行业的主要竞争对手。你同样可以在你的网站上嵌入 Facebook 视频和帖子。

你的视频发布策略应考虑以上三种视频呈现形式，因为 Facebook、Vimeo 和 YouTube 有不同的方法、不同的优势和不同的受众。

YouTube

YouTube 目前是发布在线视频的一个主要渠道，而且 YouTube 也是互联网上第二大最常用的搜索平台，仅次于谷歌本身——YouTube 公司的母公司。如果你想让人们更容易注意到你的视频作品，那么你就必须把它发布到 YouTube 上。但是，这并不是说 YouTube 就是上传视频的唯一甚至第一平台。

除了是最受欢迎的视频发布渠道外，YouTube 还是免费的渠道。因为 YouTube 是通过在线广告获得资金盈利的，如果你希望通过你的视频来赚钱，你可以通过 YouTube 和 Google 的合作伙伴计划为视频打广告。YouTube 的一大优势是：它是搜索平台，这就意味着你的视频更容易通过网络搜索被发现，尤其是当你在视频文件中加入了完整的转录文本后（关于视听转录文本的更多信息，请参见上文）。

YouTube 平台非常庞大，并且不仅免费，还支持广告，这同时也是 YouTube 作为视频发布媒介的最大缺点。YouTube 的视频内容涉猎繁杂，充满了低档的家庭录像，它们总会分散观众的注意力，不让其观看每个视频最后的"相关"（也许是有价值的）内容。YouTube 的默认选项并不是高质量画面输出。当然，明白这一点的观众可以很容易地选择更换为高质量的设置，但大多数用户并不知道怎么做，也不关心这个设置。

在视频发布平台上，关于博取观众注意力的竞争是非常激烈的，每分钟都有一百个小时的视频上传，而且 YouTube 总是不断地推送"相关视频"来蚕食你的观众数量。在视频营销中，竞争公司通常会在 Adwords 上购买彼此的公司名和品牌名，希望能将观众从竞争对手的产品和服务中转移出来。对于 B2B 交流来说 YouTube 发布也是非常复杂的，因为许多公司和大型机构的内部网络都会屏蔽 YouTube 视频。

为了最大限度地利用 YouTube 网站本身，你需要制作一个 YouTube 频道页面，仔细管理，并对频道上的视频进行排序。提供专业优质的封面，并指定一个员工来保持频道以更新最新视频，监控频道评论，并报告频道流量。时刻在你的视频标题里插入可能的搜索关键字，为视频贴上关键字标签，时刻记住 SEO，就像对待其他网络内容一样。为每个视频提供一个准确的编辑过的转录文本，并将该文本和你的视频一起上传。

Vimeo

Vimeo 是另一个发布和观看在线视频的网站。但 Vimeo 公司要比 YouTube 小，Vimeo 致力于提供高质量视频展示服务，在视频制作行业中拥有一批忠实粉丝。

Vimeo 是一个较为低调的在线视频服务和发布平台，主要是因为它提供有偿服务，不会在视频内或视频周围插入广告。任何人都可以免费观看 Vimeo 视频，但如果你经常制作和上传视频，那你可能需要购买一种叫作 Vimeo 上传和展示的服务。Vimeo 的收费制度使它能够过滤掉几乎所有类似 YouTube 上的那种低质量家庭录像——这对于专业企业和机构的营销和信息视频来讲非常具有吸引力。

Vimeo 的先进媒体播放器也吸引了很多传播专业人员，其界面比 YouTube 更为简单且更容易控制，特别是它可以在嵌入视频时，提供更高质量的视频设置，这样视频就会默认以最好的质量播放。

Vimeo 对媒体专业人员的另一个强大吸引力是它的视频密码保护功能，该功能可以让媒体专业人员与客户分享一个未公开的视频，而不会使该视频被网络上的其他用户看到。在 YouTube 上，你可以上传一段视频，并将其设置为"private（私密）"，但"private"的 YouTube 视频没有密码，任何发现该视频的人还是可以观看。而 Vimeo Pro 服务还可以让你保留一些视频让别人付费观看或购买。

Vimeo 不足的一点是，与 YouTube 的全球观众量相比，Vimeo 的观众显得少之又少。因此你的 Vimeo 视频被大量普通观众发现的概率就非常低，而且也不像能被大量观看的 YouTube 视频一样可以让你获得可观的广告收入。

Facebook

如果你的公司或企业已经在 Facebook 上拥有很多粉丝，那么利用 Facebook 传播视频就是一个不错的方法了。最近很多视频发布者已经开始使用 Facebook 发布视频了，直接绕过了 YouTube，或者至少先在 Facebook 上发布，然后再到其他视频网站发布（如图 12-2 所示）。许多观察社交媒体市场的人已经注意到，相对于上传到 YouTube 而只插入到 Facebook 帖子中的视频来说，在 Facebook 中直接上传的视频被 Facebook 用户观看的次数要更多（多达 40%）。

当然，几个小时后，你粉丝的最新动态就会将你的 Facebook 视频消息淹没，24 小时后，观看量几乎跌到 0（请见第 1 章），所以尽管 Facebook 拥有强大的社交媒体优势，但你还需要其他渠道来使你的视频曝光度保持稳定。

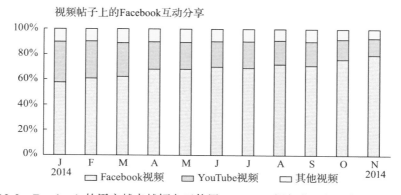

图 12-2　Facebook 的用户越来越倾向于使用 Facebook 视频甚至超过使用 YouTube

多渠道策略

所以你可以将 Facebook、YouTube 和 Vimeo 的不同优势和功能融合进你的整体策略中，这样的话你的视频质量和观众数量都能达到最大化。如果你在 Facebook 已经有了非常多的粉丝，则很明显，第一步就是将新视频发布到 Facebook 上。你可以使用 Vimeo 制作出高质量视频，然后嵌入到你自己的网站中，再使用邮件营销，发一份电子邮件来推送新视频，也可以在网络传播活动中推送该视频。然后，你可以再将相同的视频发布到 YouTube 上，这样可以充分利用 YouTube 的广大观众量及其搜索优势。

切记，在 Facebook、YouTube 或 Vimeo 上一定要嵌入你网站的 URL：

☐ 你可以在 Vimeo 或 YouTube 的视频元信息（关键字、描述等）中插入你的网站 URL。

☐ 也可以在视频最后显示："更多详情，请参见 www.whatever.edu"。

12.2   视频制作

过去十年里网上出现的视频短片非常少，能看到的只有那些新闻报道视频和大型企业媒体部门（有非常多的媒体预算）放送的一些短片，或一些非常业余的家庭录像。存在于这两个极端之间的视频没有多少，因为小型高质量的高清摄像机和强大的专业视频编辑软件都价格不菲。

就算有了相机和软件也很难制作出高质量视频短片。学会如何使用这些设备和软件需要一定的训练经历和经验，幸运的是，网站本身提供了非常多的优秀视频（可以作为你制作视频的模板），还有很多关于视频硬件、制作技术和视频编辑的详细且精心设计的在线课程。

12.2.1   制作视频短片的装备

视频短片制作的目标是保持设备成本相对适中，且视频后期制作人员一般控制在 1 个或最多 2 ～ 3 个。不要买太多设备。如果你掌握了视听设备的功能和使用技巧且有一定的编辑实践经验，则这些视听设备可以让你制作出专业的在线视频和音频效果。当然，你可以花更多钱在视频设备上，但我们的建议是第一次先不要购买太多，等到你完全了解自己的需要，并有足够的制作经验后，你再购置那些更为复杂且功能更强大的设备，借助它们来提高你的制作能力。

媒体播放器可访问性

在为你的视频选择一个平台时，可访问性和兼容性是关键——如何确保你的视频内容在所有设备上都可以播放，所有人（包括残疾人）都可以访问（如图 12-3 所示）。你很有必要评估视频发布平台自带的媒体播放器的可访问性和跨设备兼容性。你可以在不同的平台和设备上测试该播放器，以了解其用户体验的好坏。你还需要评估播放器的可访问性，因为有的人会使用键盘操作控制，有的人则会使用屏幕阅读器等辅助科技观看视频。所有控制都有相应的键盘控键吗？你能使用适当的键盘按键操作它们吗？你是否知道哪个控制有对应的控键？你用屏幕阅读器来测试媒体播放器时，所有控制名称是否都能被读出？它们都能让人理解吗？你还要确保媒体播放器会提供字幕，并且可以通过键盘控制字幕的可访问性（更多关于可访交互的创建，请见第 7 章）。

图　12-3

　　有时，为了能提供一个可访问的且对用户有价值的界面，你可能需要考虑到更多。创建适用于通用平台（如 YouTube）的媒体播放器不是那么简单。下面是一些关于如何让媒体播放器具有可访问性的资源，以及一些可访问的媒体播放器。

- ❑ Henny Swan 的文章 "Accessibility Originates with UX: A BBC iPlayer Case Study"，www.smashingmagazine.com/2015/02/23/bbc-iplayer-accessibility-case-study。
- ❑ Vision Australia 的 Accessible YouTube Player（可访问 YouTube 播放器），www.visionaustralia.org/digital-access-youtube。
- ❑ Nomensa 的开源可访问媒体播放器，github.com/nomensa/Accessible-Media-Player。

摄影机

　　如果你的主要目标是制作在线视频短片以支持你的网络传播，那么最好用一部摄影机，而不是一部能拍摄视频的照相机。专业相机（数码单反相机）可以拍摄出很棒的视频，但其音频录制功能通常较差，音频增音器质量低，通常没有"音频输出"或耳机插孔来监测录制视频时的音频。对于良好的视频制作技术来说时刻监测音频功能绝对是至关重要的，因为大多数短片都是采访形式的，而在采访中良好的音频质量是最重要的。

　　制作视频短片的摄像机是处于消费产品线的顶部的——所谓的"高档"的摄影机。这些摄影机的功能非常多，有自动对焦、曝光和录音模式，但更重要的是，它们可以让你手动控制主要的摄影机功能。手动对焦、手动控制曝光、手动控制音频录制音量对制作连贯的专业视频来说至关重要。虽然大多数时间你可以用自动模式拍摄出很棒的视频，但是如果你不能切换到手动控制，那么有很多拍摄场景就不能达到很好的质量效果。目前大多数大众消费级高清摄影机可以录制出很好的视频和音频，还有一个耳机插孔让你监测录制的声音，相对于大多数数码单反相机来讲，这是一个关键优势。

　　相对于高档摄影机来说，低端的专业相机拥有两个重要优势：它们有专业" XLR"音频连接器内置接口，而且有更多实体键和开关来控制摄影机的功能。摄影机通常也有与低端专业相机相同的功能，但点击一系列触屏菜单较为费时费力，没有直接打开实体开关或按下实体控键来得快。平衡线 XLR（卡侬头 XLR）音频连接器作为线路级和麦克风级音频连接的专业标准，所有专业相机都有内置的 XLR 音频连接器。这个连接器可以让你选择各种专业级麦克风，然后将相机连接到礼堂或活动场所的专业音响系统上。

然而，如果你有一部高档摄影机或低端摄影机，你就会有一个 XLR 适配器，这个适配器可以让你相机上的小型插头麦克风插孔与较大的 XLR 插头相适配。你也可以使用一个视频适配器 / 录像机，它们既可以让你的小摄影机与 XLR 插头适配，也可以额外录制音频，为重要的录制情况做备份。

三脚架

如果你之前没有很多视频拍摄经验，那么一下子强调一个在技术上要求不高的附件（如三脚架）对你来说似乎非常奇怪，但是对于日常的视频制作工作来说，有一个专门用于视频工作的坚固的三脚架和一部好的摄影机一样重要。摄影机的三脚架不同于静态摄像机的三脚架，这主要体现在两个主要方面：视频三脚架有"流畅头"（fluid head），可以在视频录制过程中让三脚架头流畅地移动、倾斜。静态摄像机三脚架头即使质量高、上油好，其转动流畅度也不及摄影机的流畅头。摄影机三脚架还有一个特殊的中央相机杆，可以让你快速平衡三脚架头，这一点对于忙碌的拍摄情况非常重要，而且其平衡速度也比普通的静态摄像机三脚架快得多。

麦克风

所有的摄影机都有内置麦克风，但不幸的是，这些内置麦克风对大多数视频拍摄来说根本没用，除非只是录制周围环境的声音，声音的清晰度不是重点。对于录制视频短片非常重要的两种麦克风是：采访所用的领夹式麦克风，以及采访和其他录制情况所用的枪式麦克风。

领夹式麦克风指的是你在电视上或演讲台上看到的夹在受访人的衬衫或衣领上的那种小麦克风。为了方便，采访用的夹领式麦克风通常都是无线的，所以无须顾虑隐藏悬挂线，或担心被地面上的线绊倒。枪式麦克风既可以用于采访，也可以用于一般的视频录制。枪式麦克风是定向的，麦克风的长身具有最大灵敏度。录制时，枪式麦克风在非正式采访中都可以很好地捕捉声音。我们采访时更喜欢用领夹式麦克风，因为它们可以很好地排除环境声音，只保留录制受访人的声音，不过安装在传声器机架上的直接指向说话人的枪式麦克风功能也不错。

灯光

现代摄影机就算在昏暗灯光下也可以拍出令人满意的视频，但你还是会想用一个或几个小灯来补充办公的灯光，特别是进行采访的时候（如图 12-4 所示）。普通的办公室灯光在视频中总是非常暗淡无光，且头顶的灯光常常不能照亮人们的脸部。我们建议用一个至少500 瓦的灯直接照射人物，同时用一个小的反光伞柔和光线。在采访中，单单这一个灯光就足以除去眼睛周围和下巴下方的阴影，并提供足够的光亮来录制清晰的视频。如果有时间，你可以用另一个 250 瓦的灯放在主光的对面作补光，这样就能去除更多阴影了。

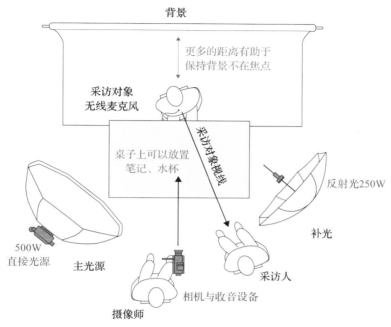

图 12-4　图示是一个典型的针对采访视频拍摄的灯光布置方法。不是所有的采访都需要布置背景幕布，因为大多数办公室或会议室都会自带效果比较好的背景墙

12.2.2　拍摄计划

　　大多数视频短片内容都是关于采访的，或者是采访加叙事。在视频短片类型中，旁白不那么常见，其原因有以下几点。首先专业旁白非常昂贵，雇一个专业的说旁白的人录制 2 到 4 分钟的视频就需要几百美元（更多关于旁白的信息见下方）。现在，最好的在线视频只使用主要采访对象的声音，让整个制作给人一种真实的第一人称感觉。这也解释了为什么好的音频在短片中如此重要：你的视频大部分都会是关于采访的，所以清晰的音频对制作专业的视频作品来说至关重要。

　　调查研究

　　为了做好采访，你至少需要和你的采访对象进行一次对话，这样你才能了解视频的要点和它要叙述的基本故事，才能了解如何构建一个能传达核心信息的短片。那些不经常做视频的人往往习惯于长时间的电视节目类视频，他们可能会想在短视频中塞入过多的东西，或者当他们听到短片有多短时会感到恐慌，他们认为 3 分钟或更短的时间根本不可能录制任何有用的东西。然而网络电视新闻报道平均用时是 2 分 23 秒。事实上，如果你计划做得好，你可以在 60 秒内覆盖很多东西。

尽量在你熟悉的空间里做采访——最好是在你的会议室或其他暂时被改成工作室的小房间内。如果你是在受访对象的办公室或工作区进行采访的话，尽量安排一次调查访问，讨论视频录制的大概要点，并观察一下你要拍摄的空间。注意是否是声音嘈杂的开放式办公室，还是空调响声非常大的房间。

在调查采访中带上一台小型录音机或摄影机和耳机，这样可以让你对录制环境有更多的了解。在日常生活中，我们通常会忽略周围的微小声音。我们实际上听得到嘈杂的暖通空调系统声音、通风口的嘶嘶声和远处的交通声音，但大多数时候我们的大脑在我们意识到这些声音之前就把声音屏蔽了。但是，摄影机和麦克风会抓取到背景噪声。这也就是为什么要强制使用耳机监测声音的另一个原因——有了耳机，你就会听到所有背景噪音，你就需要采取措施关闭空调，或移至一个安静的房间内。

在任何计划会议或谈话中，看看你采访者工作环境中是否有事物可以用来拍摄一些"b-roll（辅助镜头）"，并计划好用来说明视频要点的主镜头（footage）。如果视频的主要受访者在与同事或朋友一起工作，那么镜头在主要采访和同事评论之间切换将会很有意思。但是切记不要在两到三分钟的视频中加入太多的声音，因为这可能会让观众搞不清说话的人是谁。通常只需要采访一个主要对象就可以做出一条很棒的短片了。

拍摄权限

如果你在一个企业的宣传部门工作，你就会知道拍摄受访人需要书面授权。拍摄你组织机构以外的人时，一定要获得他们签名的书面同意书。地方政策可能也需要你获得你组织机构内员工的同意书。在街道、公园或校园室外等公共场采访人的时候一般不需要他们的同意书，但是如果你采访的是某个特别的人物，那么一定要得到对方签名的同意书。还有，不要在父母未参与的情况下——无论是不是在公开场合——拍摄儿童或未成年人，如需拍摄，须先获得父母的签名授权。

12.2.3 拍摄采访

信息视频短片通常以第一人称视角和一个人的想法见解为中心，通过采访的形式分享给大家。为了拍摄一段有效的采访，你需要创造一个舒适的环境，问一些有趣的和受访者相关的问题。大多数人都渴望把自己的工作告诉那些渴望倾听的人。

拍摄设备的放置

把摄影机和三脚架放在远离受访人的位置。因为，摄影机距离较远时就不会太显眼。较长的拍摄距离也意味着你要用更多的长焦镜头设置，更有利于凸显受访人的脸部。调整好三脚架上的摄影机，使镜头高度不超过受访者眼睛水平线。镜头略低于眼睛水平位置也非常有利于凸显人物的脸部。

最好由两个人来完成一次采访拍摄，一个人问问题，另一个监控摄影机和声音。这样，你也可以拥有一个清晰的拍摄视线——你只需让受访者看着采访者并与其交谈即可。如果你必须自己一个人做所有的事，那就坐在摄像机旁边，保持距离足以监控视频，但又稍微远离摄影机。让受访者看着你，而不是看镜头。这种轻微的离轴视线造成的感觉就像是观众坐在旁边侧看看访。

无论你是从镜头后面自己一个人进行采访录制还是和搭档一起合作，请记住以下几点：

- 如果你只想录制受访者的声音而不把采访人的问题录入其中，那么提醒你的受访者必须把问题融入他的答案中：

  问：你在哪里出生和长大？

  答：我出生于芝加哥，但在加利福尼亚长大。我的父母在我刚满一岁的时候搬到了那里……

- 注意访谈中的交叉对话。在交谈中，人们说话有点重叠是完全正常的，所以请让采访人和受访人在问题和回答之间留有停顿空隙，这样你就可以在稍后编辑音频时避免出现提问者的声音。

- 为受访者和采访者提供足量的水。长时间说话会让人口干舌燥，他们看到水一定会很感激你。

把摄影机放在三脚架上，尽可能少地移动它。开始时将镜头拉远，留有一定的空间在屏幕下方放置介绍性图片，而不会挡住说话者的下巴。你可以稍后必要时再拍摄一些近镜头。通常你需要调整如图 12-5 所示的说话者位置，避免把说话者的头部直接放在视频中间，放在中间的话，灵活性较低，不方便在编辑时添加任何标题图片。

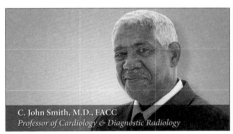

C. John Smith, M.D., FACC
Professor of Cardiology & Diagnostic Radiology

图 12-5　在开始拍摄时最好用一些稍远的镜头，这样可以方便你在后期添加解说图片时不会挡住受访者的脸（左图）。之后你可以拉近镜头拍摄特写（右图），不过尽量不要把人物放置在画框的正中间

采访

视频短片的采访通常会做很多后期编辑处理，所以告诉你的受访者，他们并不是在做电视直播，在访谈中他们可以随时停止、暂停或重新措辞。告诉他们如果他们要停止，那么重新开始时，请稍停顿一会儿，因为这能让后期视频编辑更容易。通常你会发现，即使是有经验的人也需要在问了几个问题，并过了一段时间之后才能"静下心来"，放松，很好地表达自己。所以尽量给你的采访安排二十到三十分钟，以获得最好的素材。轻松的谈话是最理

想的采访，有助于让受访者放松。

你通常会有很多机会来利用阐述说话者所说内容的 b-roll 镜头隐藏采访短片中因除去停顿而产生的不自然画面。通常你要避免视频中只有受访者侃侃而谈的画面而无其他事物。你要在视频中插入一些与说话者所说内容相关的 b-roll 镜头，同时偶尔把镜头转回到受访者，提醒观众说话的是谁。b-roll 镜头是一个隐藏编辑剪切（去除停顿、错误或其他问题）痕迹的好办法。

如果说话者很紧张，视频需要进行大量编辑，去除"呃""啊"和各种停顿，以获得清晰的话语，那么此时你需要确保说话者在录制时至少有 15 秒谈吐清晰流畅的时间段，足以在屏幕下方放一张图片说明刚刚的说话者是谁。长时间不知道说话者是谁会让观众焦躁不安，所以，记住在屏幕下方放一张图片说明。

在信息量大的视频中，说话者会传递非常多的具体信息，这种情况下不要让说话者读演讲稿。当我们大声朗读时，我们的语音语调和语音节奏会有明显变化，而且听起来总是很做作。尽量让说话者做好准备，练习不要以朗读的方式说明要点。说话者可以在旁边放一些笔记，只要他不大声照着笔记念就行。

一次完成一个句子或一个想法，然后在编辑过程中去掉任何停顿。理想情况下，你可以用说明要点的 b-roll 镜头来覆盖那些因减去停顿而产生的画面跳转，但要注意，你应该时不时将镜头转回到说话者的身上。你看到的说话者的镜头必须是"干净"连贯的，因为你删除的任何停顿部分都会使视频画面跳转。

你可能需要缓慢平稳地移动摄影机来让一个非常活跃的说话者一直待在取景框里，因为有些人说话时会动来动去，即使他们是坐着的。活跃的说话者有一种固定的动作模式。如果你正在拍摄一个活跃的说话者，请注意他的模式，调整好你的镜头，使整个动作保持在一个静止帧内。有些人会两边摆动，但你不要来回移动摄影机，不然会让观众分心发晕。注意说话者的摆动幅度，并将镜头调整好，让说话者的头部始终保持在镜头中。

当你拍摄一段采访时，开启摄像机录制按钮，然后让它一直录下去，反正你总是可以在后期编辑制作的时候剪辑采访片段。最糟糕的事莫过于你听到了一个很棒的故事，并且自己什么都做好了，但最后却发现没有按下"录制"按钮。

脚本和旁白

有时候讲述一个故事的最好方法是写好脚本，然后雇请一个专业的旁白，或者你自己来做旁白。旁白是一种特殊的职业技能，有优点也有缺点。对一些观众来说，专业的旁白听起来太过华而不实，尤其是当你没有提前与旁白沟通好节目所需要的正确语调和节奏的时候。对大多数听众来说，一个好的专业旁白，其言语的存在感应该是"隐形"的，也就是说，观众期望旁白不会分散他们的注意力。如果视频是一个人叙述一个故事，那么你可以尝试让自己来做旁白，用同样的拍摄视频采访的设备来进行录制。虽然你的个人旁白会有很强的真实性，但你仍然必须录制一个干净、清晰且节奏良好的旁白。要录好旁白，你可能需要做一些排练，并进行多次拍摄。

- 视频短片的脚本必须简洁。节奏良好的旁白每分钟约 125 个字，不要忘了计算你在旁白中插入的视频时间。一个 3 分钟的视频也会用一些采访剪辑，像这样的视频一页双倍行距的旁白就绰绰有余，所以不要写太多。
- 阐述脚本：从第一秒开始就讲一个引人入胜的故事。先阐述你的要点：让观众尽快了解视频的主要话题。
- 对着观众说话。使用人称代词"你"和"你的"，避免使用生硬的第三人称语言：类似"有人"不"这么或那么做"，应该改为"你和我"会做。使用尽可能多的第一人称视角，让视频有第一人称专家的真实声音，且时而换一种语调，这样就不会一直只有一个声音。
- 按照你说话的方式写脚本，按照你的脚本来说话。语言保持简单，用简短的简单句，尽量不要用长的从句。如果一个句子有两个或两个以上的逗号，那么把句子拆开。
- 展示故事，不要只是平淡地叙述。你可以在用来补充旁白的 b-roll 镜头下放一些说明文字。

现在你可以很快很容易地在网上雇请到一个旁白员。一般当地电视台的播报员会经常兼职做旁白。如果你的组织机构有一个视频制作部门，那么该部门可能已经有一些旁白员的名册了。你可以从那里获得一些旁白录音样本。大多数专业人士可以很容易地在网上向你提供旁白样本。

一旦你选择了一个旁白员，你就可以把脚本发给他，然后一起讨论你视频所需要的语调和节奏。有经验的旁白员应该能给你的脚本提供很好的建议，还可能要求对语言做一些改动，使脚本读起来更流畅。让旁白员在最后的录音中展现几个不同的朗读方式，也许更快或更慢，或者加重或减轻强调程度，或者更柔和或更随性一点。当你准备好将旁白插入到视频中时，这将给你更多的灵活性。大多数专业旁白员都有自己的小型家庭录音室，可以给你录制完整的旁白文件。

12.2.4　拍摄 b-roll 和其他镜头

"b-roll"来自于 20 世纪的电影剪辑。一部电影的主干部分是视觉画面、主要演员的口语对话、来访或记录的题材（虽然你永远不会听到这种镜头被称为"a-roll"）。b-roll 的作用是帮助解释主要旁白或采访的说明性镜头。例如，如果你的受访者在一个研究实验室里谈论她的工作，她在述说的过程中，你可以偶尔将采访镜头剪掉，换成她正在实验室工作的镜头，以及她在实验室和同事谈话的镜头等，以这种方式可以使视频看起来更加有趣且真实。实验室的镜头就是你的 b-roll，好的 b-roll 对制作一个优质视频短片来说非常重要。

技术

慢慢提高你的拍摄技术，不要急功近利。在信息和新闻视频中——即使是最炫酷的视频——摄影机很少会移动，或者移动得非常缓慢以至于你几乎没有注意到（如图 12-6 所示）。快速变焦在拍摄中是极为罕见的，只有业余者才会这么做。变焦杆是用来在拍摄场次之间快速调整镜头的，不能在拍摄一个镜头的时候使用。如果受访者处于镜头之中，摄影机平稳地装在坚固的三脚架上，且拍摄的 b-roll 镜头或说明性素材至少有 15 秒，那么你已经有一个很好的开头。

图 12-6　　如果在拍摄过程中需要平移或倾斜相机，那么请慢慢移动相机以避免视频模糊。
　　　　　　应该需要大约 7 秒才能平移一个取景器框架的宽度

1. 给你的受访者找一个好的拍摄点。
2. 把摄影机装在三脚架上。平衡三脚架。在取景器或屏幕中检查平衡度。
3. 仔细拍摄一段长镜头。
4. 镜头录制至少 15 秒，不要移动摄影机或变焦。
5. 选择一个或几个其他不同视角的近镜头和细节镜头，每个镜头重复步骤 4。

　　拍摄视频和静态照片的本质区别在于时间。一定要给你自己和被拍者多一些时间。拍摄好的视频需要更长的时间，而且拍摄时间越长，剪辑就越容易。如果你觉得装摄影机和三脚架来拍摄 b-roll 镜头很麻烦，那么你拍摄的每个镜头至少要 15 到 20 秒，且摄影机不要动（如图 12-7 所示）。如果你想平移或倾斜摄影机，那么你在移动它（一定要缓慢进行！）之前至少要拍 7 秒静止镜头，而且，一旦你停止移动摄影机，你还要拍 7 秒静止镜头。慢慢移动摄影机，一个平移镜头从平移开始到平移结束至少需要经过 7 秒时间。

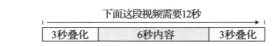

图 12-7　　视频摄影师新手通常会低估后期编辑时需要视频素材的数量和时长。如果你已经花时间安置
　　　　　　好了相机和三脚架准备拍摄，那么请拍摄至少二十秒的视频——三十秒可能更好——特别是
　　　　　　对于移动的主体（例如车流或人群）。较长的镜头会在后期剪辑时提供更大的剪辑空间

　　长的静止镜头对编辑尤为重要，因为这可以让剪辑人员更容易做剪切或溶镜，或改变节目从慢镜头到快镜头的节奏和时间，这取决于采访是以怎样的形式进行的，以及你想在一个特定的时刻给你的观众展现什么。新的视频摄影师几乎总是拍摄一些没有什么剪辑弹性的短镜头，因为他们把视频画面看作是静止的照片。他们装好摄影机，录制几秒钟镜头，然后就去做下一件事了。这些非常短的视频根本没什么剪辑弹性。

尽管目前视频剪辑很少会在下一个镜头出现之前让 b-roll 镜头持续 5 ～ 7 秒，但一段至少 15 秒（20 秒就更好了）的初始化视频可以让你有更多发挥空间。例如，前一个镜头用时 3 秒淡入、溶镜，然后在屏幕上持续 6 秒，然后再用 3 秒时间淡出。这不是一个 6 秒的视频片断，从开始淡入到淡出结束你需要至少 12 秒。

b-roll 镜头

虽然在线视频很少会超过 5 分钟，但这并不意味着你只需要 5 分钟的 b-roll 素材。通常，经验丰富的摄影师拍摄的初始视频长度与最终的剪辑版视频长度之比为 10:1（不包括采访片段），甚至更多。在短视频中，你需要快速讲解很多内容，而且你需要最好的最有信息展示价值的 b-roll 镜头。即使是最好的摄影师也不一定总能一次就拍好。好的摄影师总是在不断寻找不同的、更好的或者视觉上更有意思的角度。在任何叙事视频中，好的 b-roll 镜头对于后期剪辑人员的工作都十分有帮助。

12.2.5　组合视频镜头

视频叙事的基础并不复杂：远镜头（WS）有助于交代背景，给观众定方向，中镜头（MS）能拉近拍摄对象，近镜头（CU）和特写镜头（ECU）能向你展示细节。在视频剪辑注释中这些基本的镜头类型通常被缩写为 WS、MS、CU 和 ECU。当你进入一个新的环境中拍摄 b-roll 镜头时，始终记住这些基本视角。你该如何把这个地方展示给一个从未来过的人？该如何给观众定方向？你会选择什么样的视觉细节来提升你视频的趣味性和叙事结构？即使你不是最终的剪辑人员，但当你外出拍摄视频时，你也必须像一个叙事者一样思考。电影中最经典的箴言这样说道："像剪辑师一样拍摄"（shoot like an editor）。

视频镜头构图和静态照片或传统的油画构图有很大差异。视频组合的基础知识其实并不难学，你不一定非要去学校读一个艺术学位。

构图原则

在大多数情况下，镜头中视频主角站在偏离中心一点的位置比在正中间看起来更有趣。艺术家、摄像师和摄影师一直用"三分构图法"来组织和简化这一原则，让人惊奇的是这个法则总是能立即提升构图效果。把平面分成垂直和水平三份（如同一个"井"字），然后把被拍者放在一个交叉点上（如图 12-8 所示）。

强斜线增加了构图的趣味性和视觉力量，因为它们可以吸引观众的注意力。尤其是当对角线在视频中较大矩形内形成一个三角形的时候。心理空间对于人类，或者任何有生命或有眼睛的生

三分构图法

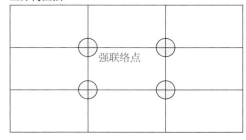

图 12-8　如果非要说出一个构图的黄金法则，那一定是"三分构图法"。你只要把主体放在其中一个交叉点上，你就会得到一个非对称美的构图

物来说都是很重要的。组织好你的构图，让被拍者偏离中心一些，但是不要靠镜头边缘太近，这样可以给予其更大的空间（如图 12-9 所示）。对于移动构图，被拍者应始终在镜头内移动，不要看起来像是一下子跳入了镜头框中。

在你学会这些基本的构图法则之前，尽量使用三脚架来作为辅助工具。三脚架的稳定视角可以让你有时间仔细考虑你的构图。很多摄影机可以让你在取景器中看到一个视觉网格。原因有两个：网格可以帮助你确定好构图，且帮助你保持水平线。

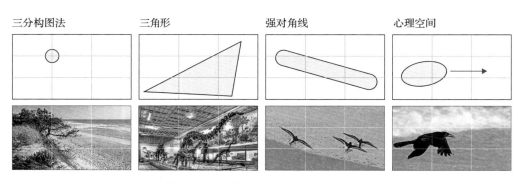

图 12-9   一些实用的基本构图原则

12.3   视频剪辑

引发视频短片制作革命的起因不仅仅是小型、廉价且高质量摄影机的出现，非线性视频剪辑软件也使得人们在大多数计算机上剪辑复杂而精致的视频成为可能。当然，仅仅购买苹果 iMovie 或 Corel 的 VideoStudio Pro 并不会立刻让你成为优秀的视频剪辑师。但至少现在你有了一个十年前很少人能有的选择：十年前 10 万美元才能买到的剪辑设备，现在不到 100 美元就能买到了，功能还比之前的更好。

视频和电影剪辑是一个大话题，本章写不下，但有一些基本概念可帮助你上手，另外一些剪辑法则对于剪辑短在线视频会很有帮助。

12.3.1   构建故事

任何长度的视频都是主要围绕有趣的人和经历而展开故事的。"传统的介绍 + 正文 + 结论"的故事架构是基础，但在这个经典的架构里，有成千上万种讲述故事的方式（如图 12-10 所示）。

在做过一些简单的研究之后，你可以学会在拍摄或采访之前先拟写一个脚本，但这和大多数短片制作人的工作方式恰恰相反。他们往往都会根据自己对受访者的了解来一步步呈现整个故事，多看看他们的工作和环境，多聆听他们的对话。这么做需要一些经验，因为在视频叙事过程中，你不能明确了解叙述方向，也不清楚随着叙事的发展，原来制定的形式和故事是否会偏离。

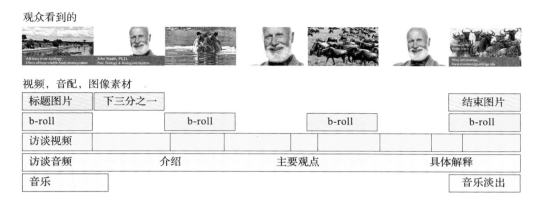

图 12-10   图中展示的是一个典型的 3 ~ 4 分钟视频短片结构图。有些短片会加入音乐，不过大多
数都不会这么做

可能这个发现过程听起来有点模糊，缺乏规划性，但这就是现实，在搜集故事元素的
时候你需要保持一种开放的心态。除非你有完美的远见，否则你会在搜集故事素材的过程中
遇到惊喜。你要用眼睛去看耳朵去听你所需要的叙事画面和语言，以及镜头和采访问题。你
需要善于用耳朵去捕捉那些好的切入点，发现最有信息价值、关乎故事核心的采访片段。最
重要的是，你需要有一双敏锐的眼睛，发现可以被剪掉的嘈杂且无关紧要的素材，让你的叙
事更加清晰有力，不浪费时间。

以下是几种典型的短视频结构：

❑ 在开始时立即使用一段有趣或能吊人胃口的采访音频，同时加入有力的 b-roll 镜头和
一些图片。

❑ 在屏幕下方介绍说话者的名字和头衔。

❑ 用一些简单的背景描述帮助观众构建故事背景。

❑ 讲述主要信息点，最好不超过 3 个。

❑ 总结视频的中心思想。

❑ 加上能提供"更多信息"的网站链接和公司标志，淡出结束。

如果你以前从未做过视频剪辑，那么别着急，慢慢来。采访一些有趣的朋友或同事，
拍一些 b-roll 镜头来描述他们在采访中所谈到的内容。尽可能只用原声原话，不加任何旁
白。就这样不断地练习，直到你能够从他们的谈话中发现好的故事。

12.3.2   剪辑视频

如今视频剪辑软件已经非常普遍。廉价好用的软件，比如苹果的 iMovie 或 Adobe Premiere
Elements，都可以让我们进行视频剪辑，但如果你经常制作视频短片的话，你还可以用其他更好
的视频剪辑器（如图 12-11 所示）。对于视频短片和大型好莱坞电影，最广泛使用的剪辑软件有：

❑ Adobe Premiere Pro CC，www.adobe.com/products/premiere.html。

❑ Apple Final Cut Pro X，www.apple.com/final-cut-pro。

❑ Avid Media Composer，www.avid.com/US/Solutions/byNeed/video-editing.html。

图 12-11　当你第一次使用专业的视频剪辑软件时会对那些复杂的控制按钮望而生畏，不过如果你最
　　　　　开始接触的是专业版本的剪辑软件而不是像 iMovie 那样的家庭版，那么当你再接触其他的
　　　　　软件时就会感觉到大同小异，反之则不然。因此如果你有足够多的选择，最好还是从更专
　　　　　业的软件开始学起

　　我们推荐 Premiere Pro CC 或 Final Cut Pro X，因为价格适中，功能还不错。好莱坞和
大型电视演播室最常用的剪辑软件是 Avid Media Composer，但 Avid 要比其他剪辑软件贵得
多，所以我们并不推荐使用它，除非你自己的视频部门已经使用过 Avid 且 Avid 具备了你需
要的功能优势。在这里我们推荐功能不错价格适中的视频剪辑软件，因为对于初学者，了解
iMovie、Final Cut Pro 和 Premiere Pro 基础所需要的时间一样长。经常制作短片的视频剪辑
者会很快发现用户"友好"型软件的局限性，然后会需要学习使用另一个"专业"性更强的
剪辑软件，以提高剪辑工作的质量和复杂性。

时间压缩技术

　　在剪辑视频时，千万不要去以你最喜欢的电影或电视节目作为参考模型。在一个 3 分
钟的视频里，你根本没有时间展示那些片头字幕，冗长的说明引入，飞行和旋转的动画标题
或持续的片尾字幕。观看经典的短片作品，并模仿网上视频中出现的相关的美学、图形和剪
辑形式。

- 快速启动。观众需要立刻马上看到或听到视频短片中最有趣的内容。我们也会在视频中放一个标题来快速开始视频，所以不会像电影一样有大量的开场片段，只有关键信息。

- 不要浪费时间做口头介绍。你需要尽快让观众知道你视频的第一个说话者的身份，但不要用费时的口头介绍。你只需要在屏幕下方放上他的名字和头衔，然后至少显示 10 秒，这样观众就可以看到了。

- 不断剪切视频。把你的原始采访和 b-roll 镜头片段组合起来，然后剪切、剪切、再剪切。你会发现最初的采访和 b-roll 视频的"进"和"出"剪辑点会被剪掉很多。所以留下的每一秒都非常有用。在一个 3 分钟的视频中，你只有 180 秒，所以尽力让每个视频的每一秒都能发挥其价值。

- 保持画面简洁干脆。不要用太多闪亮的动画和图片。在轻量级短视频制作界，这些闪亮的图形需要太长时间制作，而且和简洁干净的网络视频很不搭。

- 在结尾处完美地播放最后一段采访音频。播放正确的内容直到视频结束。在一段总结性的视频片段中，可以在视频下方 2/3 处放一些说明性文字。如果你需要显示公司 logo 或"更多信息"链接，在播放最后采访音频或结束音乐时把它们放上去。尽可能分秒必争，用一秒钟的时间来做两秒钟的事。

- 使用视频白板（slate）或快速用背景素材填补空白，而不要出现旁白人员。在视频术语中，"slate"只是一个文本幻灯片。有时候你发现你遗漏了一些关键信息，或者话题之间的连接非常生硬，此时，slate 就可以很快让你传递遗漏的信息或做好话题的过渡。

- 要做到无情，不要爱上你的初稿。通常你会发现自己的初稿有 5 分钟之长，似乎不能再剪短了。你可以叫同事过来帮你审查一下初稿，这样更容易发现冗余部分或偏离主题的片段。如果你有时间，先过一晚，把视频搁置一段时间，第二天早上再起来重新查看它。令人惊讶的是，新的视角总是能让你发现你在疲惫或初次做决定时所没能发现的东西。

音乐

千万不要在你的视频里使用你在 iTunes 和 Spotify 上下载的流行音乐、爵士乐或古典音乐，除非你有一批娱乐法律师，且有一大笔钱购买版权。如果你在你的短视频中使用了流行音乐，那么你可能无法把视频发布到 YouTube、Vimeo 或 Facebook 上，因为这些网站都会自动审查上传的视频是否侵犯版权，任何使用流行曲调的视频都会被拒。但是，还是有一些便宜甚至免费的音效和音乐资源的。

有时候即便你已经购买了所使用音乐的版权，但依然会被通知侵犯版权。如果你很快地回复音乐代理方以及你的音乐版权购买信息的话，你就可以很快解决问题并发布你的视频。

当你把背景音乐与旁白或采访音频混合在一起时，要非常小心。你应该戴上耳机来剪辑你的视频，因为这会给你最清晰的音轨。当你初步完成音频混合后，拔掉耳机，用计算机内置扬声器或外部音箱听音频，此时你就能知道你的听众在观看时会听到怎样的声音。你可能会发现，耳机里听起来完美的声音在扬声器里听起来很模糊，让人无法集中注意力。通常你音乐初稿声音会很大，你需要降低音量，确保说话者所说的话是清晰的。

图片和视频资源库

当时间紧迫，没有 b-roll 镜头，或没有预算飞往异地收集一两张照片来说明你的叙述时，你可以使用资源库中的图片和视频。由于实际经济原因，低预算的网上视频短片所使用的大部分都是静态的网络图片。网络照片比视频资源便宜得多，视频剪辑软件可以让你很容易地为静止图像添加平移或缩放效果，所以视频到静止图像的过渡对视频流的影响不会太大。

如果你经常做一些短视频，那么你会很快积累到一些可能对将来视频制作很有用的视频素材。视频资源库对快速制作高质量视频很有帮助。如果你一月份需要在英格兰做了一个"展示校园"的视频，那么你此时拍摄不到最佳"校园美景"，除非你有在去年 5 月拍摄的库存视频或静态照片，因为 5 月份正是校园最美的时间。视频资源库很容易制作，因为它们不需要太多剪辑。你只需要找一些拍摄得比较好的 15 ～ 20 秒的 b-roll 镜头组合在一起，在镜头之间做一些简单的剪辑，每个视频 5 ～ 6 分钟，这样不至于使文件过大，并且还方便存储。

推荐阅读

Artis, A. *The Shut Up and Shoot Documentary Guide: A Down and Dirty DV Production.* Waltham, MA: Focal, 2007.

———. *The Shut Up and Shoot Freelance Video Guide: A Down and Dirty DV Production.* Waltham, MA: Focal, 2011.

Asher, S. *The Filmmaker's Handbook: A Comprehensive Guide for the Digital Age,* 2013 ed. New York: Plume, 2012.

Bass, W. *Professional Results with Canon Vixia Camcorders: A Field Guide to Canon G10 and XA10.* Boston: Course Technology-Cengage, 2013.

Lynda.com training videos for video and audiovisual software, video production, and many other audiovisual and media subjects. The best, most cost-effective training we know of for digital audiovisual professionals, beginning at $25/month.

Stockman, S. *How to Shoot Video That Doesn't Suck: Advice to Make Any Amateur Look Like a Pro.* New York: Workman, 2011.